全国普通高校电子信息与电气学科基础规划教材

电工电子学基础

江蜀华　高德欣　王贞玉
李宜兴　李　丽　江晓婷　编著

清华大学出版社
北京

内 容 简 介

"电工电子学"是一门非电专业的技术基础课，它的主要任务是为学生学习专业知识和从事工程技术工作铺垫一些电工、电子技术方面的理论基础，并得到必要的基本技能训练。为此，本书对基本理论、基本定律、基本概念及基本分析方法都进行了详尽阐述，并通过实例、例题和习题的方式来说明理论的实际应用，以使学生加深对于理论的理解与掌握，认识电工、电子技术的发展与生产发展的密切联系。

全书共9章，内容包括电工技术和电子技术两部分。电工技术包括电阻电路的分析，单、三相交流电路的分析，一阶暂态电路分析，变压器、电动机及其继电接触控制；电子技术包括基本器件和分立元件的放大电路。同时为减轻学生负担，将基本的电工实验部分作为教材的最后一章，并在附录提供一套考试样题，帮助学生复习和考试。

本书注重物理知识与电工知识的有效结合；注重数学方法在电工方面的应用；注重理论知识与现实生活的链接。全书采用授课式语言讲授，便于读者自学，可作为普通高等院校工科非电类专业的教材，以及其他类型大专院校的教材，也是相关专业技术人员学习的良师益友。

图书在版编目(CIP)数据

电工电子学基础/江蜀华等编著. —北京：清华大学出版社，2019(2023.8重印)
(全国普通高校电子信息与电气学科基础规划教材)
ISBN 978-7-302-50708-6

Ⅰ. ①电… Ⅱ. ①江… Ⅲ. ①电工学－高等学校－教材 ②电子学－高等学校－教材 Ⅳ. ①TM1 ②TN01

中国版本图书馆 CIP 数据核字(2018)第 170812 号

责任编辑：曾 珊 赵晓宁
封面设计：傅瑞学
责任校对：焦丽丽
责任印制：宋 林

出版发行：清华大学出版社
网 址：http://www.tup.com.cn，http://www.wqbook.com
地 址：北京清华大学学研大厦 A 座 **邮 编**：100084
社 总 机：010-83470000 **邮 购**：010-62786544
投稿与读者服务：010-62776969，c-service@tup.tsinghua.edu.cn
质量反馈：010-62772015，zhiliang@tup.tsinghua.edu.cn
课件下载：http://www.tup.com.cn，010-83470236
印 装 者：北京嘉实印刷有限公司
经 销：全国新华书店
开 本：185mm×260mm **印 张**：14 **字 数**：338 千字
版 次：2019 年 2 月第 1 版 **印 次**：2023 年 8 月第 7 次印刷
定 价：46.00 元

产品编号：079466-02

前 言

《电工电子学》自 2016 年出版以来，得到了广大读者的认可，校外的订书量与校内的用量相当，收到许多使用该书的教师和学生的宝贵建议、中肯批评和诚恳指正，并得到青岛科技大学自动化学院的领导、电工教研室同事和清华大学出版社编辑的关心和支持，在此一并深表感谢。同时我们感到肩上责任重大，有信心把编写工作做得更好，使教材质量更上一层楼。

2017 年出版《电工电子学》的配套教辅《电工电子学学习指导与习题分析》，该套教材适用于多学时的本科教育。随着教育事业的不断发展，专科、中外合作办学、高等职业教育（3+2、3+4 等形式）也蓬勃发展。与此相对应，学生的知识水平参差不齐，教材也必须因人而异。本书面向少学时的本科、基础知识薄弱的专科、中外合作办学、高等职业教育等学生。由于学时少，本书主要介绍电工学的内容和少量的电子学内容，故取名《电工电子学基础》。

本书保留了电工学的基本内容，但是更强调基础知识，强化与中学物理知识的衔接，查漏补缺。增加了习题量，并有针对性地更换了部分习题，使基础知识薄弱的学生有一个循序渐进、不断提高的过程。重思路、重方法，开阔同学的思维。紧密联系当前电工电子教学的发展和不断变化的要求，激发学生的内在学习潜力。

本书将原来的主教材和实验指导书合二为一。本书最后一章介绍基本电工电子实验，以满足课堂和实验两方面的要求。在附录中，删除了对少学时学生用途较小的内容，加入了一套模拟考试试题（附录 C）及其解答（附录 D），帮助学生复习和考试。

本书由高德欣编写第 1 和第 7 章；王贞玉编写第 8 章；李宜兴和李丽编写第 9 章；江蜀华编写其余各章；由王贞玉、李宜兴和李丽共同完成配套 PPT 的制作任务；江晓婷负责文字和图形方面的工作。

尽管我们已经做了很大努力，但是由于水平有限，书中难免存在不足之处，希望广大读者批评指正。

编　者

2018 年 12 月

学 习 建 议

本课程的授课对象为非电类各专业的本科生(少小时)、专科(高职、高科),课程类别属于电子信息与电气。参考学时为48学时,包括课程理论教学环节(38课时)和实验教学环节(10课时)。

课程理论教学环节以课堂讲授为主、课堂讨论和课下学生完成习题为辅。

实验教学环节安排5个实验,可选择9.3~9.8节中的5个实验。在实验教师的指导下完成。

本课程的主要知识点、重点、难点及课时分配见下表。

序号	知识单元(章节)	知 识 点	要 求	推荐学时
1	电路的基本概念、基本定律和分析思路	参考方向基本概念、作用、符号表示	掌握	4
		功率的计算和判断(消耗与发出)	掌握	
		电路元件的符号、VCR、功率与能量	掌握	
		KCL、KVL	熟练掌握	
		分析思路	熟练掌握	
		电阻串、并联和闭合电路欧姆定律	熟练掌握	
2	电路的分析方法	支路电流法	掌握	5
		结点电压法	了解	
		两种电源的等效变换	掌握	
		叠加定理	熟练掌握	
		戴维南定理	熟练掌握	
		诺顿定理	了解	
3	一阶电路的暂态分析	换路定则及其应用	掌握	4
		RC电路的零输入响应	掌握	
		RC电路的零状态响应	掌握	
		RC电路的全响应	掌握	
		RL电路的全响应	掌握	
		一阶电路暂态分析的三要素法	熟练掌握	
4	正弦交流电路分析	正弦量的三要素及相量表示	理解	6
		电阻、电感、电容的VCR相量形式	掌握	
		正弦电路与电阻电路的类比	理解	
		阻抗串、并联电路	熟练掌握	
		功率的计算与功率因数提高	熟练掌握	
		串、并联谐振电路	了解	
5	三相交流电路	对称三相电源	理解	4
		负载星形连接的三相电路分析	熟练掌握	
		负载三角形连接的三相电路	熟练掌握	
		三相功率	掌握	

续表

序号	知识单元(章节)	知　识　点	要　　求	推荐学时
6	变压器、三相异步电动机	磁路的分析方法	了解	5
		变压器的工作原理	理解	
		变压器的运行特性	理解	
		三相异步电动机的结构、工作原理	了解	
		三相异步电动机的机械特性	理解	
		三相异步电动机的运行特性	理解	
		三相异步电动机的铭牌	理解	
		三相异步电动机的使用	理解	
7	继电接触器控制系统	常用低压电器的原理、符号与选择	掌握	4
		电动机点动、单向连续运动	理解	
		电动机的正反转控制	理解	
		电气原理图的读图	了解	
8	二极管、晶体管和单管放大电路	半导体的导电特性	理解	6
		二极管的工作原理与伏安特性	理解	
		晶体管的工作原理与伏安特性	掌握	
		发光二极管、光电二极管、光电晶体管等器件的原理	了解	
		共发射极放大电路的静态及动态分析	掌握	
		共集电极放大电路的静态及动态分析	掌握	
9	基本电工电子实验	实验一：叠加原理、齐性定理与戴维南定理的验证	教师指导自行完成	10
		实验二：一阶 RC 电路的响应测试	教师指导自行完成	
		实验三：交流电路等效参数的测量	教师指导自行完成	
		实验四：单相正弦交流电路功率因数的提高	教师指导自行完成	
		实验五：负载星形、三角形连接三相交流电路的研究	教师指导自行完成	
		实验六：三相笼形异步电动机的正反转控制	教师指导自行完成	

目录

第1章　电路的基本概念、基本定律和分析思路

电路是电工技术和电子技术的基础。本章在讨论电路的基本概念和基本定律的基础上，给出了分析电路的基本思路，并将其运用到电阻串、并联和闭合电路欧姆定律上，起到承上启下、夯实基础的作用。

1.1　电路的基本概念

1.1.1　电路的组成、作用及其电路模型

1. 电路的组成

电路(实际电路的简称)是根据不同需要由某些电工设备或元件按一定方式组合而成的电流通路，由电源或信号源、中间环节和负载三部分组成。其中电源或信号源将非电的能量转换成电能，而负载正好相反，其他部分组成中间环节。在电力系统中，发电机是电源，三相交流电经过变压器升压后，用高压输电线传输，再经降压变压器降压后，给电灯、电动机等负载提供电能，转换成其他形式的能量。变压器、输电线和开关等就是中间环节。

在扩音系统中，话筒将语音信号转换成电信号，放大电路将电压和功率较小的电信号放大，扬声器再将电信号转换为语音信号。

用电设备称为负载，如电灯、电炉、电动机和电磁铁等用电器取用电能，并将其转换成光能、热能、机械能和磁场能等。

2. 电路的作用

电路的构成形式多种多样，其作用可归纳为以下两大类。

(1) 电能的传输和转换，如图1-1(a)所示的电力系统。

(2) 信号的传递和处理，如图1-1(b)所示的扩音器。

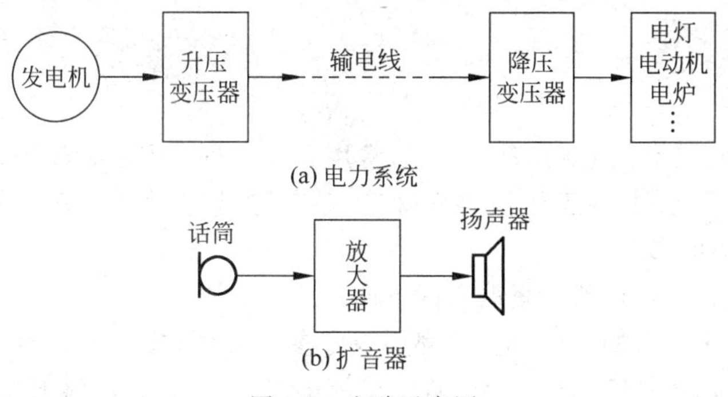

图1-1　电路示意图

3. 电路模型

电路理论讨论的是电路模型，而不是前面提到的实际电路，虽然两者有时都简称为电路。为了便于对实际电路进行分析，将实际电路元件理想化(或称模型化)，用理想电路元件

模拟实际电路中的元件,得到实际电路的电路模型。在电路模型中各理想元件的端子用“理想导线”(其电阻为零)连接起来。模型就是要把给定工作条件下的主要物理现象及功能反映出来。例如,当电炉丝流过电流时,主要具有消耗电能(转换成热能和光能)的性质(即电阻性);另外线圈还会储存磁场能量,即也具有电感性。所以,电炉丝的简单模型是电阻元件,进一步模型是电阻和电感的串联。

一个简单的手电筒电路的实际电路元件有干电池、电珠、开关和筒体,电路模型如图 1-2 所示。干电池是电源元件,用电动势 E 和内电阻 R_0 的串联来表示;电珠是电阻元件,用参数 R 表示;筒体和开关是中间环节,连接干电池与电珠,开关闭合时其电阻可忽略不计,认为是一电阻为零的理想导体。

本书一般不涉及建模问题,只在讨论放大电路时给出了晶体管的微变等效电路。今后书上所说的电路一般均为电路模型,电路元件也是理想电路元件的简称,该类理想元器件都是通过两个端扣(头)与电路连接的,称为二端元件,如图 1-3 所示。

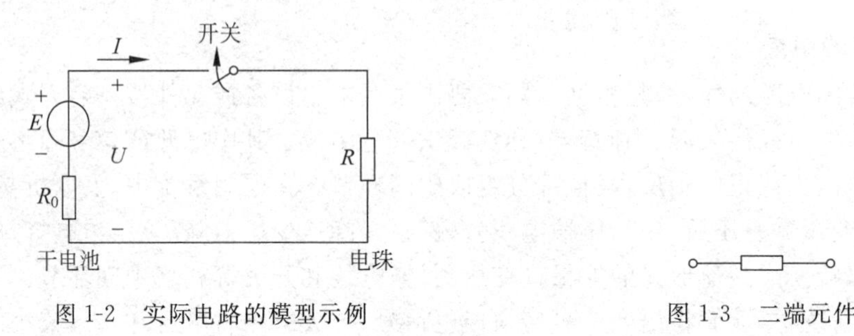

图 1-2　实际电路的模型示例　　图 1-3　二端元件

1.1.2　电流、电压的参考方向

电路中的物理量主要有电流 $i(I)$、电压 $u(U)$、电动势 $e(E)$、电功率 $p(P)$、电能量 $w(W)$、电荷 $q(Q)$、磁通 Φ 和磁链 Ψ。在分析电路时,要用电压或电流的方向导出电路方程,但电流或电压的实际方向一般是未知的,或者是随时间变动的,故需要指定其参考方向。

1. 电流及其参考方向

电流是电荷有规则地定向运动形成的,在数值上电流等于单位时间内通过导体横截面的电荷量,即

$$i=\frac{\mathrm{d}q}{\mathrm{d}t} \tag{1-1}$$

若电流 i 不随时间而变化,则称为直流电流,常用大写字母 I 表示。物理上规定正电荷运动的方向为电流的实际方向,通常无法事先确定,就任意选定(假定)某一方向为电流的正方向,这一方向即电流的参考方向。

参考方向是指人为规定代数量取正的方向。

凡是电路方程中涉及的电流(电压)都要规定参考方向,相当于数学中列方程时的设变量;否则无法确定方程中各项的正负。规定电流的参考方向后,电流就变成代数量。当 $i>0$ 时,表示电流的参考方向与其实际方向相同;当 $i<0$ 时,表示电流的参考方向与其实际方向相反。电流的参考方向一般用以下两种方式来表示。

(a) 箭头表示　(b) 双下标表示

图 1-4　电流参考方向的符号表示

(1) 用箭头表示,如图 1-4(a)所示。

(2) 用双下标表示，如图 1-4(b)所示，i_{ab}表示从 a 到 b 就是电流的参考方向，根据参考方向的定义 $i_{ab}=-i_{ba}$。以后，一般情况下所说的"方向"都指参考方向的简称。

在国际单位制中，电流的基本单位是安[培](A)，计量微小电流时也用毫安(mA)或微安(μA)作为单位。$1\text{mA}=10^{-3}\text{A}$，$1\mu\text{A}=10^{-6}\text{A}$。

2. 电压和电动势的参考方向

电压是描述电场力对电荷做功的物理量，定义为

$$u=\frac{\mathrm{d}w}{\mathrm{d}q} \tag{1-2}$$

式中，$\mathrm{d}q$ 为由电路中的一点移到另一点的电荷量；$\mathrm{d}w$ 为转移过程中电荷 $\mathrm{d}q$ 所获得或失去的能量。u_{ab}就是 a、b 两点间电位差，$u_{ab}=V_a-V_b$。它在数值上等于电场力驱使单位正电荷从 a 点移到 b 点所做的功。在物理中，规定电压的实际方向为由高电位指向低电位端即电位降低的方向。

电源电动势体现电压源将其他形式的能转化为电能的本领。数值上，等于非静电力将单位正电荷从电源的负极通过电源内部移到正极所做的功，用 e 表示任意形式的电动势，E 表示直流电动势。电动势的实际方向规定为由电源低电位端(负极性端)指向其高电位端(正极性端)，即电位升高的方向。

与电流一样，也要规定电压的参考方向。电压参考方向用以下 3 种方式来表示。

(1) 用"+"和"−"表示。表示电压的参考方向从"+"到"−"，如图 1-5(a)所示。

(2) 用箭头表示，如图 1-5(b)所示。

(3) 用双下标表示。在 1-5(c)中，u_{ab}表示电压的参考方向从 a 到 b。

在图 1-6 中，也用"+"和"−"表示电动势的参考方向，只是它从"−"指向"+"；而电压的参考方向从"+"指向"−"。对理想电压源而言，如果用同一套"+"和"−"既表示电压参考方向，又表示电动势参考方向，则 $U_s=E$。电压和电动势的国际单位是伏特(V)。其次还可用千伏(kV)、毫伏(mV)或微伏(μV)作单位。

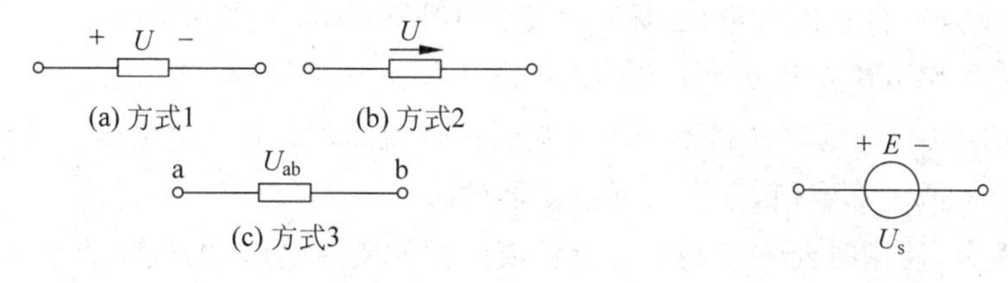

图 1-5　电压的参考方向　　　　图 1-6　电动势的参考方向

同一元件上的电流和电压的参考方向可以随意规定，当两者参考方向相同时，称为关联参考方向(简称同向)；否则称为非关联参考方向(简称反向)。通常，默认电阻元件、电感元件和电容元件采用关联参考方向，就可以只规定电流的参考方向。对于理想电压源或理想电流源，不论是否关联，二者的参考方向都要规定。

任何二端元件都有电压和电流，电路图中没有规定参考方向，不代表其值为零。在写电路方程时，要养成规定参考方向的良好习惯。

1.1.3　功率和能量

功率和能量也是电路分析中的常用复合物理量。如果二端元件(二端网络)的电压和电

流为 u 和 i，则功率定义为

$$p \triangleq ui \tag{1-3}$$

在关联参考方向时，有

$$\begin{cases} p > 0, & \text{消耗电功率} \\ p < 0, & \text{发出电功率} \end{cases}$$

消耗电功率表示将电功率转化为其他形式的功率；而发出电功率则表示将其他形式的功率转化电功率。

从关联到非关联，电压、电流中任意一个改变正负号，即不等式开口方向改变。

在时间 $t_1 \sim t_2$ 期间，二端元件(二端网络)消耗或发出的电能为

$$W = \int_{t_1}^{t_2} ui\,\mathrm{d}t \tag{1-4}$$

单位为焦[耳](J)，常用千瓦时(kW·h)，$1\text{kW}\cdot\text{h}=1000\text{W}\cdot\text{h}=3.6\times10^6\text{J}$。

1.2 电器的额定值与实际值

为便于使用，实际电气设备都给出额定值，可以是电压、电流或者功率等。例如，一盏白炽灯标有电压220V、功率60W，这就是它的额定值。额定值是电器生产商提供给消费者在正常工作条件下电器的容许工作值。额定电流、额定电压和额定功率分别用 I_N、U_N 和 P_N 表示。

额定值是在全面考虑了产品的经济性、可靠性、安全性及寿命，特别是工作温度容许值等因素而制定的。大多数电器(如电机、变压器等)的寿命与绝缘材料的耐热性能及绝缘强度有关。当电流超过额定值时，绝缘材料因过热其绝缘性能将下降；当电压超过额定值时，绝缘材料可能被击穿。反之，若所加电压、电流或功率低于其额定值，有的就不能充分利用设备的能力，如果是一台直流发电机，标有额定值10kW、230V，实际供出的功率值可能低于10kW，因为输出功率取决定于负载；有的设备就不能正常工作，如额定电压为380V的电磁铁，接上220V的电压，则电磁铁将不能正常吸引衔铁或工件；但有时也出于安全的需要，让实际的电压或功率低于额定值，如在选择电子器件时。

考虑客观因素，使用时允许某些电气设备或元件的实际电压、电流和功率等在其额定值上允许一定幅度的波动，如20%以下的短时过载。

【例1-1】 有一额定值为5W、500Ω的电阻器。问其额定电流为多少？在使用时电压不得超过多大数值？

【解】

$$P_N = U_N I_N = R I_N^2$$

故

$$I_N = \sqrt{\frac{P_N}{R}} = 0.1\text{A}$$

使用时电压不得超过

$$U_N = R I_N = 50\text{V}$$

如果使用电阻器时，低于功率额定值是可以的，留下更大的安全裕度。

【例 1-2】 有一额定值为 40W、220V 的白炽灯，加以 110V 的电源，能否正常发光？

【解】 如果将白炽灯看成线性电阻，则实际功率为 $\left(\frac{110}{220}\right)^2 \times 40 = 10\text{W}$，不能正常发光。

【练习与思考】

1-1 一个电热器从 220V 的电源取用的功率是 1000W，如将它接到 110V 的电源上，它取用的功率是多少？

1-2 一台直流发电机，其铭牌上标有 P_N、U_N、I_N。试问发电机的空载运行、轻载运行、满载运行和过载运行指什么情况？负载的大小一般又指什么？

1.3 电路的基本元件

1.3.1 无源元件

理想电路元件是电路最基本的组成单元，可分为无源元件、有源元件、线性元件、非线性元件、时不变元件和时变元件等。在电工领域，一般是线性时不变元件或有源元件；在电子领域，二极管、三极管都是非线性元件。

无源元件有电阻元件、电感元件、电容元件。它们都是理想元件，理想就是突出元件的主要电磁性质，而忽略次要因素。电阻元件具有消耗电能的性质（电阻性），其他电磁性质均可忽略不计；电感元件突出其中通过电流产生磁场而储存磁场能量的性质（电感性）；对电容元件，突出其加上电压要产生电场而储存电场能量的性质（电容性）。电阻元件是耗能元件，后两者为储能元件。讨论理想电路元件主要是以下三点：①元件的物理性质和符号；②元件的电压与电流关系（VCR）和伏安特性；③元件的功率和能量的情况。

1. 电阻元件

电功率耗散性元件，表示将电功率不可逆转换为其他形式功率。

电阻元件的符号如图 1-7(a)所示，在关联参考方向下，有

$$u = Ri \tag{1-5}$$

如果参考方向不关联，则有

$$u = -Ri$$

由式(1-5)决定的伏安特性曲线是一条过原点的直线，如图 1-7(b)所示。

开路（断开）和短路是电路中常见的工作状态，也是电阻元件极端值，可以与二端元件一样定义其 VCR。

开路：不论 u 为何值（有限值），$i \equiv 0$，此时 $R = \infty$，相当于理想开关断开，与图 1-7(b)所示的纵轴重合。

短路：不论 i 为何值（有限值），$u \equiv 0$，此时 $R = 0$，相当于理想开关闭合，与图 1-7(b)中的横轴重合。两者的符号如图 1-8 所示。

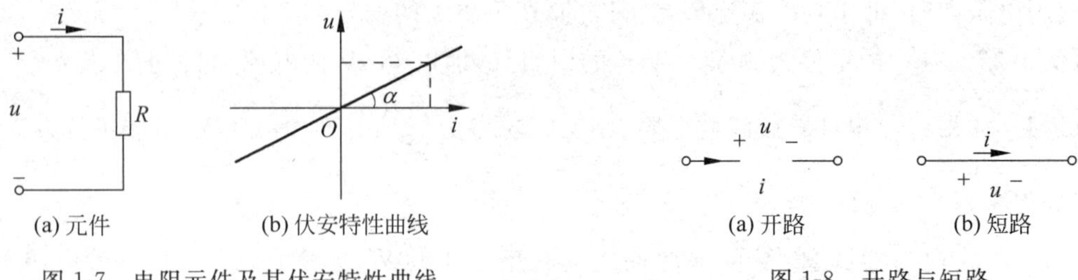

(a) 元件　(b) 伏安特性曲线

图 1-7　电阻元件及其伏安特性曲线

(a) 开路　(b) 短路

图 1-8　开路与短路

开路和短路也与其他元件的特定状态相对应。

通常 R 为正实数，所以

$$p = ui = Ri^2 = \frac{u^2}{R} \geqslant 0 \tag{1-6}$$

式(1-6)表示电阻元件在关联参考方向下，消耗电功率，将其电功率转换为其他形式的功率，与元件的定义相吻合。

不满足以上伏安特性的电阻就是非线性电阻元件。二极管就是一个典型的非线性电阻元件。由于电阻器的制作材料的电阻率与温度有关，(实际)电阻器通过电流后因发热会使温度改变，因此严格地说，电阻器都带有非线性因素。但是在一定条件下，许多实际部件如金属膜电阻器、线绕电阻器等，它们的伏安特性近似为一条直线，所以可用线性电阻元件作为它们的理想模型。

2. 电感元件

在图 1-9(a)所示的单匝和密绕 N 匝线圈中，当通过它的电流 i 变化时，i 所产生的磁通也发生变化，则在线圈两端就要产生感应电动势 e_L。当 e_L 与 Φ 的参考方向符合右手螺旋法则(关系)时，N 匝线圈时有

$$e_L = -N\frac{\mathrm{d}\Phi}{\mathrm{d}t} = -\frac{\mathrm{d}\Psi}{\mathrm{d}t} \tag{1-7}$$

式中，e_L 的单位为 V，时间的单位是 s，磁通的单位是 V · s，通常称为韦伯(Wb)。

$\Psi = N\Phi$，称为磁链。当线圈中没有铁磁物质(称为线性电感)时，Ψ(或 Φ)与 i 成正比例关系，即

$$\Psi = N\Phi = Li$$

$$L = \frac{\Psi}{i} = \frac{N\Phi}{i}$$

式中，L 称为线圈的电感，也称自感，是电感元件的参数。当线圈无铁磁物质时，L 为常数，单位是亨利(H)或毫亨(mH)。将 $\Psi = Li$ 代入 $e_L = -\frac{\mathrm{d}\Psi}{\mathrm{d}t}$，则

$$e_L = -L\frac{\mathrm{d}i}{\mathrm{d}t} \tag{1-8}$$

当线圈中的电流为恒定时，$e_L = -L\frac{\mathrm{d}i}{\mathrm{d}t} = 0$，电感线圈可视为短路。

当电感电压 u 与 e_L 的参考方向相同时，如图 1-9(a)所示，根据 KVL 可得

$$u = -e_L = L\frac{\mathrm{d}i}{\mathrm{d}t} \tag{1-9}$$

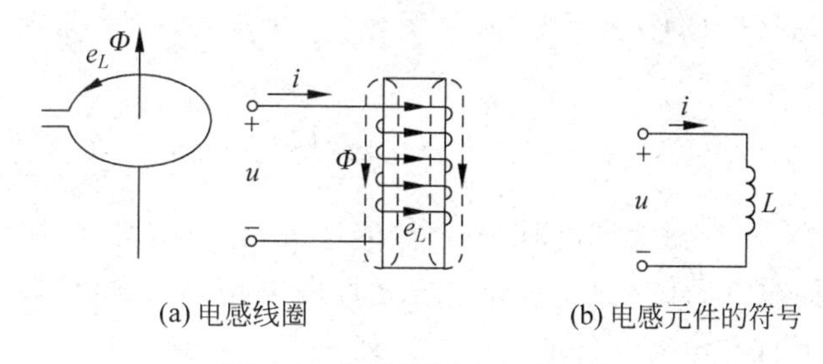

(a) 电感线圈　　(b) 电感元件的符号

图 1-9 电感线圈和电感元件

即电感元件电压与电流的导数关系，是分析电感元件的常用形式，由式(1-9)便可得出电感元件电压与电流的积分关系为

$$i = \frac{1}{L}\int_{-\infty}^{t} u\mathrm{d}t = \frac{1}{L}\int_{-\infty}^{0} u\mathrm{d}t + \frac{1}{L}\int_{0}^{t} u\mathrm{d}t = i_0 + \frac{1}{L}\int_{0}^{t} u\mathrm{d}t \tag{1-10}$$

i_0 即 $i(0)$，将式(1-10)两边乘上 i 并积分，并设 $i(-\infty)=0$，则得电感元件的储能公式为

$$w_L(t) = \int_{-\infty}^{t} ui\mathrm{d}t = \frac{1}{2}Li^2(t) \tag{1-11}$$

当电流的绝对值增大时，电感元件储存的磁场储能增大，此时电感元件从电路吸收能量；当电感中的电流绝对值减小时，磁场储能减小，即电感元件向电路放出能量。

3. 电容元件

图 1-10 所示是电容器图形符号。电容器极板(由绝缘材料隔开的两金属导体)上所储集的电量 q 与其上的电压 u 成正比，即

$$C = \frac{q}{u} \tag{1-12}$$

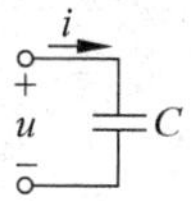

图 1-10 电容元件的符号

式中 C 称为电容，是电容元件的参数，电容的单位为法[拉](F)。由于法(拉)单位太大，工程上多采用微法(μF)或皮法(pF)。$1\mu\mathrm{F}=10^{-6}\mathrm{F}$，$1\mathrm{pF}=10^{-12}\mathrm{F}$。

电容器的电容量与极板的尺寸及其间介质的介电常数有关。若其极板面积为 $S(\mathrm{m}^2)$，极板间距离为 $d(\mathrm{m})$，其间介质的介电常数为 $\varepsilon(\mathrm{F/m})$，则其无穷大平行金属板电容 C 为

$$C = \frac{\varepsilon s}{d}$$

当电容加上电压时，上、下极板储集的是等量的正负电荷。线性电容元件的电容 C 是常数。当极板上的电荷量 q 或电压 u 发生变化时，在电路中就要引起电流(位移电流)，即

$$i = \frac{\mathrm{d}q}{\mathrm{d}t} = C\frac{\mathrm{d}u}{\mathrm{d}t} \tag{1-13}$$

式(1-13)是在 u、i 关联参考方向相同的情况下得出的；否则也要加一负号。它是电容元件的电压与电流求导关系式，是分析电容元件的常用形式。当电容元件两端加恒定电压时，则 $i=0$，电容元件可视为开路。电容元件有隔直(流)通交(流)的作用。由式(1-13)可得出电容元件电压与电流的另一种关系式，即

$$u = \frac{1}{C}\int_{-\infty}^{t} i\mathrm{d}t = \frac{1}{C}\int_{-\infty}^{0} i\mathrm{d}t + \frac{1}{C}\int_{0}^{t} i\mathrm{d}t = u_0 + \frac{1}{C}\int_{0}^{t} i\mathrm{d}t \tag{1-14}$$

u_0 即 $u(0)$，如将式(1-13)两边乘以 u，并积分，且设 $u(-\infty)=0$，则得电容元件的储能公式为

$$w_C(t)=\int_{-\infty}^{t} ui\,\mathrm{d}t=\frac{1}{2}Cu^2(t) \tag{1-15}$$

当电容元件上的电压绝对值增高时，电场储能增大，此时电容元件从电路吸收能量(充电)；电压绝对值降低时电场储能减小，即电容元件向电路放出电能(放电)。为便于比较，今将电阻元件、电感元件和电容元件的几个特征列在表 1-1 中。

(1) 表中所列 u 和 i 的关系式是在关联参考方向的情况下得出的；否则，式中有一负号。

(2) 电阻、电感、电容都是线性元件。R、L 和 C 都是常数，即相应的 u 和 i、Φ 和 i 以及 q 和 u 之间都是线性关系。

表 1-1　电阻元件、电感元件和电容元件的特征

特　征	元　件		
	电阻元件	电感元件	电容元件
电压与电流关系式	$u=iR$	$u=L\frac{\mathrm{d}i}{\mathrm{d}t}$	$i=C\frac{\mathrm{d}u}{\mathrm{d}t}$
参数意义	$R=\frac{u}{i}$	$L=\frac{N\Phi}{i}$	$C=\frac{q}{u}$
能量	$\int_0^t Ri^2\,\mathrm{d}t$	$\frac{1}{2}Li^2$	$\frac{1}{2}Cu^2$

1.3.2　理想电源

能向电路独立地提供电压、电流的器件或装置称为独立电源，如化学电池、太阳能电池、发电机、稳压电源、直流稳压电源等。下面先介绍两个理想电源元件——理想电压源和理想电流源。它们是从实际电源抽象得到的理想电路模型，是有源元件。

1. 理想电压源

理想电压源是一个理想的电路元件，它的电压与电流关系为

$$\begin{cases} u_s(t)=f(t)\ \text{给定时间函数} \\ i(t)\ \text{由电路的 KCL 方程决定} \end{cases} \tag{1-16}$$

式中，$u_s(t)$是电路中的激励，与通过理想电压源元件的电流无关，按自身规律变化，是一给定的时间函数。激励是产生其他电压、电流(响应)的根源。

理想电压源的图形符号如图 1-11(a)所示，也有用电动势表示的理想电压源，如图 1-11(b)所示。

图 1-11(c)所示为理想电压源在 t_1 时刻的伏安特性，它是一条不通过原点且与电流轴平行的直线，换了 t_2 时刻就会有另一条伏安特性，当 $u_s(t)$随时间改变时，这条平行于电流轴的直线也将随之平行移动，表明理想电压源的电压与电流无关，取决于电压源本身的特性。

当理想电压源不作用时，其激励为零，与短路等同，也就是理想开关接通。可认为理想

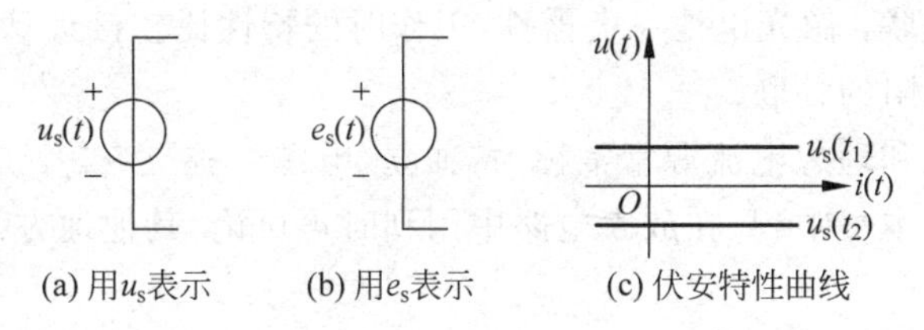

图 1-11　理想电压源的图形符号和伏安特性曲线

导线就是电压为零的理想电压源，但是电流一般不等于零，只能由 KCL 决定，而不能用欧姆定律来确定。

通常理想电压源的电压与电流是非关联参考方向的，其功率为

$$p(t)=u_s(t)i(t)$$

当 $p(t)>0$ 时，理想电压源发出电功率；而 $p(t)<0$ 时，理想电压源消耗电功率。不要误以为是理想电压源就一定发出电功率。

2. 理想电流源

理想电流源也是一个理想电路元件。理想电流源的电压与电流关系为

$$\begin{cases} i_s(t)=f(t)\ \text{给定时间函数} \\ u(t)\ \text{由电路的 KVL 方程决定} \end{cases} \tag{1-17}$$

式中 $i_s(t)$也是电路中的激励，与理想电流源元件的端电压无关，并总保持为给定的时间函数。切不要漏掉端电压 u，由于 KVL 方程是代数和的形式，在求和式中，漏掉谁就相当于默认其等于零。理想电流源的图形符号如图 1-12(a)所示，一定不要漏画箭头，它是电流 $i_s(t)$参考方向的符号表示，图 1-12(b)所示为理想电流源在 t_1 时刻的伏安特性，它是一条不通过原点且与电压轴平行的直线。当 $i_s(t)$随时间改变时，这条平行于电压轴的直线将随之改变位置。

当理想电流源不作用时，其激励为零，与开路等同，也就是理想开关断开。求开关两端的电压，只能用 KVL 来求。由图 1-12(a)可得理想电流源的功率，即

$$p(t)=u(t)i_s(t)$$

此时理想电流源也采用非关联参考方向，要用功率的定义式来判断发出电功率或消耗电功率。也不要误以为理想电流源就一定发出电功率。

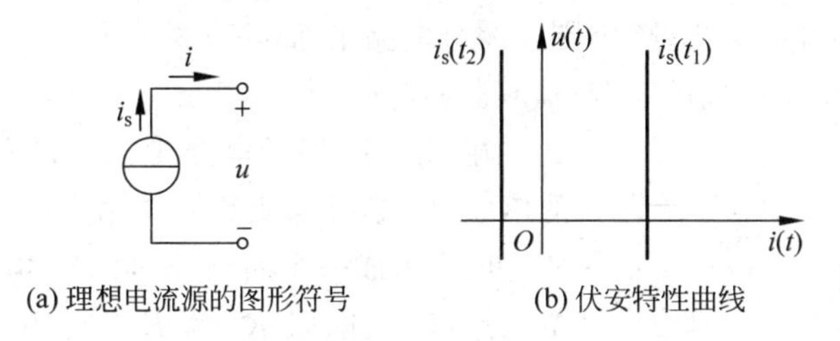

图 1-12　理想电流源及其伏安特性曲线

当理想电压源的电压 $u_s(t)$或理想电流源的电流 $i_s(t)$随时间做正弦规律变化时，则称为正弦理想电压源或正弦理想电流源。

常见实际电源(如发电机、蓄电池等)的工作机理比较接近理想电压源，其电路模型是理

想电压源与电阻的串联；像光电池一类器件，工作时的特性比较接近理想电流源，其电路模型是理想电流源与电阻的并联。

上述理想电压源和理想电流源常常称为“独立”电源，“独立”二字是相对于“受控”电源来说的。受控电源在本书中，只在放大电路中用到时再讨论，其他地方都不涉及。

【练习与思考】

1-3　如果一个电感元件两端的电压为零，其储能是否也一定等于零？如果一个电容元件中的电流为零，其储能是否也一定等于零？

1-4　如果已知 $i_L(1)=1\text{A}, L=0.5\text{H}, u_L(1)$ 能求出吗？同理电容 $u_C(2)=2\text{V}, C=10^{-6}\text{F}$，能求出 $i_C(2)$ 吗？

1-5　各元件的电流、电压参考方向如图 1-13 所示，写出各元件的 VCR。

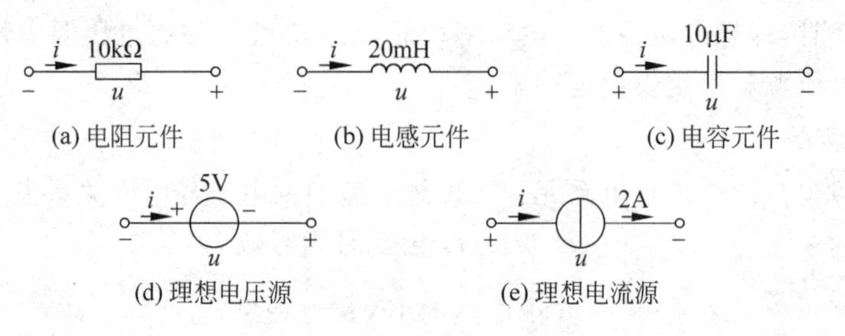

图 1-13　练习与思考 1-5 图

1.4　基尔霍夫定律及应用

基尔霍夫电流定律和电压定律(即 KCL 和 KVL)，是分析与计算电路中应用十分广泛而且非常重要的基本定律。

电路中的每一分支称为支路，其电流称为支路电流。可以认为一个元件一条支路；但为方便起见，两个甚至多个元件如果只拐弯不分叉就是一条支路，其电流相同。

电路中支路的连接点称为结点，如果一个元件一条支路，则两个元件的连接点就是结点；如果两个甚至多个元件串联的元件算一条支路，则 3 条或 3 条以上支路相连接的点就要结点。如果需要求导线电流，且它也是一条支路，则导线两端都是结点。如果不求理想导线电流，且它可以不算一条支路，则围在闭合电路里面(广义结点)。

由一条或多条支路构成的闭合路径称为回路。

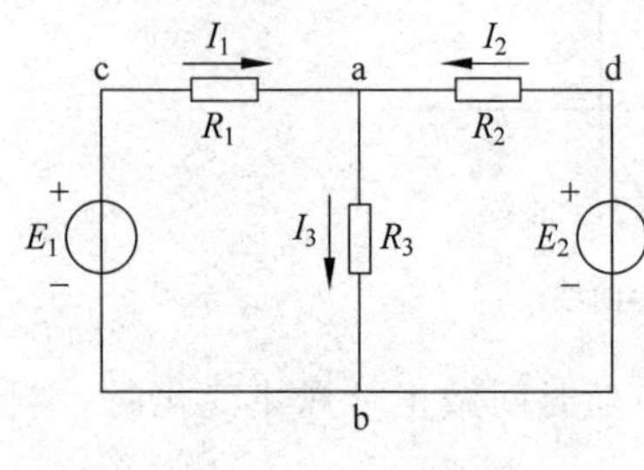

图 1-14　电路示例

在图 1-14 所示电路中，E_1 和 R_1 的串联、E_2 和 R_2 的串联、R_3 这 3 条支路两个结点(a 和 b)，电阻 R_1、电阻 R_3 和 E_1 组成一个回路，电阻 R_2、电阻 R_3 和 E_2 组成一个回路，以及电阻 R_1 和 R_2、E_1 和 E_2 组成一个回路。电路中的电流和电压受到两类约束。一类是元件的 VCR 约束；另一类是元件的相互连接给支路电流和支路电压之间带来的约束，这类约束由基尔霍夫定律体现。

1.4.1　基尔霍夫电流定律

基尔霍夫电流定律(KCL)应用于结点,用来确定连在同一结点上的各支路电流间的关系。在任一瞬时,流入某一结点的电流之和等于流出该结点的电流之和。这是因为电流具有连续性,电路中任何一点(包括结点)均不能堆积或产生电荷。需要强调"流入"或"流出",仍然是对参考方向而言,应该称为"指向"或"背离"某结点。

图 1-15　结点上电流

以图 1-15 所示电路中的 a 结点为例,有

$$I_1 + I_2 = I_3$$

或

$$I_1 + I_2 - I_3 = 0$$

即

$$\sum I = 0 \tag{1-18}$$

说明:在任一瞬时,任一结点上电流的代数和恒等于零。如果规定流入结点的电流取正号,则流出结点的电流取负号。

这就是基尔霍夫电流定律,式(1-18)是其基本的表达式。

基尔霍夫电流定律可推广到包围部分电路的闭合面(大结点),即在任一瞬时,通过任一闭合面的电流的代数和也恒等于零。注意,此处电流必须与闭合面相交,且每条支路只与闭合面相交一次。

【例 1-3】 在图 1-16(a)所示的部分电路中,已知 I_A 和 I_B,求 I_C。

【解】 电路中的 I_A、I_B 和 I_C 分别与 3 个结点有关。首先规定与这 3 个结点有关电流的参考方向,得图 1-16(b)所示的电路,切不可认为没有规定参考方向的支路上没有电流,然后分别在 A、B、C 三结点列出 KCL 方程,即

$$I_A - I_{AB} + I_{CA} = 0$$
$$I_B - I_{BC} + I_{AB} = 0$$
$$I_C - I_{CA} + I_{BC} = 0$$

得

$$I_A + I_B + I_C = 0$$

与对闭合面列写的 KCL 方程完全相同。但对闭合面列写方程时,可以直接得到未知电流的一元一次方程。

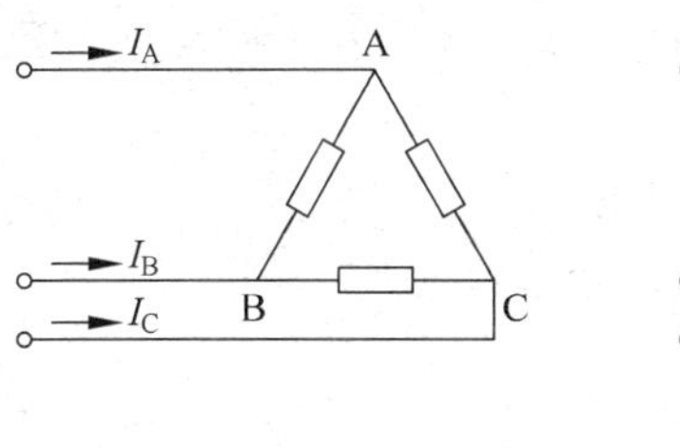

(a) 原电路

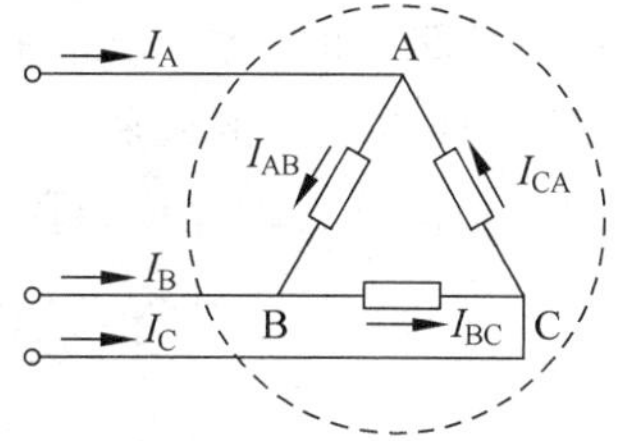

(b) 选择闭合面和规定参考方向

图 1-16　例 1-3 的电路

1.4.2 基尔霍夫电压定律

基尔霍夫电压定律(KVL)应用于回路,用来确定回路中各段电压间的关系。

从回路中的任意一点出发,以顺时针或逆时针方向沿回路循行一周,则在这个方向上回路中所有电位降的和等于所有电位升的和。这是由于电路中任意一点的瞬时电位都是唯一的单值。

那么,什么是电位降?什么是电位升?它们与$U(u)$和$E(e)$的参考方向有关,还与回路的绕向有关。在图1-17中,虚线表示循环方向。

总结图1-17所示的几种情况得出以下结论:不论回路中出现的是U还是E,只要循环方向与从"+"到"−"方向相同,就是电位降,取正号;否则,就是电位升,取负号。

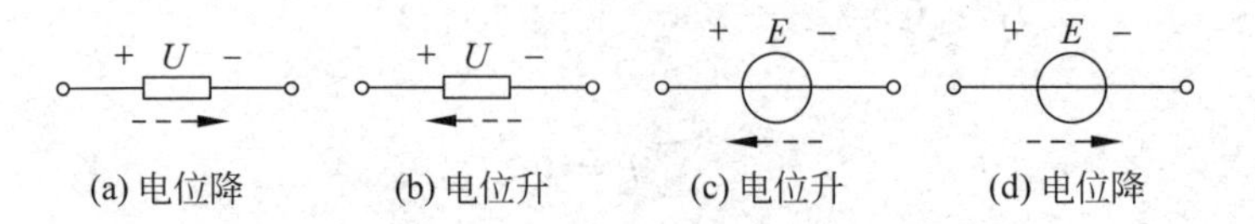

图1-17　电位降或电位升

以如图1-18所示的回路为例,各电源电动势、元件电压参考方向均已给出,按虚线所示方向循环一周,其中U_2和U_3是电位升,而U_1和U_4是电位降,如果U_2换成E_2、U_1换成E_1,则方程相同。

$$U_1(E_1)+U_4=U_2(E_2)+U_3$$

将上式改写为

$$U_1-U_2-U_3+U_4=0$$

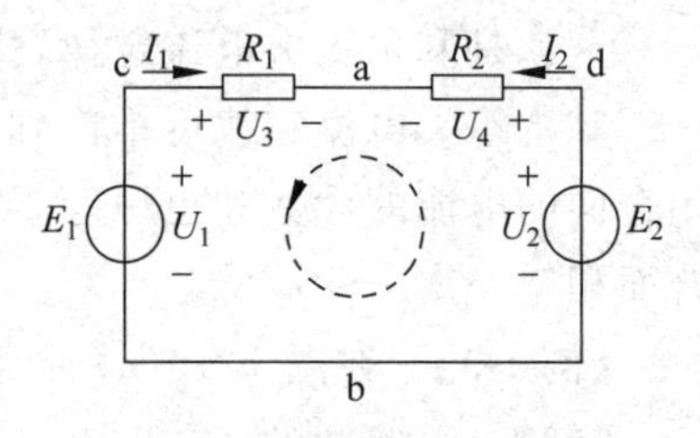

图1-18　回路的KVL方程

即

$$\sum U=0 \tag{1-19}$$

在任何时刻,沿回路某一方向(顺时针或逆时针)循环一周,则在这一方向上各段电压的代数和恒等于零。并规定电位降取正,电位升取负。

KVL也可以推广到"开口"回路,因为电压是两点间的电压,只要所写电压的双下标能够闭合,就可以对这些电压写KVL方程,而不论电路如何组成、是否闭合。例如,U_{AB}、U_{BC}、U_{CD}、U_{DE}、U_{EA}等电压的双下标能够闭合,就一定有$U_{AB}+U_{BC}+U_{CD}+U_{DE}+U_{EA}=0$。因为KVL方程的实质为电场,是保守场,电压与路径无关,只与起点和终点位置有关。电路中的任意两点,当至少有一条路径时,就可以借助"开口"回路求这两点的电压。利用KVL求任意两点的电压,是KVL非常重要的应用。

在如图1-19(a)所示的开口回路中,可列出

$$U_A-U_B-U_{AB}=0$$

即

$$U_{AB}=U_A-U_B$$

根据如图1-19(b)所示的实际电压源,结合电阻元件VCR可列出

$$E-RI-U=0$$

得实际电压源的电压和电流关系为

$$U = E - RI$$

KCL 是与某结点有关的支路电流之间线性约束关系；而 KVL 则对组成某回路的支路电压之间有线性约束关系。这两个定律取决于元件的连接关系以及电压(电动势)、电流的参考方向。

在列写线性方程组时，有多少个变量就应该有多少个独立方程。不论写 KCL 还是 KVL 方程时，都必须写独立方程。

可以证明，在 b 条支路、n 个结点的电路中，有 $n-1$ 个独立的 KCL 方程，且对任意 $n-1$ 个结点列写 KCL 方程即可；有 $b-(n-1)$个独立的 KVL 方程，但它不是对任意回路的组合都可以写独立方程的。可以从以下两个方面来把握。

(1) 找网孔，网孔就是鱼网中最小的每个孔。

(2) 保证每一个回路都有一条独有支路，由于每个回路中都有一个独有变量(独有支路的支路电压)，所以任何一个方程都不能由别的方程推导出来，因此方程组就是独立的，但是该方法的操作性要差些。

在图 1-20 中，由支路 1、3、5，支路 2、4、3 和支路 5、4、6 组成的都是网孔，而由元件 1、2、4、5 和元件 1、2、6 组成的是一般回路。

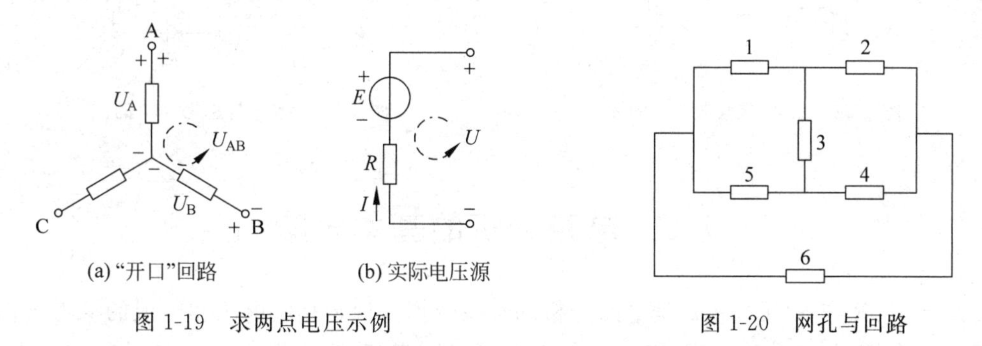

(a)“开口”回路　(b) 实际电压源

图 1-19　求两点电压示例

图 1-20　网孔与回路

【例 1-4】 点 1、2、3、4 表示某一个电路中的 4 个结点，现已知 $U_{12}=5\text{V}$、$U_{23}=8\text{V}$、$U_{34}=-9\text{V}$，尽可能多地确定其他两点间的电压。

【解】 尽管没有看到具体的电路，只要所写电压的双下标能够闭合，就可以对这些电压写 KVL 方程，而不论电路如何组成、是否闭合。由结点 1、2、3、4 组成的电压共有 12 个，但 $U_{mn}=-U_{nm}$，这样就先求 6 个电压。现在已知其中 3 个，剩余的 3 个如图 1-21 所示，每个 KVL 方程都是一元一次方程，只有一个未知量，其他都是已知量，在图中已知的用实线表示，未知的用虚线表示。由图 1-21(a)，有

$$U_{12}+U_{23}+U_{34}+U_{41}=0,\quad U_{41}=-(U_{12}+U_{23}+U_{34})=-4\text{V},\quad U_{14}=-U_{41}=4\text{V}$$

由图 1-21(b)，有

$$U_{23}+U_{34}+U_{42}=0,\quad U_{42}=-(U_{23}+U_{34})=1\text{V},\quad U_{24}=-U_{42}=-1\text{V}$$

由图 1-21(c)，有

$$U_{12}+U_{23}+U_{31}=0,\quad U_{31}=-(U_{12}+U_{23})=-13\text{V},\quad U_{13}=-U_{31}=13\text{V}$$

要善于发现电路中的一元一次方程。

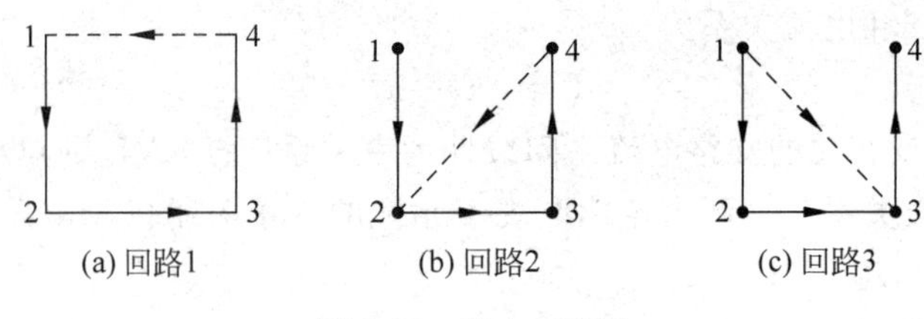

图 1-21　例 1-4 的图

【练习与思考】

1-6　在如图 1-22 所示的电路中，已知 $I_1=1\text{A}$，$I_2=10\text{A}$，$I_3=2\text{A}$，求 I_4。

1-7　电路中各量参考方向如图 1-23 所示。选 ABCDA 为回路循环方向，结合欧姆定律，列写回路的 KVL 方程，并写出 U_{AC} 的表达式。

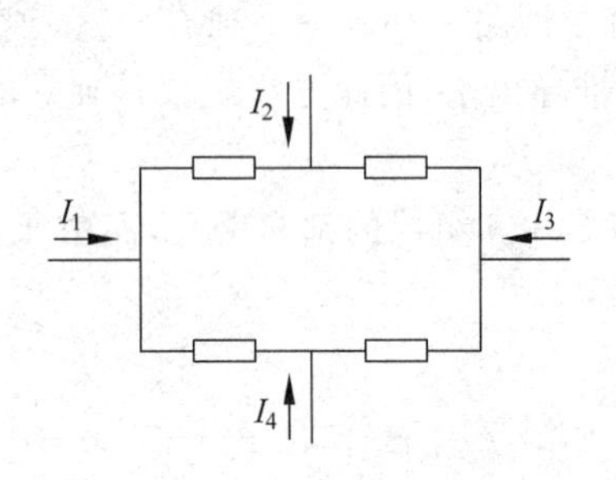

图 1-22　练习与思考 1-6 的图

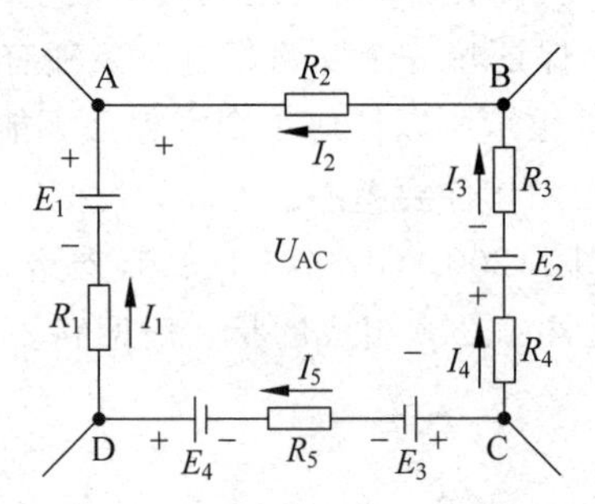

图 1-23　练习与思考 1-7 的图

1.5　电路分析的基本思路

元件 VCR 和 KCL、KVL 是电路分析的唯一依据。规定相应电压和电流的参考方向就可以列方程、解方程。电压、电流的参考方向可以随意规定，且不会影响最后的实际方向。一切以方程为准，切忌凭空想象。

利用元件的 VCR 和 KCL、KVL 分析电路时，其基本思路如下。

(1) 除了电阻、电感、电容元件的电流，其余电流只能用 KCL 求，特别是理想电压源(包括导线)的电流。

(2) 除了电阻、电感、电容元件的电压外，其余电压只能用 KVL 来求，特别是理想电流源电压(包括开路电压)。

(3) 如果已知电阻、电感、电容的参数，既可以通过电流求电压，也可通过电压求电流，电感和电容元件要知道电压或电流的函数表达式。

(4) 理想电压源的电压已知，电流未知。

(5) 理想电流源的电流已知，电压未知。

元件的 VCR 和电路的 KCL、KVL 告诉人们可以做什么，而分析思路则明确了该怎么做。

【例 1-5】　分析如图 1-24 所示的电路。

【解】　在图 1-24(a)中，电阻 R 被导线短路了。电阻 R 与导线组成回路，由 KVL 得，

$u_R=0$，关联参考方向的 $i_R=0$，对结点 1 和结点 2 写 KCL 得 i，另外两个支路电流也都是电流 i。

在图 1-24(b)中，元件 1 和元件 2 不论如何规定电流参考方向，都有 $|i_1|=|i_2|$，即两元件串联的定义，典型的是电阻的串联。

在图 1-24(c)中，元件 1 和元件 2 不论如何规定电压参考方向，都有 $|u_1|=|u_2|$，即两元件并联的定义，典型的是电阻的并联。

学会用 KCL、KVL 和 VCR 方程来分析问题，此为电工学习的精髓。

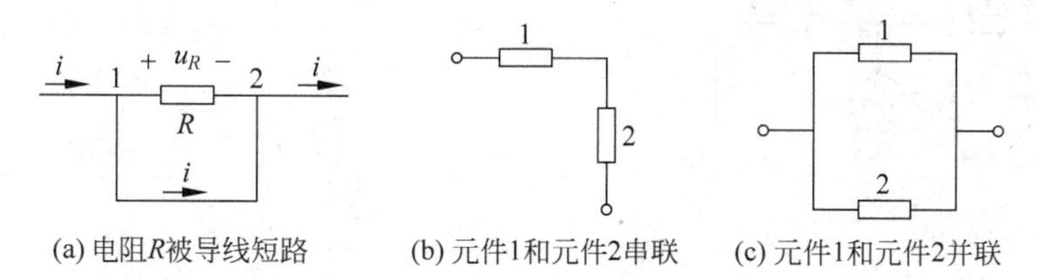

图 1-24　例 1-5 的图

【例 1-6】　电路如图 1-25 所示。求电流 I。

【解】　尽管电路图元件较多且结构复杂，但可以发现，6V 和 12V 的理想电压源和 2Ω 电阻构成一个回路，KVL 结合电阻的 VCR 列写一元一次方程为

$$2I+12-6=0$$

$$I=\frac{6-12}{2}=-3\text{A}$$

貌似复杂的问题只用了一个一元一次方程就解决了。其实在图 1-25 中，还有其他的一元一次方程，你看到了吗？

通常，由一个理想电压源和一个其他元件组成的回路，可以写一元一次的 KVL 方程；由一个理想电流源和一个其他元件组成的结点，都可以写一元一次的 KCL 方程。

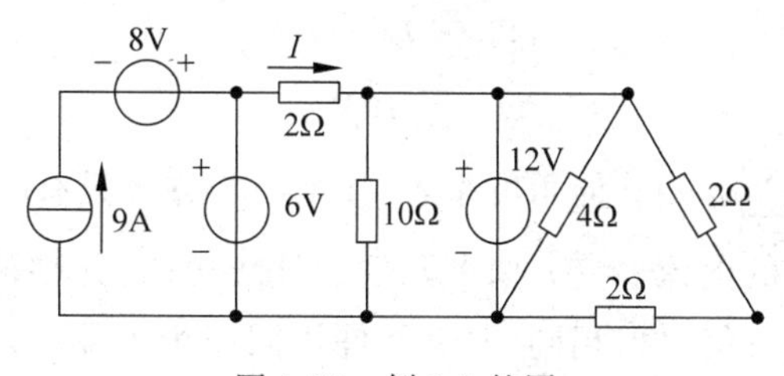

图 1-25　例 1-6 的图

【例 1-7】　求图 1-26 所示电路中的 I。

【解】　由基本分析思路知，导线上的电流只能用 KCL 来求。I、I_1 和 2A 电流与同一结点相连，而电阻电流 I_1 可以利用 10V 理想电压源和 4Ω 电阻组成回路的 KVL 来求，即

$$4I_1-10=0$$

$$I_1=2.5\text{A}\quad I=I_1-2=0.5\text{A}$$

本来是 I 和 I_1 的二元一次方程，现在先写 KVL 的一元一次方程，再写 KCL 的一元一次方程。

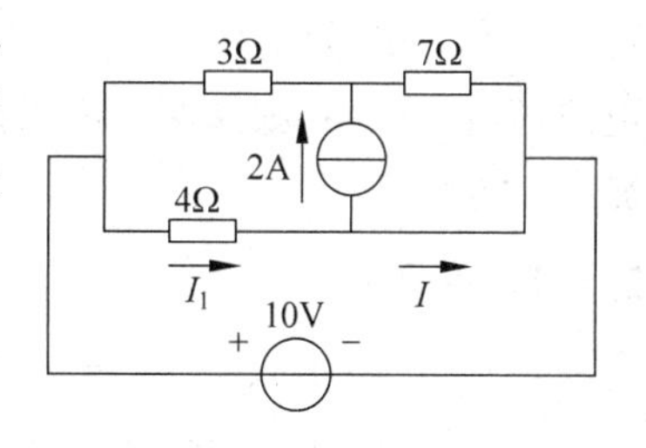

图 1-26　例 1-7 的图

【例 1-8】 求图 1-27 所示电路中的 U_{ab}。

【解】 由基本的分析思路知，理想电流源的（开路）电压只能用 KVL 来求，4Ω 电阻、10V 理想电压源和 U_{ab} 构成开口回路，而 4Ω 电阻的电流就是 2A，仍是一元一次 KCL 方程的思路，所以

$$4 \times 2V + U_{ab} - 10 = 0$$

$$U_{ab} = 2V$$

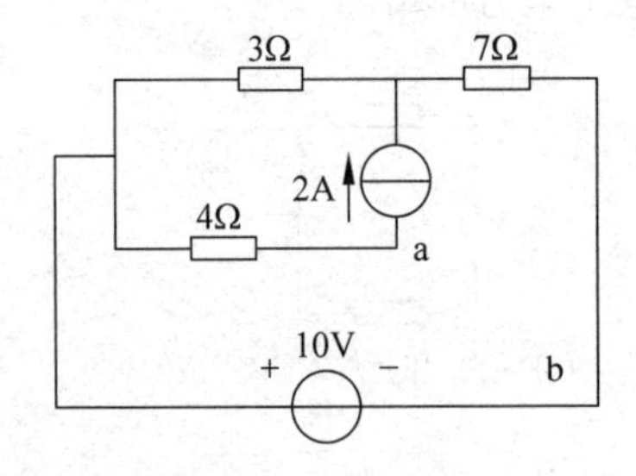

图 1-27 例 1-8 的图

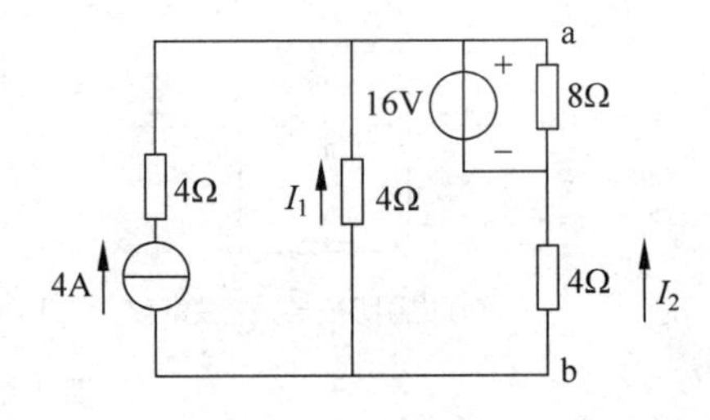

图 1-28 例 1-9 的图

【例 1-9】 求图 1-28 所示电路中 I_1、I_2、U_{ab}。

【解】 如果电路中不存在一元一次方程，那只能考虑更多的变量了。I_1、I_2 和 4A 电流可以写一个 KCL，$4I_1$、$4I_2$ 与 16V 可以写一个 KVL，由两个变量列出两个独立方程，即

$$-I_1 - I_2 - 4 = 0$$

$$4I_1 + 16 - 4I_2 = 0$$

得

$$I_1 = -4A, \quad I_2 = 0A$$

选择开口回路，由 $4I_1$ 和 U_{ab} 组成，有

$$4I_1 + U_{ab} = 0$$

$$U_{ab} = 16V$$

从方程 $\sum i = 0$ 和 $\sum u = 0$ 的角度来看，如果一个方程只有一项，该项一定为零，比如元件的一端断开，该元件的电流 $i=0$；如果元件被导线短路，元件的电压 $u=0$。如果 KCL 中方程只有两项，两个电流绝对值相同，两个元件用同一个电流表示，如电阻和理想电流源的串联、两个电阻的串联；如果 KVL 中方程只有两项，两个电压绝对值相同，两个元件用同一个电压表示，比如一个电阻和理想电压源并联、两个电阻的并联。如果一个方程有 3 项，比如有两个电阻元件和一个理想电流源组成一个结点，同时这两个电阻元件又与一个理想电压源组成回路，则这两个电阻电流既可以写一个 KCL，又能结合 VCR 写一个 KVL，即二元一次方程。

【练习与思考】

1-8 在图 1-29 所示的电路中，当开关打开时，求开路电压 u_{OC}。

1-9 在图 1-30 所示的电路中，找一个二元一次方程，求电流 I，再求 10A 电流源的电压。

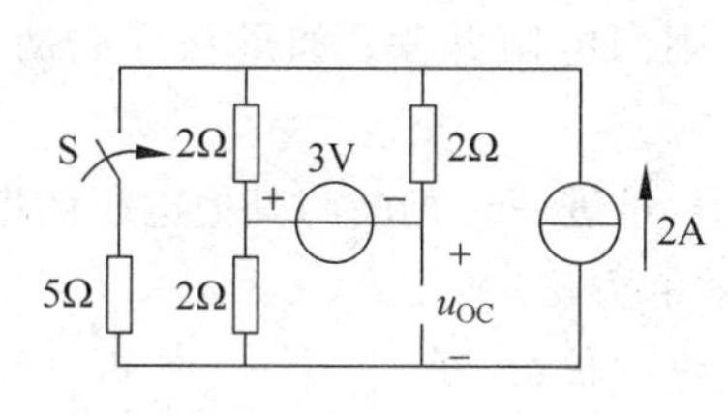

图 1-29　练习与思考 1-8 的图

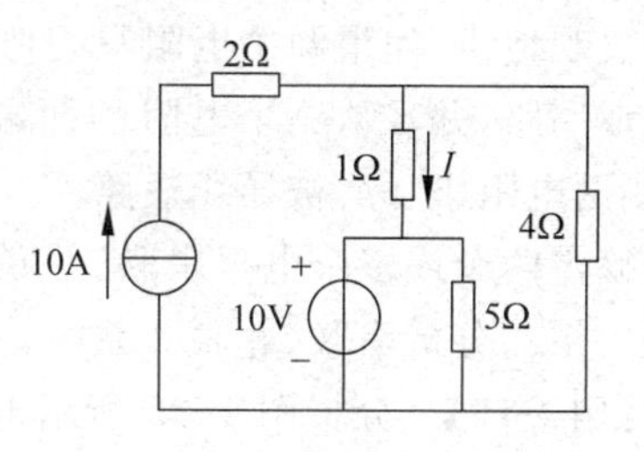

图 1-30　练习与思考 1-9 的图

1.6　简单电路的分析

中学物理中已经介绍了电阻串联、并联和闭合电路欧姆定律。一般而言，可以套用相关公式求解的是简单电路，而复杂电路的分析就需要列写方程。但不论是简单的还是复杂的电路，KCL、KVL 和元件 VCR 都是分析它们的共同基础。本节就利用 KCL、KVL 和 VCR 来分析简单电路，强化对基础知识的掌握。

1.6.1　电阻的串联和并联分析

1. 无源二端网络等效电阻的定义

对仅由电阻元件组成的无源二端网络，可以定义其等效电阻 R_{eq}，即

$$R_{eq} \triangleq \frac{u}{i} = \frac{u_s}{i} = \frac{u}{i_s} \tag{1-20}$$

求等效电阻时，可以将图 1-31(a)、图 1-31(b)结合或者将图 1-31(a)、图 1-31(c)结合来求，并注意 u_S 和 i、u 和 i_S 参考方向的配合。

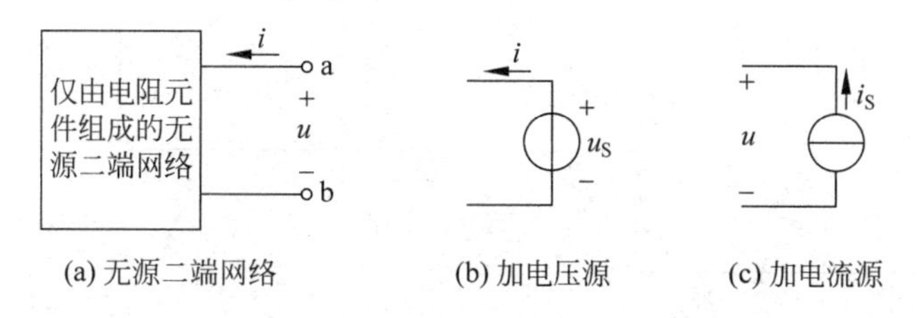

(a) 无源二端网络　(b) 加电压源　(c) 加电流源

图 1-31　无源二端网络的等效电阻

求等效电阻时，要注意以下两点。

(1) 明确无源二端网络的两个端点，即从何处看进去的等效电阻。

(2) 由定义式可知，其分母 i_S 或 i 不等于零，即分析电阻串联和并联时端电流不是零。

2. 电阻串联和并联的定义

如若电阻 R_m 和 R_n 上的电流分别为 i_m 和 i_n，如果电流相同，则两电阻串联，可写成

$$|i_m| = |i_n| \tag{1-21}$$

如若电阻上 R_m 和 R_n 的电压分别为 u_m 和 u_n，如果电压相同，则两电阻并联，可写成

$$|u_m| = |u_n| \tag{1-22}$$

之所以要加绝对值，就是考虑参考方向的任意性。

直观地讲，如果两个电阻只拐弯不分叉（不是三叉及以上），就是串联；当两个电阻和导线组成回路，并且从一个电阻的两端与其他电路连接，则两电阻并联；如果从导线两端引出，则两电阻串联后被导线短路。

确定两个或多个电阻串联、并联关系后，合并为一个，再进一步判断与其他电阻的串联、并联关系。分析串联、并联关系时，去掉导线是非常有效的方法。

【例 1-10】 分析图 1-32 所示电路中，电阻 R_1、R_2 的串联、并联关系并求其电压和电流。

【解】 在图 1-32 所示电路中，既有 $u_1+u_2=0$，也有 $i_1-i_2=0$，应该是电阻 R_1 与 R_2 串联后，再与导线组成回路。其 $i_1=i_2=0$，$u_1=u_2=0$。

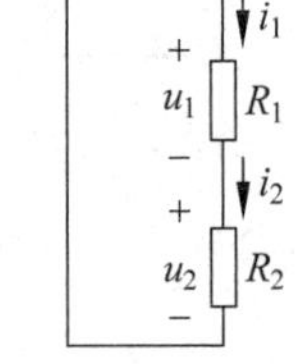

图 1-32　例 1-10 的图

【例 1-11】 分析图 1-33(a)所示电路中，电阻 R_1、R_2、R_3、R_4、R_5 的串联、并联关系。

【解】 为分析方便，按图 1-31(b)所示的要求，在原图上加上电压源 u_s，得到图 1-33(b)，由于 $i_1=i_5=i$，所以 R_1、R_5 串联。电阻元件采用关联参考方向，由 KVL 有 $u_2+u_3=0$、$u_3+u_4=0$，即电阻 R_2、R_3、R_4 并联。不要想当然以为导线上的电流为零。由 KCL 有，$i_1=i_2+i_6$、$i_2=i_3+i_7$，所以电阻 R_1、R_2、R_3 不满足串联关系。合并结点 c、e 以及 d、f 后可得图 1-33(c)，并注意图 1-33(b)和图 1-33(c)两电路中的电流参考方向，在图 1-33(b)中，i_3 从 d 点到 e，箭头从左到右；在图 1-33(c)中，仍然是从 d 点到 e 点，但箭头就从右向左了；在图 1-33(b)中，有 i_6 和 i_7，但在图 1-33(c)中，导线电流 i_6 和 i_7 就没有了，所以两个电路要对照分析。

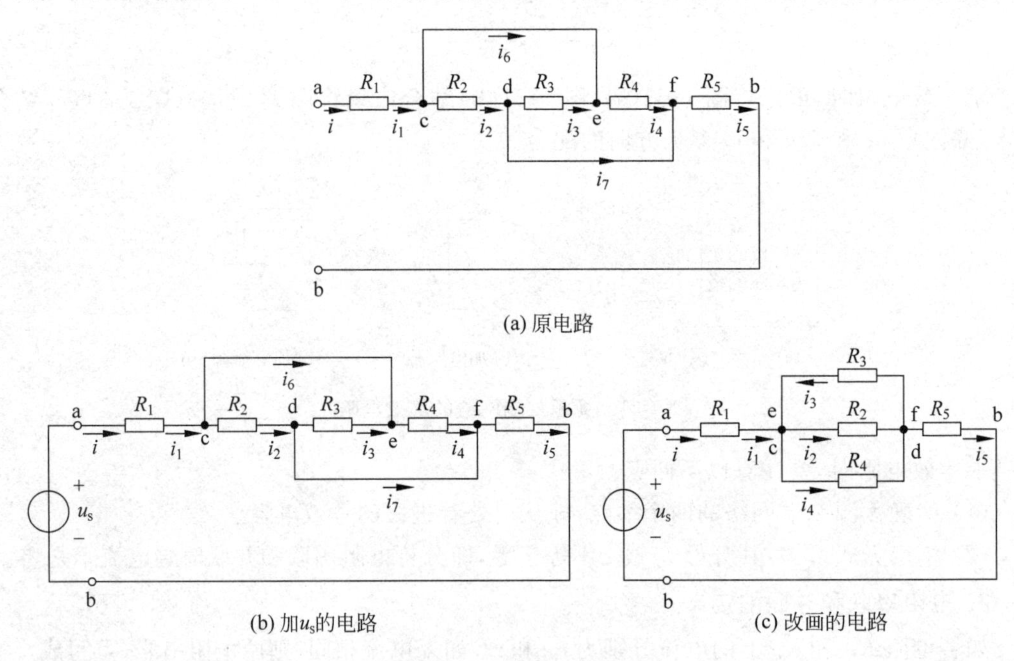

图 1-33　例 1-11 的图

【例 1-12】 分析图 1-34 所示电路中电阻 R_1、R_2、R_3 的串联、并联关系，求 I_1、I_2、I_3。

【解】 电阻 R_1、R_2、R_3 还有串联、并联关系？其实 KCL 已经明确告诉我们了，对结点 a、b、c 分别写 KCL 则有

$$-I_1+I_3+2-2=0,$$
$$I_1-I_2+2-2=0,$$
$$I_2-I_3+2-2=0$$

所以有 $I_1=I_2=I_3$，即 3 个电阻串联，对电阻 R_1、R_2、R_3 组成的回路写 KVL，有 $(R_1+R_2+R_3)I_1=0$。所以

$$I_1=I_2=I_3=0$$

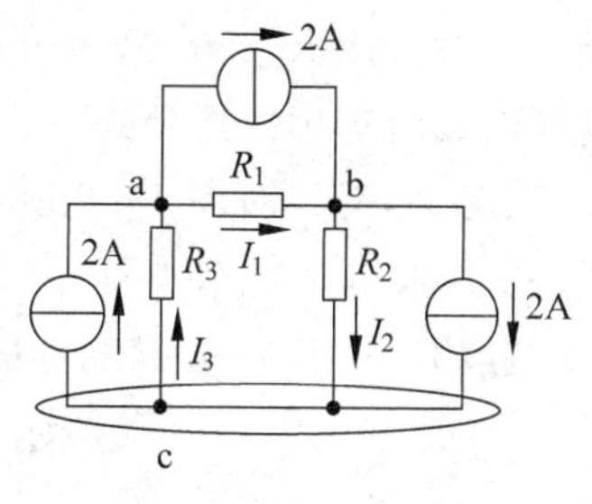

图 1-34　例 1-12 的图

此题分析电阻的串联、并联不是目的，得到 3 个电流的关系才是真正的目的。如果是简单的电阻串联、并联电路，就不需要写方程得到一些关系。例如，电阻串联时，有串联分压公式；电阻并联时，有分流公式。

3. 电阻串联、并联的相关公式

以图 1-35 所示的两电阻串联电路为例，写出相关方程，即

$$u=u_1+u_2$$
$$i=i_1=i_2$$
$$u_1-R_1i_1=0$$
$$u_2-R_2i_2=0$$
$$u=R_{eq}i$$

如果参数 R_1、R_2 和部分电压 u 已知，将 R_{eq}、$i(=i_1=i_2)$、u_1、u_2 看成变量，可得到

$$\begin{cases}R_{eq}=R_1+R_2\\ i=\dfrac{u}{R_{eq}}\\ u_1=\dfrac{R_1}{R_1+R_2}u\\ u_2=\dfrac{R_2}{R_1+R_2}u\end{cases}\tag{1-23}$$

套用后 3 个公式时，要注意图 1-35 所示电路的参考方向。列写电路方程，可以随意规定参考方向；但套用公式时就要遵守相关规定，否则就会出现正负号的错误。

同样地，对图 1-36 所示的两电阻并联电路为例，也可得到相关公式，即

$$\begin{cases}R_{eq}=\dfrac{R_1R_2}{R_1+R_2}\\ i=\dfrac{u}{R_{eq}}\\ i_1=\dfrac{R_2}{R_1+R_2}i\\ i_2=\dfrac{R_1}{R_1+R_2}i\end{cases}\tag{1-24}$$

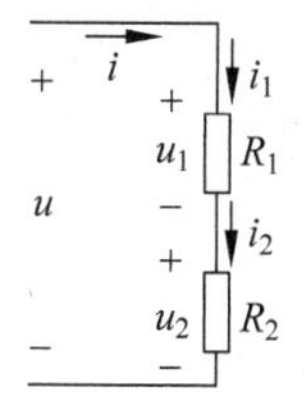

图 1-35　两电阻的串联电路

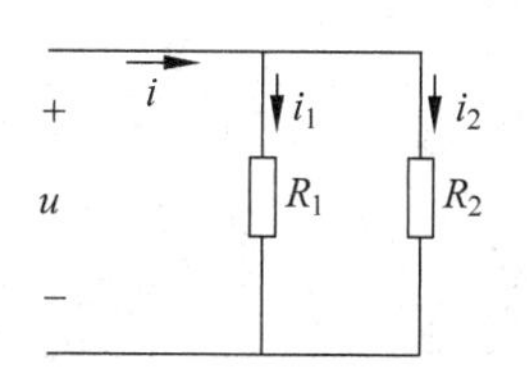

图 1-36　两电阻的并联电路

一般可用 $R_1 /\!/ R_2$ 表示并联时 R_{eq}。尽管只给出两个电阻的并联公式，如多个电阻时，也可以灵活运用上述公式。

【例 1-13】 对图 1-33 所示的电路中，$U_{ab}=10\text{V}$，$R_1=1\Omega$，$R_2=2\Omega$，$R_3=3\Omega$，$R_4=6\Omega$，$R_5=3\Omega$，求电流 i_6 和 i_7。

【解】 i_6 和 i_7 是导线上的电流，只能用 KCL 来求（在图 1-33(a)中）

$$R_{ab}=R_1+R_2 /\!/ R_3 /\!/ R_4+R_5=5\Omega$$

$$i=i_1=\frac{U_{ab}}{R_{ab}}=2\text{A}$$

注意 i_2、i_3 和 i_4 在图 1-33(b)和图 1-33(c)上电路中的对应关系，并灵活运用两个电阻并联的分流公式。

$$i_2=\frac{R_3 /\!/ R_4}{R_2+R_3 /\!/ R_4}i=1\text{A}$$

$$i_6=i_1-i_2=1\text{A}$$

因为与公式要求的参考方向不同，所以下面的公式就要加负号，即

$$i_3=\frac{-R_2 /\!/ R_4}{R_3+R_2 /\!/ R_4}i=-\frac{2}{3}\text{A}$$

由 KCL 得

$$i_7=i_2-i_3=\frac{5}{3}\text{A}$$

注意：基本公式要熟练掌握，但不要杜撰公式。例如，电阻 R_1、R_2 和 R_3 的并联等效电阻

$$R_{eq}=\frac{R_1R_2R_3}{R_1R_2+R_2R_3+R_3R_1}\neq\frac{R_1R_2R_3}{R_1+R_2+R_3}$$

1.6.2 闭合电路的欧姆定律

对图 1-37 所示的单一回路，列写 KVL 并结合电阻元件的 VCR 有

$$(R_0+R)I=E$$

$$I=\frac{E}{R_0+R} \tag{1-25}$$

一般情况下，在图 1-37 中的电阻 R 是无源二端网络的等效电阻，此时求等效电阻端点，即实际电压源的两外接端点。

同样地，也要注意公式中 E 和 I 参考方向的规定。更一般情况下，在图 1-38 所示一般的闭合电路的欧姆定律外电路的电阻 R 是无源二端网络的等效电阻，此时求等效电阻端点即实际电压源的两外接端点。

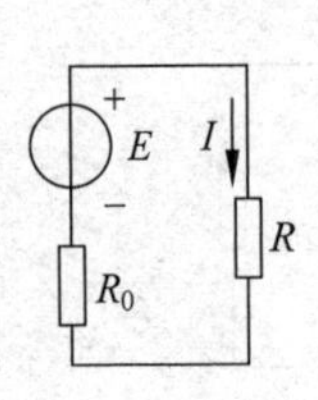

图 1-37 闭合电路的欧姆定律

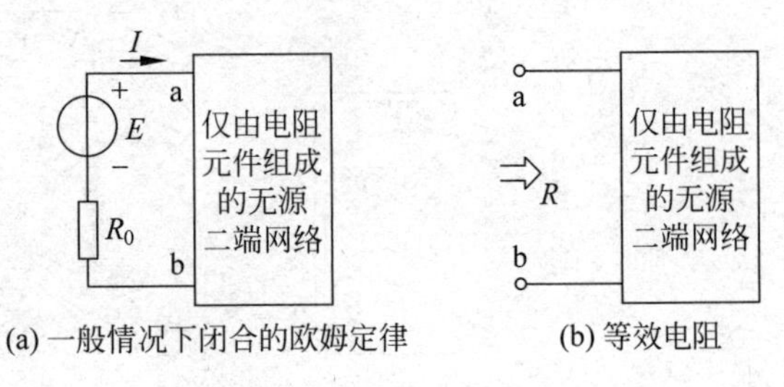

(a) 一般情况下闭合的欧姆定律　(b) 等效电阻

图 1-38 一般闭合电路的欧姆定律

【例 1-14】 对图 1-39(a)所示电路，已知 $E=12\text{V}$，$R_1=3\Omega$、$R_2=6\Omega$、$R_3=4\Omega$、$R_4=3\Omega$、$R_5=1\Omega$。求 I_3 和 I_4。

【解】 合并 a、b 结点，并将电路图改画成图 1-38(a)所示的要求，得图 1-39(b)

$$R_{eq}=R_1 /\!/ (R_2 /\!/ R_4+R_3)=2\Omega,\quad I_5=\frac{E}{R_5+R_{eq}}=4\text{A},$$

$$I_3=\frac{R_1}{R_1+R_2 /\!/ R_4+R_3}I_5=1.33\text{A},\quad I_4=\frac{-R_2}{R_2+R_2}I_3=-0.89\text{A}$$

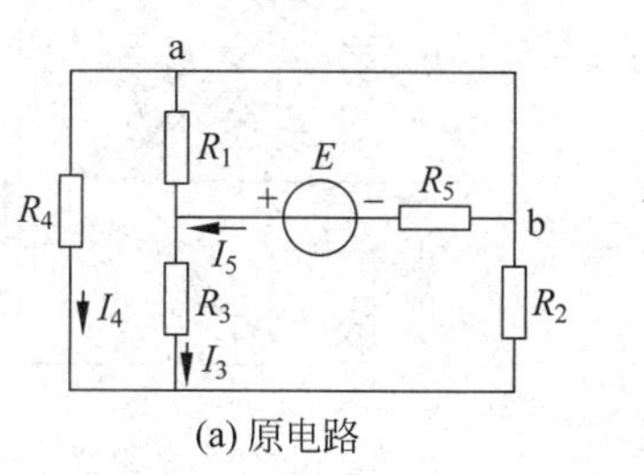

(a) 原电路

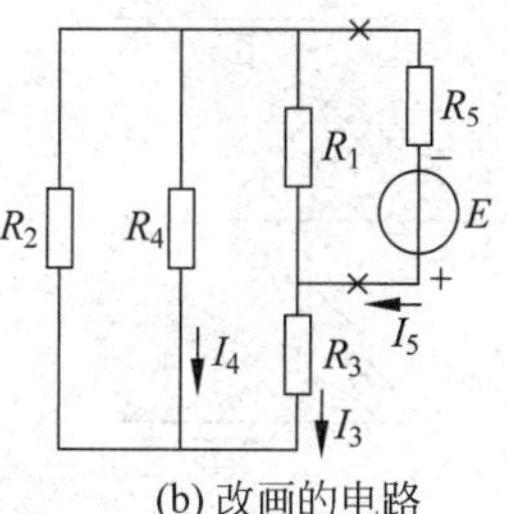

(b) 改画的电路

图 1-39　例 1-14 的电路

【例 1-15】 求解图 1-40(a)所示电路中的开路电压(即电流 $i=0$ 时的电压)U_{OC}；求图 1-40(b)所示电路的短路电流 i_{SC}；求图 1-40(c)所示电路中的等效电阻 R_{eq}。其中，$R_1=1\Omega$，$R_2=2\Omega$，$R_3=3\Omega$，$R_4=4\Omega$，$E=12\text{V}$。

【解】 (1) 图 1-40(a)所示电路中，由于 $i=0$，所以 $i_1=i_4$，$i_2=i_3$，电阻 R_1 和 R_2 串联后和 E 组成的回路结合 VCR 列写 KVL，有

$$i_1=i_4=\frac{E}{R_1+R_4}$$

同理

$$i_2=i_3=\frac{E}{R_2+R_3}$$

对图 1-40 所示的开口回路，列写 KVL

$$U_{OC}+R_3 i_3-R_4 i_4=0$$
$$U_{OC}=R_4 i_4-R_3 i_3=2.4\text{V}$$

或

$$U_{OC}=R_2 i_2-R_1 i_1=2.4\text{V}$$

一般而言，开路(开口)电压只能通过对开口回路写 KVL 求解。

(2) 在图 1-40(b)所示电路中，由 KVL 有 $U_1=U_2$ 和 $U_3=U_4$(默认电阻元件采用关联参考方向)，所以 R_1 和 R_2 并联、R_3 和 R_4 并联，经过改画后得图 1-40(d)所示的电路。

所以 $i=\dfrac{E}{R_2 /\!/ R_1+R_3 /\!/ R_4}=5.04\text{A}$

$$i_1=\frac{R_2}{R_2+R_1}i=3.36\text{A}$$

$$i_4=\frac{R_3}{R_3+R_4}i=2.16\text{A}$$

$$i=i_1-i_4=1.2\text{A}$$

一般而言,理想导线上的电流只能通过KCL来求。在利用KVL求U_{OC}和利用KCL求i_{SC}的过程中,要优先考虑是否有一元一次方程,然后再考虑多元一次方程。

(3) 求图1-40(c)所示无源二端网络的输入电阻时,注意$i \neq 0$,且有$U_1 = U_4$和$U_2 = U_3$,所以R_1和R_4并联,R_2和R_3并联,并联后再串联。

$$R_{eq} = R_1 \mathbin{/\!/} R_4 + R_2 \mathbin{/\!/} R_3 = 2\Omega$$

在学完下一章的戴维南与诺顿定理后,就会得出$U_{OC} = R_{eq} i_{sc}$的结论。

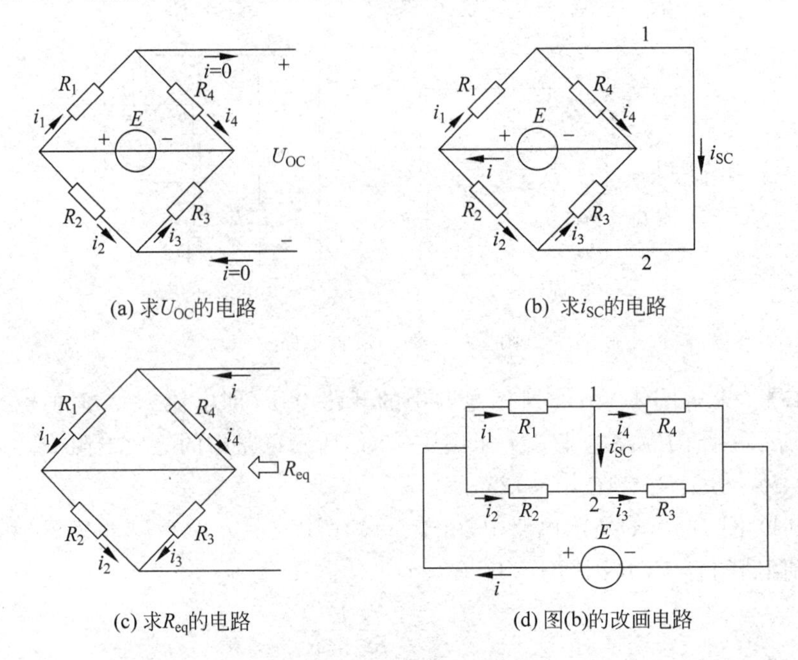

图1-40　例1-15的电路图

通过对以上相关电路的分析,望读者可以深刻领会电阻串联、并联和闭合电路欧姆定律分析电路的要领,很好地掌握简单电路套用公式这个最基本的方法。

【例1-16】 求图1-41所示电路中的I_4和U。

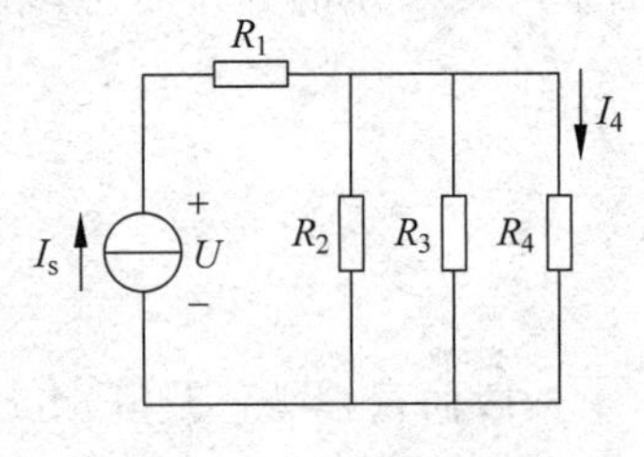

图1-41　例1-16的电路

【解】 在图1-41所示电路中,理想电流源与电阻R_1串联并给R_2、R_3和R_4并联电阻提供电流,由并联分流公式得

$$I_4 = \frac{\dfrac{R_2 R_3}{R_2 + R_3}}{\dfrac{R_2 R_3}{R_2 + R_3} + R_4} I_s$$

U是理想电流源的端电压,由KVL结合VCR有

$$U = (R_2 \mathbin{/\!/} R_3 \mathbin{/\!/} R_4 + R_1) I_s = R_1 I_s + R_4 I_4$$

1.6.3　功率守恒

对图1-37所示闭合欧姆定律的电路,有

$$E = RI + R_0 I$$

表达式两边同乘I,得

$$EI = RI^2 + R_0 I^2$$

该式的左边代表理想电压源发出的功率，右边两项分别代表其内电阻 R_0 和负载电阻 R 消耗的功率。即在一个完整的电路中，任一瞬时发出的电功率等于消耗的电功率之和。将这一结论推广到一般电路，可得电路功率守恒的结论。

功率守恒：在任一完整电路中，任一瞬时发出的功率之和等于消耗的功率之和。

可写成以下两个表达式，即

$$\sum |p_{发}| = \sum |p_{消}| \tag{1-26}$$

根据功率的定义，关联参考方向下，$p>0$ 为消耗，$p<0$ 为发出；非关联时不等式开口正好相反。所以，首先要判断元件是发出还是消耗功率，然后发出的绝对值之和等于消耗的绝对值之和。或

$$\sum p = 0 \tag{1-27}$$

该表达式中，要求所有元件均采用关联或非关联参考方向。这样 p 的正负就和发出还是消耗功率对应起来。

【例 1-17】 求图 1-42 所示的部分电路中 U，并验证功率平衡。

【解】 此电路是部分电路。不能直接用式(1-27)或式(1-28)，但可以分析二端网络的功率与二端网络内部元件功率的关系。

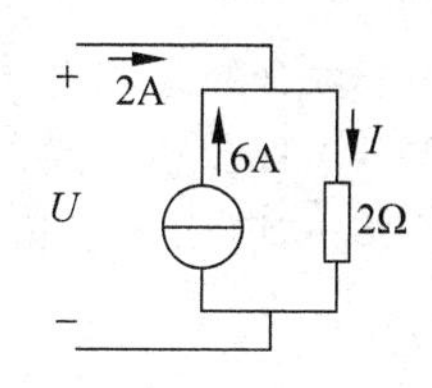

图 1-42　例 1-17 的电路

$$\text{KCL：} I = 2 + 6 = 8\text{A}$$

$$\text{KVL：} U = 2I = 16\text{V}$$

二端网络的功率 $p_1 = 2U = 32\text{W}$(消耗)(关联参考方向)

理想电流源的功率 $p_1 = 6U = 96\text{W}$(发出)(非关联参考方向)

电阻元件消耗的功率 $p_3 = 2I^2 = 128\text{W}$(关联参考方向)

电阻消耗功率是 128W，其中理想电流源提供 96W，还差 32W 就由外电路来提供，就是二端网络消耗的功率，即二端网络消耗的功率就是其所有内部元件消耗的功率之和。

【练习与思考】

1-10　计算图 1-43 所示电路中 a、b 间的等效电阻 R_{ab}。

1-11　在图 1-44 中，$R_1 = R_2 = R_3 = R_4 = 300\Omega$，$R_5 = 600\Omega$，试求开关 S 断开和闭合时 a、b 之间的等效电阻。

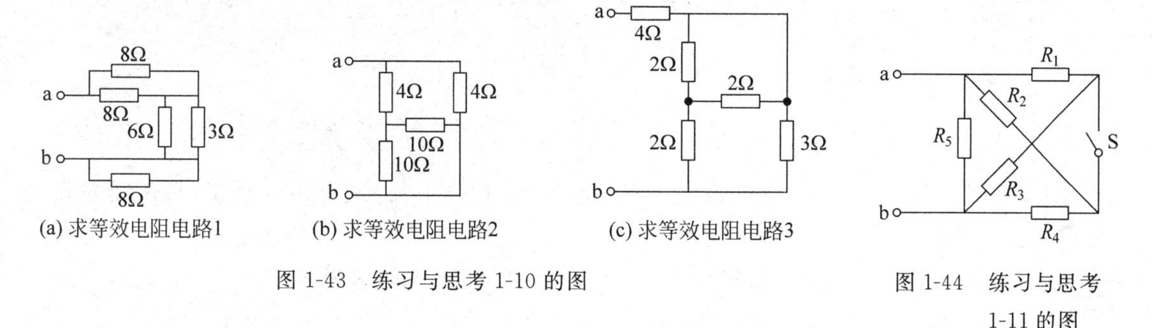

图 1-43　练习与思考 1-10 的图

图 1-44　练习与思考 1-11 的图

1-12　图 1-45 所示的是直流电动机的一种调速电阻，它由 4 个固定电阻串联而成。利用几个开关的闭合和断开，可以得到多种电阻值。设 4 个电阻都是 1Ω，试求在下列 3 种情况下 a、b 两点间的电阻值：(1)S_1 和 S_5 闭合，其他断开；(2)S_2、S_3 和 S_5 闭合，其他断开；(3)S_1、S_3 和 S_4 闭合，其他断开。

1-13　在图 1-46 所示的电路中，利用电阻串联、并联关系先求 5Ω 电阻上的电流，再求开路电压 U_{OC}。

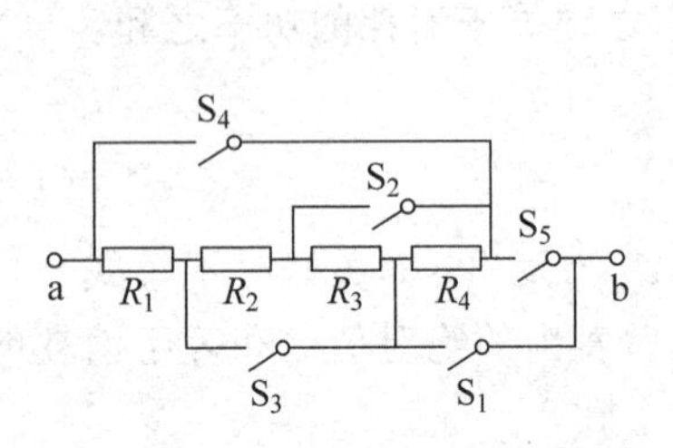

图 1-45　练习与思考 1-12 的图

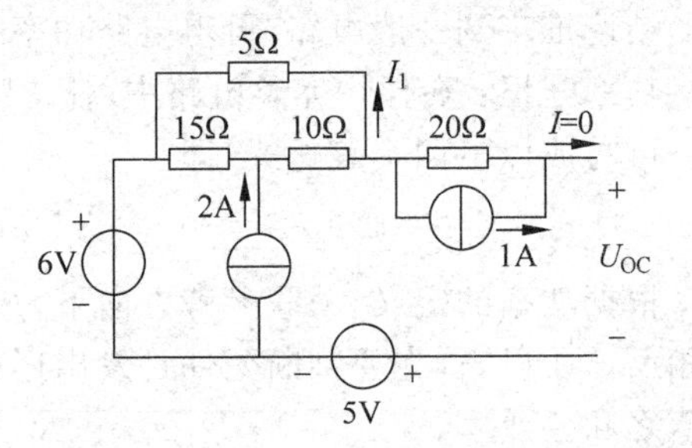

图 1-46　练习与思考 1-13 的图

本章小结

本章介绍了参考方向的概念，元件的 VCR、电路的 KCL 和 KVL。给出了利用 VCR 和 KCL、KVL 分析电路的基本思路，重温了电阻串联、并联和闭合电路欧姆定律。它们是电工电子学的基础，务必很好地掌握。

习　　题

1-1　图 1-47 所示为用变阻器 R 调节直流电机励磁电流 I_f 的电路。已知电机励磁绕组的电阻为 315Ω，其额定电压为 220V。若要求励磁电流在 0.35～0.7A 的范围内变动，试在下列 3 个变阻器中选用一个合适的：①1000Ω，0.5A；②200Ω，1A；③350Ω，1A。

1-2　计算图 1-48 所示电路中所有元件的功率，并校核整个电路功率是否守恒？

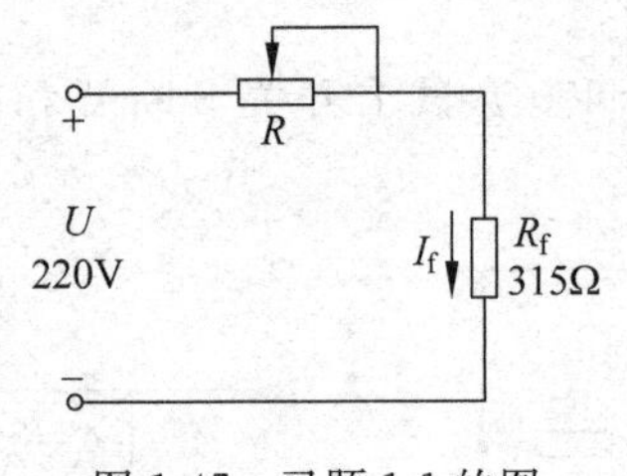

图 1-47　习题 1-1 的图

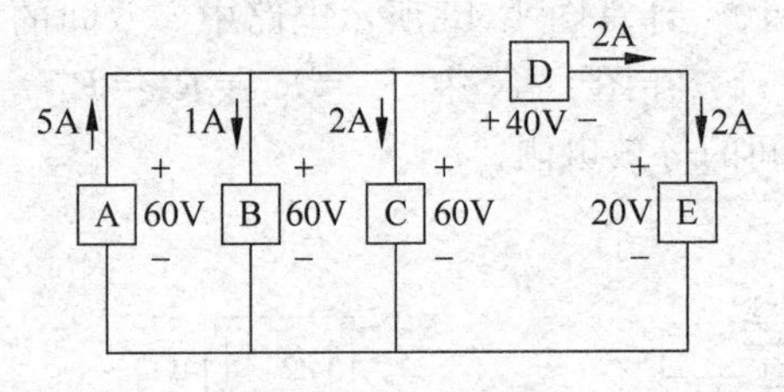

图 1-48　习题 1-2 的图

1-3　试求图 1-49 所示各电路中各理想电压源、理想电流源、电阻的功率（说明是发出还是消耗功率）。

1-4　讨论图 1-50 所示电路中的 U_1 与 U_2 以及 I_1 与 I_2 的关系。

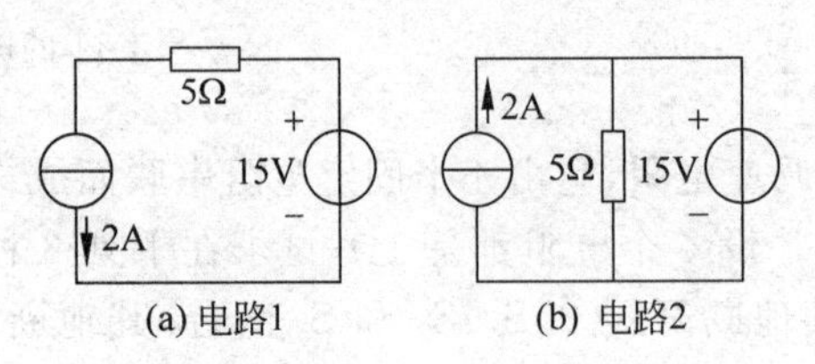

图 1-49　习题 1-3 的图

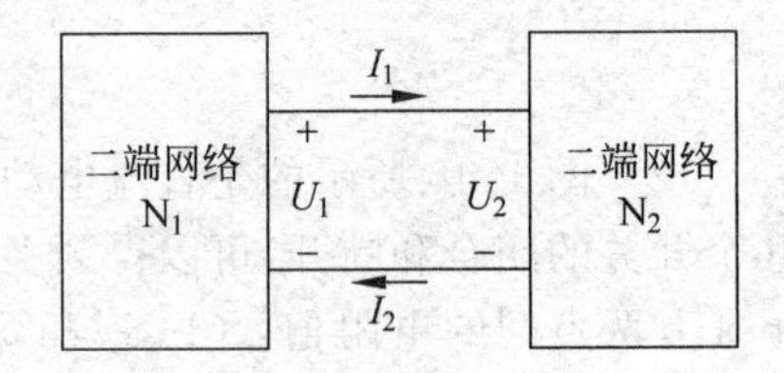

图 1-50　习题 1-4 的图

1-5　求图 1-51 所示电路的 I 和 U。

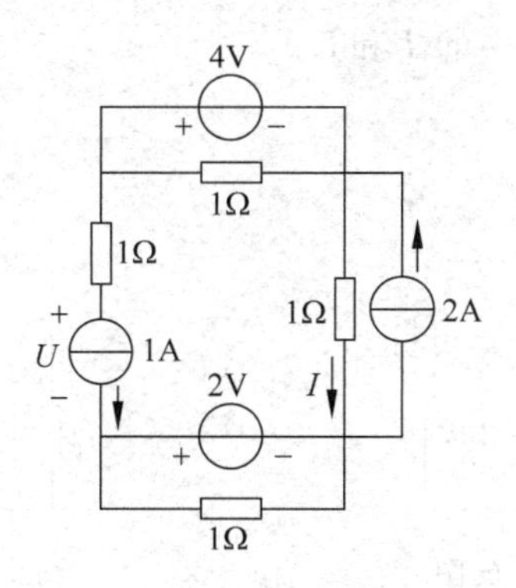

图 1-51　习题 1-5 的图

1-6　求图 1-52 所示部分电路 U_{AB} 和电阻 R。

1-7　求图 1-53 所示电路中的各电流和电阻 R 的数值。

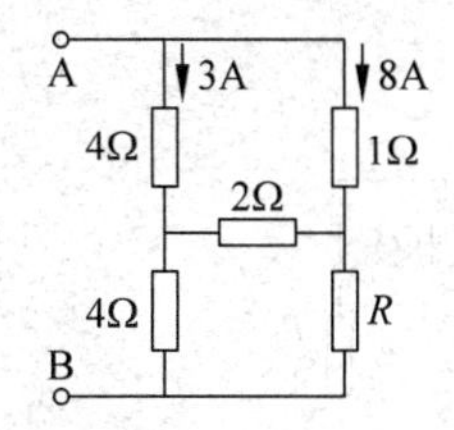

图 1-52　习题 1-6 的图

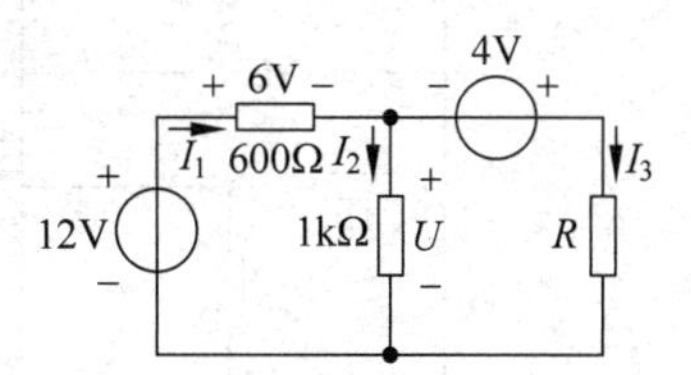

图 1-53　习题 1-7 的图

1-8　在图 1-54 所示的各电路中，求 a、b 两点间的等效电阻。

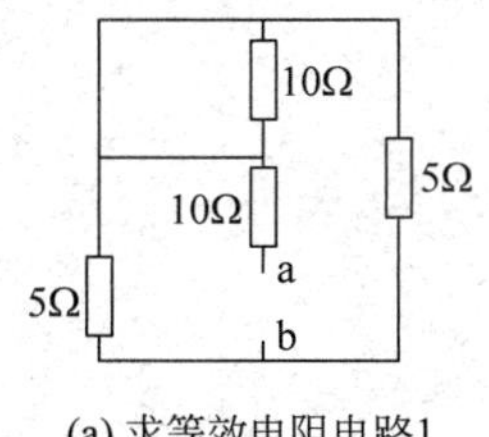

(a) 求等效电阻电路1

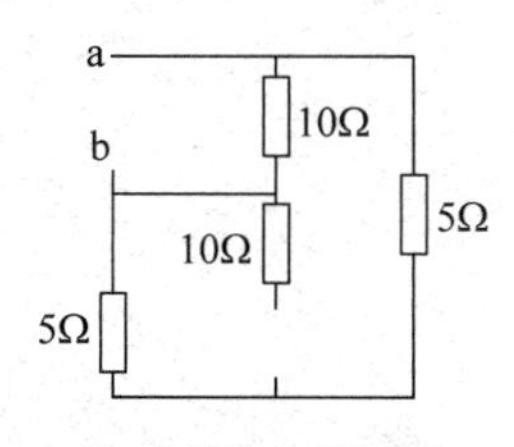

(b) 求等效电阻电路2

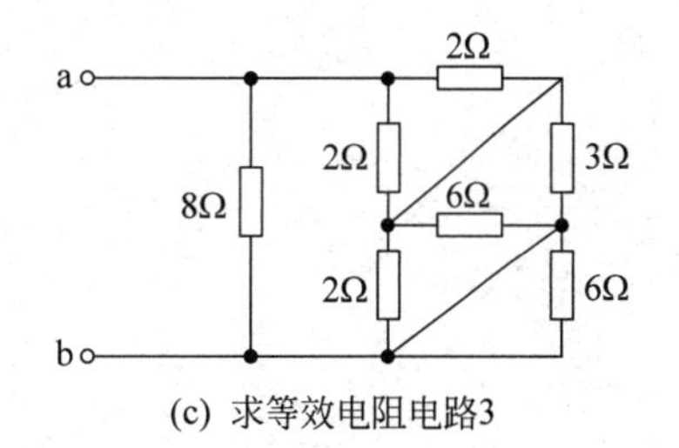

(c) 求等效电阻电路3

图 1-54　习题 1-8 的图

1-9　求图 1-55 所示电路中的 i、i_{SC}。已知：$U_S=18V$，$I_S=4A$，$R_1=R_3=6\Omega$，$R_2=R_4=3\Omega$。

1-10　求图 1-56 所示电路中 I_1、I_2 和 I。

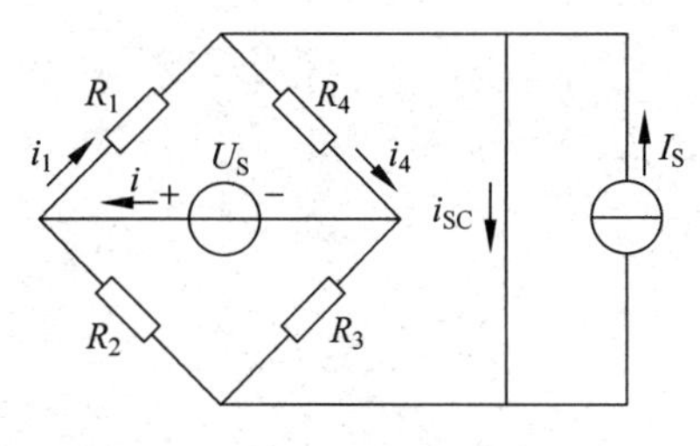

图 1-55　习题 1-9 的图

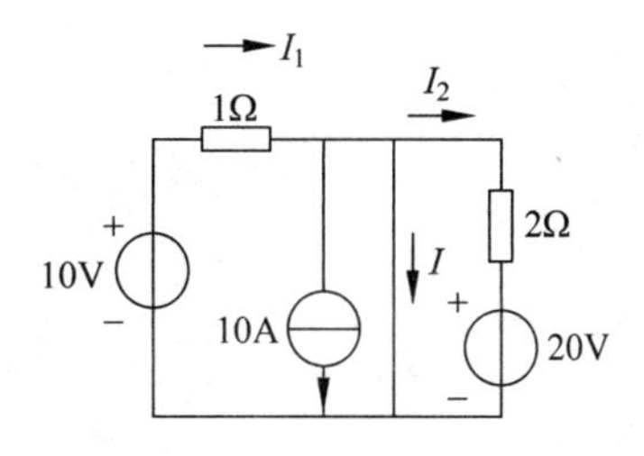

图 1-56　习题 1-10 的图

1-11　求图 1-57 所示电路中的 U_{ab}（a、b 两点断开）。

1-12　求图 1-58 所示电路中的 I 和 U。

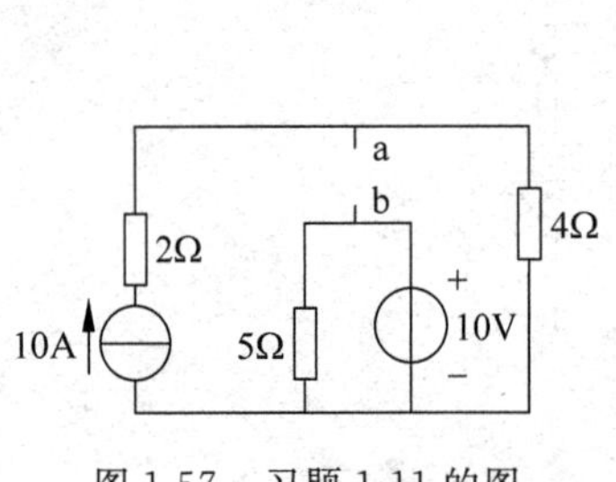

图 1-57　习题 1-11 的图

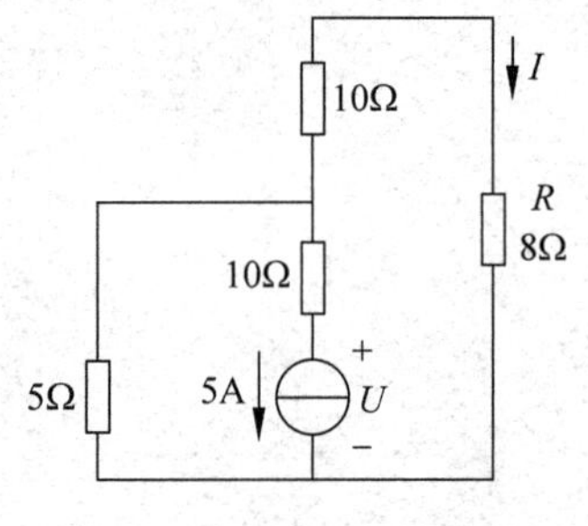

图 1-58　习题 1-12 的图

1-13　求图 1-59 所示电路中的 I 或 U。

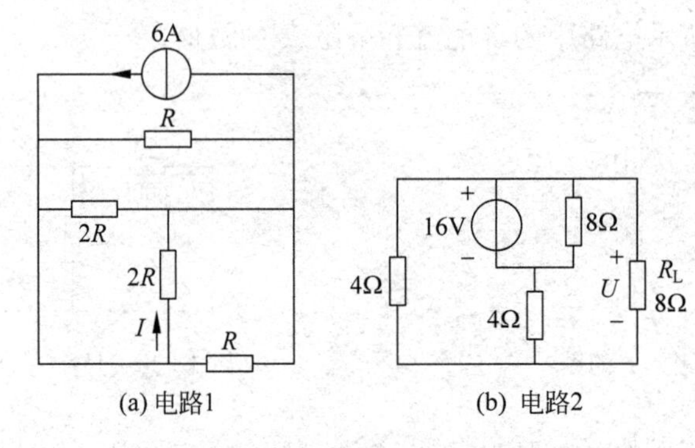

(a) 电路1　　(b) 电路2

图 1-59　习题 1-13 的图

第2章　电路的分析方法

电路分析的基本任务就是在已知电路的模型、参数和激励的情况下，求电路响应、计算功率、能量等。

电路分析的方法可以分为以下3类：一是以支路电流法和结点电压法为代表的电路方程法；二是以电阻串、并联和电源互换为代表的等效变换法；三是以叠加定理、戴维南定理为代表的运用定理法。电阻串联、并联已在第1章介绍过了，本章将按以上分类介绍其他内容。

2.1　支路电流法

前面详细介绍如何用电阻串联、并联和全电路欧姆定律来求解电路，可以称为公式法。但对更复杂的电路而言，该方法已经不适用了。此时电路中要么有多个电源，或尽管只有一个电源，但电路中的电阻却无法用串联、并联等效来化简，所以就需要列写电路方程来求解电路。可以这样说，简单电路用公式法求解，而复杂电路则列方程来求解。列方程求解电路较其他两类方法更具有普遍性。在本课程中又以支路电流法最具代表性。

支路电流法就是用支路电流和电流源的电压作为列写方程的变量，应用基尔霍夫定律和元件电压与电流关系列写所需要的方程。

对于具有 n 个结点和 b 条支路的电路而言，可列写 $n-1$ 个独立的KCL方程，而且是对任意 $n-1$ 个结点；可列写 $b-(n-1)$ 个独立的KVL方程，通常取单孔回路（或称网孔）。由于KCL方程和KVL方程之间彼此独立，所以共有 $(n-1)+b-(n-1)=b$ 个独立方程，而 b 条支路有 b 个支路电流变量。

用支路电流法的解题步骤如下。

（1）确定电路的结点数 n 和支路数 b，每条支路有一个变量。

（2）规定含理想电流源支路的理想电流源端电压和其他支路的支路电流参考方向。

（3）对任意 $n-1$ 个结点列写KCL方程，方程中的变量就是支路电流。

（4）对 $b-(n-1)$ 个网孔列写KVL方程并结合VCR。电阻元件采用关联参考方向时 $U=RI$，电阻电压用支路电流表示；理想电压源的电压 $U_S(E_S)$ 是已知量；理想电流源的电压就是方程的变量，但所在支路的电流是 I_S 已知，即减少了一个支路电流变量。

用求出的支路电流和理想电流源电压，再求其余的电路响应，计算功率和能量。

【例2-1】 在图2-1所示电路中，设 $E_1=10V$，$E_2=15V$，$R_1=1\Omega$，$R_2=2\Omega$，$R_3=1\Omega$。试求各支路电流并计算理想电压源发出的功率。

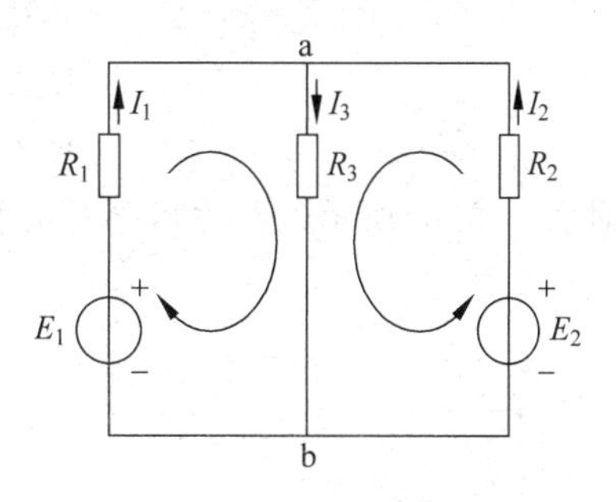

图2-1　例2-1的电路图

【解】 此电路是两个（实际）电压源给一个负载供电的电路，无法用全电路欧姆定律来求解。该电路有两个结点和3条支路，I_1、I_2、I_3 的参考方向如图2-1所示，列方程如下：

$$I_1+I_2-I_3=0$$

$$R_1I_1 + R_3I_3 - E_1 = 0$$
$$R_2I_2 + R_3I_3 - E_2 = 0$$

解得

$$I_1 = 3\text{A}, \quad I_2 = 4\text{A}, \quad I_3 = 7\text{A}$$

理想电压源的功率为

$$P_1 = E_1I_1 = 30\text{W}, \quad P_2 = E_2I_2 = 60\text{W}$$

由于两理想电压源是非关联参考方向且大于零,所以是发出功率。

【例 2-2】 在图 2-2(a)所示的电路中,$R_1=1\Omega$,$R_2=2\Omega$,$R_3=2\Omega$,$R_4=4\Omega$,$R_5=3\Omega$,$I_{S1}=1\text{A}$,$E_5=6\text{V}$,求:

(1) I_3 和 I_4。

(2) 验证电路的功率守恒。

【解】 一般而言,导线上有电流,如果需要求导线上的电流,就可以将其算一条支路,其两端的端点都是结点,在图 2-2(a)所示电路中,共有 6 条支路、4 个结点,其方程的变量分别为 U_1、I_2、I_3、I_4、I_5 和 I_6;如果不求导线上的电流,就可以不算一条支路,找一个闭合面将其包围,形成一个广义结点,如图 2-2(b)所示,此时共有 5 条支路、3 个结点,少一个独立 KCL 方程,但也少一个变量 I_6,独立 KVL 方程数量不变。

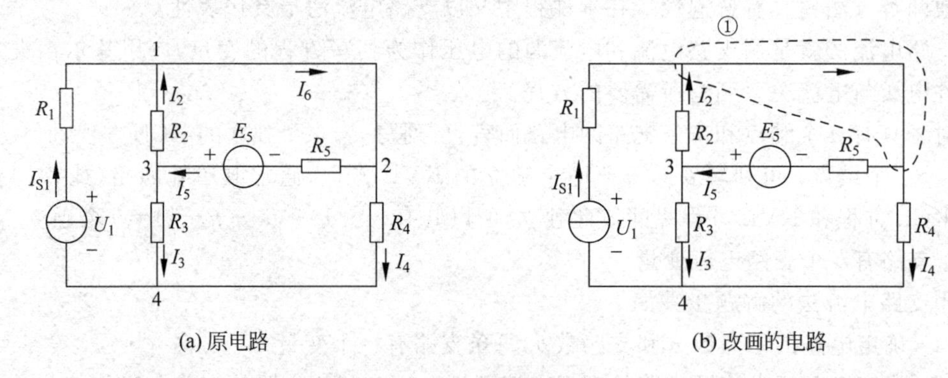

(a) 原电路　　(b) 改画的电路

图 2-2　例 2-2 的电路图

对图 2-2(a)所示电路用支路电流法列写方程为

$$\begin{cases} I_{S1} + I_2 - I_6 = 0 \\ -I_4 - I_5 + I_6 = 0 \\ -I_2 - I_3 + I_5 = 0 \\ -R_2I_2 + R_3I_3 - U_1 + R_1I_{S1} = 0 \\ R_5I_5 - E_5 + R_2I_2 = 0 \\ R_4I_4 - R_3I_3 + E_5 - R_5I_5 = 0 \end{cases} \tag{2-1}$$

对图 2-2(b)所示电路也可列写方程为

$$\begin{cases} I_{S1} + I_2 - I_4 - I_5 = 0 \\ -I_2 - I_3 + I_5 = 0 \\ -R_2I_2 + R_3I_3 - U_1 + R_1I_{S1} = 0 \\ R_5I_5 - E_5 + R_2I_2 = 0 \\ R_4I_4 - R_3I_3 + E_5 - R_5I_5 = 0 \end{cases} \tag{2-2}$$

只需方程组(2-1)中的第一个和第二个方程相加,即得方程组(2-2)。

$U_1 = 1.44\text{V},\quad I_2 = 0.67\text{A},\quad I_3 = 0.89\text{A},\quad I_4 = 0.11\text{A},\quad I_5 = 1.56\text{A}$

理想电流源功率 $P_1 = U_1 I_{S1} = 1.45\text{W}$(发出)

理想电压源功率 $P_2 = E_5 I_5 = 9.33\text{W}$(发出)

电阻 R_1、R_2、R_3、R_4、R_5 消耗的功率分别为:$P_3 = R_1 I_{S1}^2 = 1\text{W}$,$P_4 = R_2 I_2^2 = 0.89\text{W}$,$P_5 = R_3 I_3{}^2 = 1.49\text{W}$,$P_6 = R_4 I_4^2 = 0.05\text{W}$,$P_7 = R_5 I_5^2 = 7.26\text{W}$。

$P_1 + P_2 = P_3 + P_4 + P_5 + P_6 + P_7$,功率守恒。

【例 2-3】 用支路电流法求图 2-3 所示电路中的 U_1 和 I_2。

【解】 (1) 该电路中有 4 个结点和 6 条支路,规定 I、I_1、I_2、I_3、I_4、U_1 的参考方向如图所示,列方程如下:

$$-I_1 - I_2 + 0.5 = 0$$
$$I + I_1 - I_3 = 0$$
$$-I + I_2 - I_4 = 0$$
$$-20I_1 + U_1 - 20I_3 = 0$$
$$20I_2 + 30I_4 - U_1 = 0$$
$$20I_3 - 30I_4 - 20 = 0$$

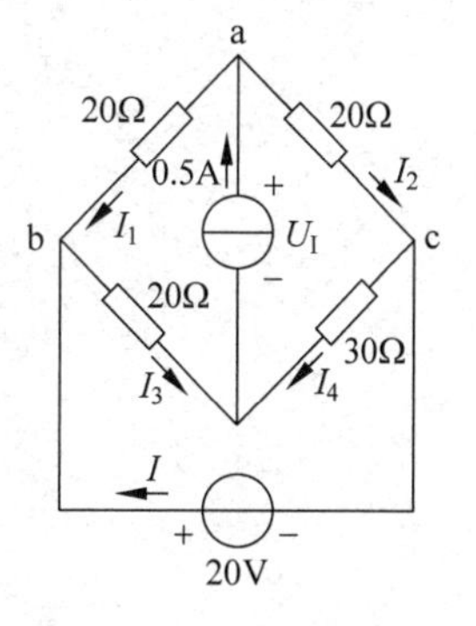

图 2-3　例 2-3 的电路图

解得

$$I = 0.95\text{A},\quad I_1 = -0.25\text{A},\quad I_2 = 0.75\text{A},$$
$$I_3 = 0.7\text{A},\quad I_4 = -0.2\text{A},\quad U_1 = 9\text{V}$$

按照支路电流法的步骤和要求做就可以分析任意电路,它是电工电子学中最普遍、最通用的分析方法。

【练习与思考】

2-1　对图 2-1 所示的电路中,是否可以列写 3 个 KVL 方程,或是两个 KCL 和一个 KVL 方程来求解支路电流。

2-2　在图 2-1 所示电路中,下列各式是否正确?

$$I_1 = \frac{E_1 - E_2}{R_1 + R_2},\quad I_1 = \frac{E_1 - U_{ab}}{R_1 + R_2}$$

$$I_2 = \frac{E_2}{R_2},\quad I_2 = \frac{E_2 - U_{ab}}{R_2}$$

2.2　结点电压法

对只有两个结点且多条支路并联的电路,如图 2-4 所示,其结点电压 U_{ab} 的公式为

$$U_{ab} = \frac{\sum I_{SK} + \sum \frac{E_K}{R_K}}{\sum \frac{1}{R_K}} \tag{2-3}$$

式中,I_{SK} 为理想电流源的电流,如果 I_{SK} 流入结点 a,则 I_{SK} 取正号,否则取负号;E_K 为与电阻串联的理想电压源的电动势,当 E_K 与 U_{ab} 参考方向相反时,E_K/R_K 前取正号,否则取负号;分母的各项总取正号,R_K 是除理想电流源所在支路外各支路上电阻的阻值。

在应用式(2-3)求结点电压时,应首先确定 a、b 结点。求出 U_{ab} 后,再应用基尔霍夫定

律和元件电压与电流关系求其他的电压和电流。

【例 2-4】 用结点电压法求图 2-4 所示电路的 U_{ab} 和 I_1、I_2、I_3。

【解】 现有 4 条支路，但只有两个结点，即 a 和 b，结点电压方程为

$$U_{ab}=\frac{I_{S4}+\frac{E_2}{R_2}+\frac{U_{S3}}{R_3}}{\frac{1}{R_1}+\frac{1}{R_2}+\frac{1}{R_3}}=\frac{7+\frac{15}{5}+\frac{90}{6}}{\frac{1}{20}+\frac{1}{5}+\frac{1}{6}}=60\text{V}$$

$$I_1=\frac{U_{ab}}{R_1}=3\text{A}$$

$$I_2=\frac{E_2-U_{ab}}{R_2}=-9\text{A}$$

$$I_3=\frac{U_{ab}-U_{S3}}{R_3}=-5\text{A}$$

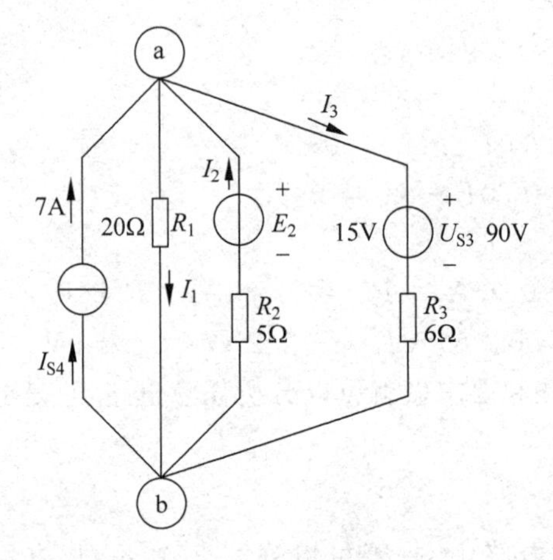

图 2-4　例 2-4 的电路图

如果用支路电流法求解该电路，有 4 个变量，就有 4 个方程。现在的结点电压方程相当于公式，求出结点电压后，再求别的电压和电流。所以它特别适合于支路多但只有两个结点的电路。

【练习与思考】

2-3　对图 2-1 所示的电路，先求结点电压 U_{ab} 后再求出电流 I_1、I_2。

2.3　电源的两种模型及其等效变换

用支路电流法列写的线性代数方程组，如果人工手算方程，就需要不断消去变量，直到求出所有变量。与数学中消变量的思路一样，如果用电路的方法合并元件，从而减少电路变量，这就是等效变换法。电阻串联、并联就是电路等效变换的一种方法。

2.3.1　等效变换的概念

如将一个电路人为分为 N_1(内电路)和 N(外电路)两部分，并且 N_1 和 N 都是二端网络。N_1 占电路中的大部分且无须求解任何响应；N 包括需要求解的那部分电路，甚至就是

一个支路或元件。所以，等效变换适合于所求电压和电流较少且非常集中的电路，并且能按图 2-5 所示进行划分的一种特殊的分析方法。

等效：对二端网络 N_1 和 N_2 而言，其端电压 U 和端电流 I 的电压电流关系 $U=f(I)$ 完全相同，则称为等效。由于它们的端电压和端电流关系相同，所以对任意外部电路的影响完全相同。

将一个二端网络 N_1 用一个等效的二端网络 N_2 代替，称为等效变换。等效变换主要是就是同类元件的合并（合并同类项），甚至是不同类元件的合并，从而简化电路（图 2-6）。

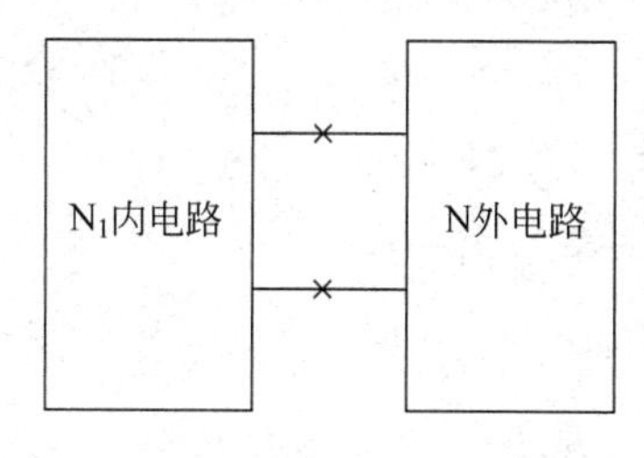

图 2-5　划分内外电路

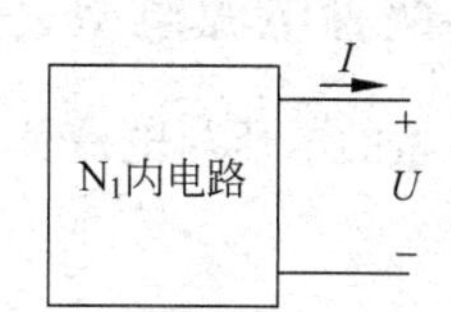

图 2-6　二端网络的端口特性

本节介绍实际电源的两种电路模型和它们之间的相互等效电路。

2.3.2　实际电压源

实际电压源就是理想电压源 E 和内电阻 R_0 的串联，见图 2-7(a)。其电压与电流关系为

$$U = E - R_0 I \tag{2-4}$$

在图 2-7(b)所示的伏安特性曲线图中，当 $I=0$ 时，$U=U_{OC}$（开路电压）$=E$；当 $U=0$ 时，$I=I_{SC}$（短路电流）$=\dfrac{E}{R_0}$。

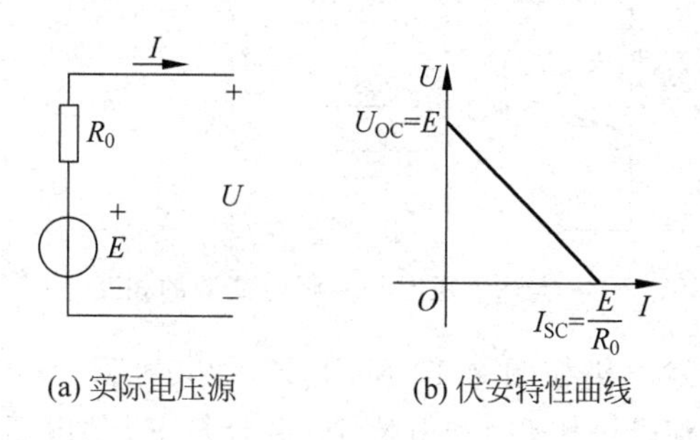

(a) 实际电压源　　(b) 伏安特性曲线

图 2-7　实际电压源及其伏安特性曲线

2.3.3　实际电流源

实际电流源就是理想电流源 I_S 和内电阻 R_0 的并联，见图 2-8(a)。其电压电流关系为

$$I = I_S - \frac{U}{R_0} \tag{2-5}$$

在图 2-8(b)伏安特性曲线中，当 $I=0$ 时，$U_{OC}=R_0 I_S$；当 $U=0$，$I_{SC}=I_S$。

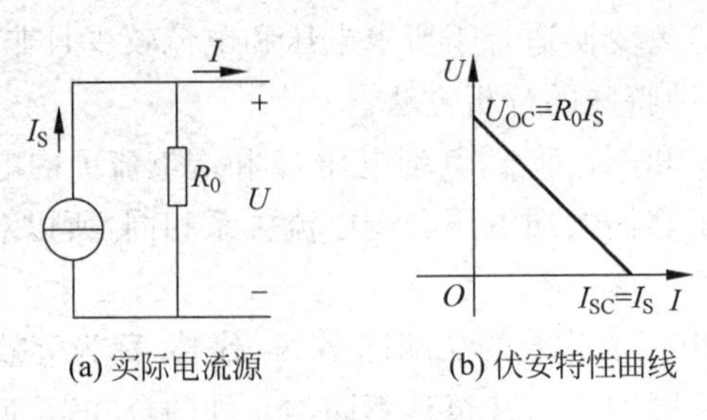

图 2-8　实际电流源及其伏安特性曲线

2.3.4　两种电源模型之间的等效变换

当两种模型的电压与电流关系相同时，则相互等效，有

$$\begin{cases} U = E - R_0 I \\ U = R_0 I_S - R_0 I \end{cases}$$

所以有

$$E = R_0 I_S$$

一般认为，一个电动势为 E 的理想电压源和电阻 R_0 串联，可以与一个理想电流源 I_S 和电阻 R_0 的并联相互等效，如图 2-9 所示。条件为

$$E = R_0 I_S \quad 或 \quad I_S = \frac{E}{R_0} \tag{2-6}$$

但仍需注意 E 和 I_S 的参考方向。

在实际电压源中，$R_0=0$ 时就是理想电压源；在实际电流源中，$R_0=\infty$时就是理想电流源。说明理想电压源和理想电流源之间不能相互转换，因为其电阻不相同。

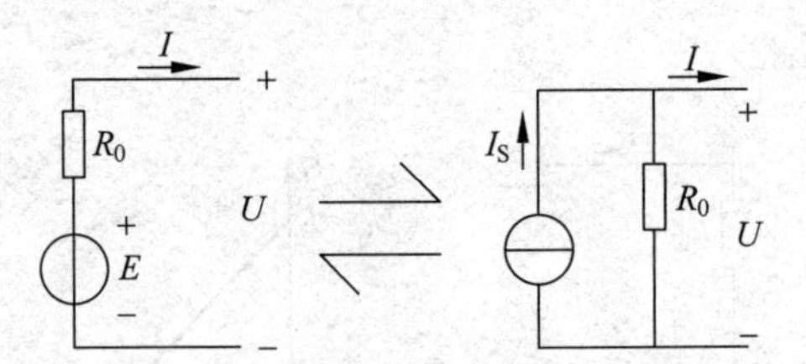

图 2-9　实际电压源与实际电流源的相互等效

【例 2-5】　有一直流发电机如图 2-10 所示，$E=230\text{V}$，$R_0=1\Omega$，当负载电阻 $R_L=22\Omega$ 时，用电源的两种模型分别求电压 U_L 和电流 I_L，并计算 R_0 的电压、电流和功率。

【解】　(1) 计算电压 U_L 和电流 I_L。

在图 2-10(a)中，有

$$I_L = \frac{E}{R_L + R_0} = 10\text{A}$$

$$U_L = R_L I_L = 220\text{V}$$

在图 2-10(b)中，有

$$I_S = \frac{E}{R_0}$$

$$I_L = \frac{R_0}{R_0 + R_L} I_S = 10\text{A}$$

$$U_L = R_L I_L = 220\text{V}$$

(2) R_0 的电压、电流和功率。

在图 2-10(a)中,有

$$I_R = -I_L = -10\text{A}$$

$$U_R = R_0 I_R = -10\text{V}$$

$$P_R = U_R I_R = 100\text{W}$$

在图 2-10(b)中,有

$$I_R = I_S - I_L = 220\text{A}$$

$$U_R = U_L = 220\text{V}$$

$$P_R = U_R I_R = 48400\text{W}$$

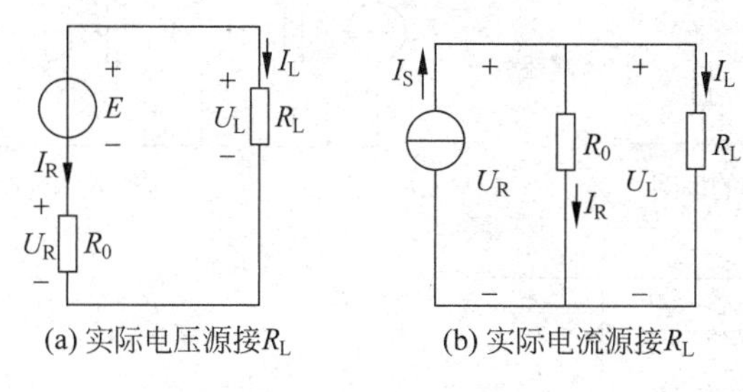

图 2-10　例 2-5 的图

此例说明,这时的实际电压源和实际电流源对外电路讲是相互等效的,即对 U_L 和 I_L 无影响;但是内电路中 R_0 的电压、电流和功率在不同模型中是不相同的,即对内不等效,即"外等,内不等"。

用等效变换法求解电路,步骤如下。

(1) 首先是划分为内、外电路。求谁谁就是外电路,不求的都是内电路。

(2) 化简内电路。先画出内电路的框图电路,在框图电路中,理想电压源与电阻的串联、理想电流源与电阻的并联算一个整体,用一个方框来表示,如果只有一个电阻也算一个整体。化简的原则:①从要等效的二端网络另一侧开始等效;②如果要等效的是两个并联方框,则化成实际电流源;如果要等效的是两个串联方框,则化成实际电压源,其他方框则暂时不动。

(3) 将化简后的内电路与外电路联立求解。

【例 2-6】 试用电压源模型与电流源模型等效变换的方法求图 2-11(a)中 1Ω 电阻上的电流。

【解】 现在要化简的等效电路是两个并联方框,得到图 2-11(b)所示电路的框图电路图 2-11(c),并将要化简的部分等效成实际电流源,得等效电路图 2-11(d)。将并联的理想电流源和并联的电阻分别合并,得等效电路图 2-11(e);再画出等效电路图 2-11(e)的框图电路图 2-11(f),现在要化简的等效电路是两个串联方框,得到图 2-11(e)所示电路的等效电路图 2-11(g),串联的理想电压源和串联的电阻分别合并,得等效电路图 2-11(h),继续画出等效电路图 2-11(h)的框图电路图 2-11(i),现在要化简的等效电路是两个并联方框,得到

图 2-11(h)所示电路的等效电路图 2-11(j)，合并后得电路图 2-11(k)；最后与外电路联立，得到电路图 2-11(l)。求得 $I=\frac{2}{1+2}\times 4=2.67(A)$。只要按步骤做即可。

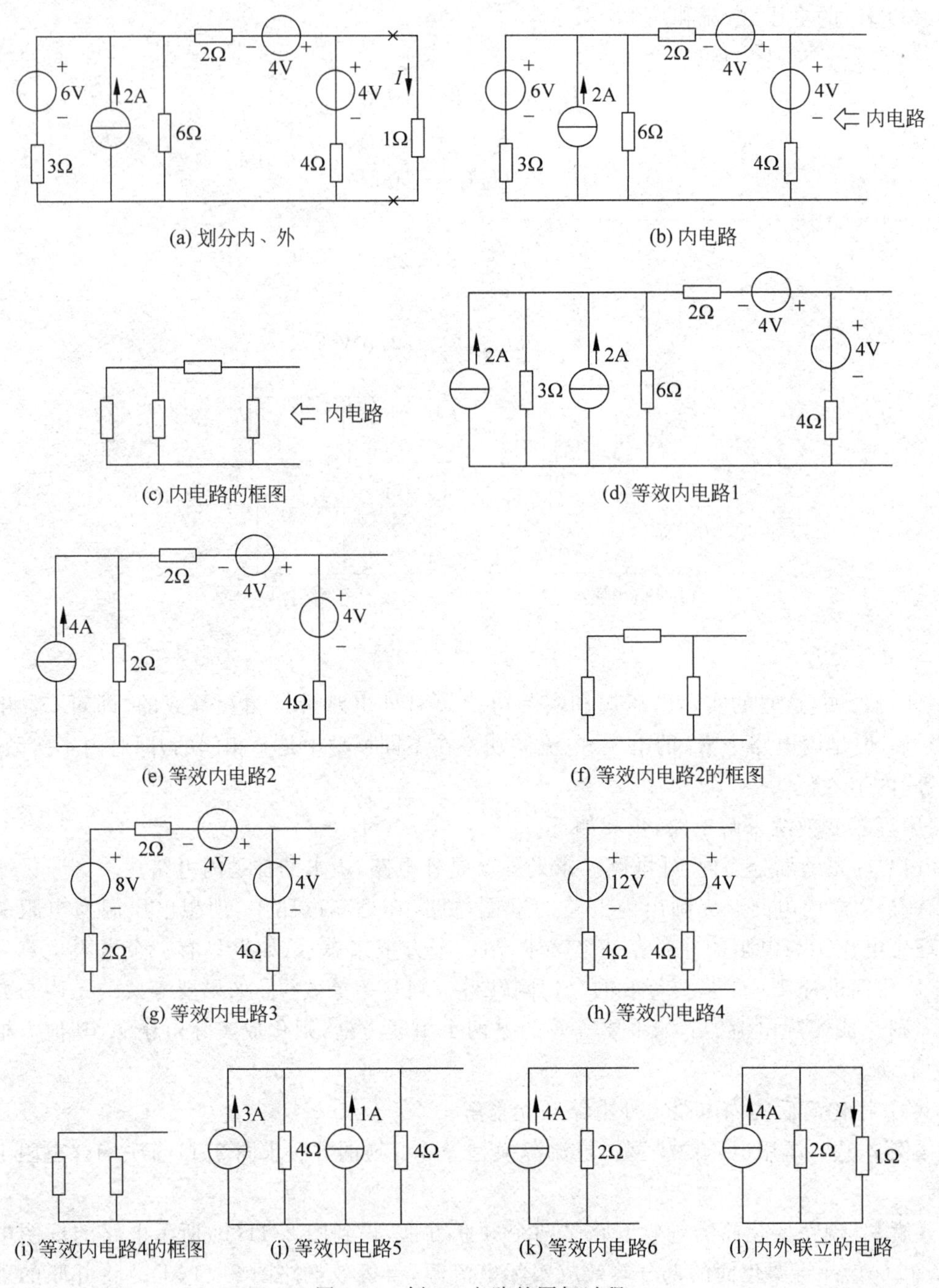

图 2-11　例 2-6 电路的图解过程

【练习与思考】

2-4　将图 2-12 所示电路的电压源模型或电流源模型互相转换。

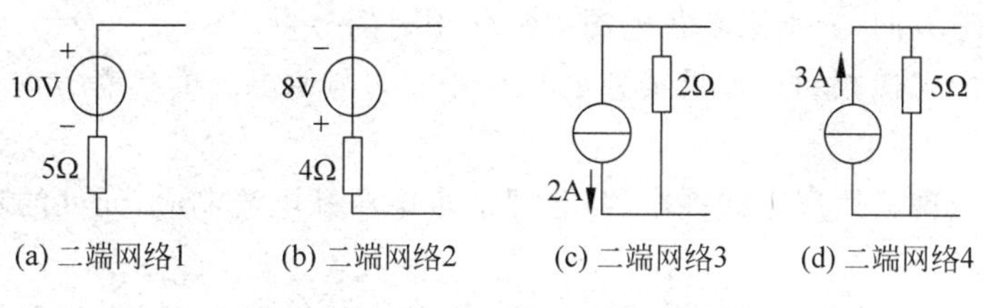

(a) 二端网络1　(b) 二端网络2　(c) 二端网络3　(d) 二端网络4

图 2-12　练习与思考 2-4 的电路

2.4　叠加定理

电路定理是电路基本性质的体现。叠加定理是线性电路的线性方程可叠加性的体现，并贯穿于线性电路的分析中。

叠加定理可表述为：在线性电路中，任何一条支路中的电流或电压都可以看成是由电路中各独立电源（理想电压源或理想电流源）单独作用时在该支路所产生的电流或电压的代数和。

叠加定理的正确性可用下例说明。以图 2-13(a)中的支路电流 I_3 为例，应用结点电压法先求出 U_{ab}，再求 I_3。

$$U_{ab}=\frac{\dfrac{E_1}{R_1}+I_S}{\dfrac{1}{R_1}+\dfrac{1}{R_3}}=\frac{R_3(E_1+R_1I_S)}{R_1+R_3}$$

$$I_3=\frac{U_{ab}}{R_3}=\frac{E_1+R_1I_S}{R_1+R_3}=\frac{E_1}{R_1+R_3}+\frac{R_1}{R_1+R_3}I_S=I_3'+I_3''$$

I_3 可认为是由两个分量 I_3'和 I_3''组成。其中 I_3'是由 E_1 单独工作时产生的（理想电流源 I_S 置零），I_3''是由 I_S 单独工作时产生的（理想电压源 E_1 置零）。

而由图 2-13(b)和图 2-13(c)可分别求出 E_1 和 I_S 单独工作时所产生的电流 I_3'和 I_3''，即

$$I_3'=\frac{E_1}{R_1+R_3}\qquad I_3''=\frac{R_1}{R_1+R_3}I_S$$

与用结点电压法求出的结果完全一致。可见，原电路的响应为各电源单独作用时电路响应的代数和。

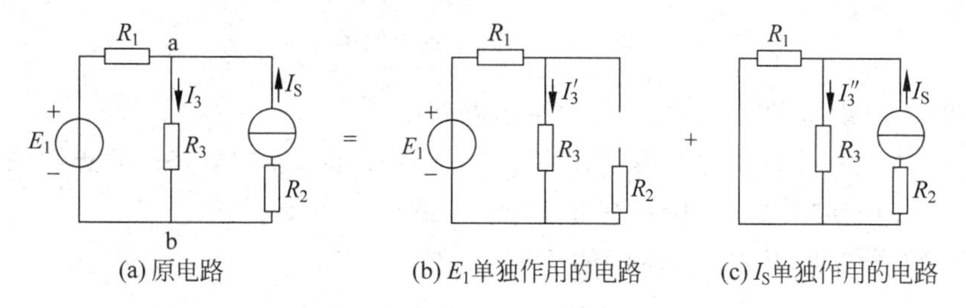

(a) 原电路　(b) E_1单独作用的电路　(c) I_S单独作用的电路

图 2-13　叠加定理的例子

运用叠加定理求解电路的步骤如下。

（1）画出原电路和各电源单独作用时的电路图，不作用的理想电压源要短路，不作用的理想电流源要开路，内电阻要保留。

(2) 规定参考方向,分别求解各电源单独作用时的分量。

(3) 将各分量求代数和。如果某分量的参考方向与原电路的参考方向一致时取正；相反时取负。

注意：叠加定理只适用于线性电路,且只能求电压和电流响应,元件的功率不可采用叠加的方法求解。

当然,用叠加定理求解电路时,也可根据电路特点将理想电源分成若干组,分组求解,然后叠加。

【例 2-7】 求图 2-14 所示电路中的 I 和 U。

【解】 分别作出两电源单独作用的电路。在图 2-14(b)所示电路中,有

$$I' = \frac{10}{1+2} = \frac{10}{3}\text{A}, \quad I'_1 = \frac{10}{2+4} = \frac{5}{3}\text{A}$$

$$U' = 2I' - 4I'_1 = 0\text{V}$$

在图 2-14(c)所示电路中,有

$$I'' = \frac{1}{1+2} \times 3 = 1\text{A}, \quad I''_1 = \frac{2}{2+4} \times 3 = 1\text{A}$$

$$U'' = 2I'' + 4I''_1 = 6\text{V}$$

叠加,求代数和,有

$$I = I' + I'' = 4.33\text{A}, \quad U = U' + U'' = 6\text{V}$$

原来的电路中,每个结点都连了 3 条支路,每个网孔都有 3 个元件。如果该电路列写支路电流方程将有 6 个变量。但用叠加定理求解时,图 2-14(b)所示电路中,两条电阻连在一个结点,可以用串联公式来计算；而图 2-14(c)中出现了两个电阻连成的回路,就可以用并联公式来求解。

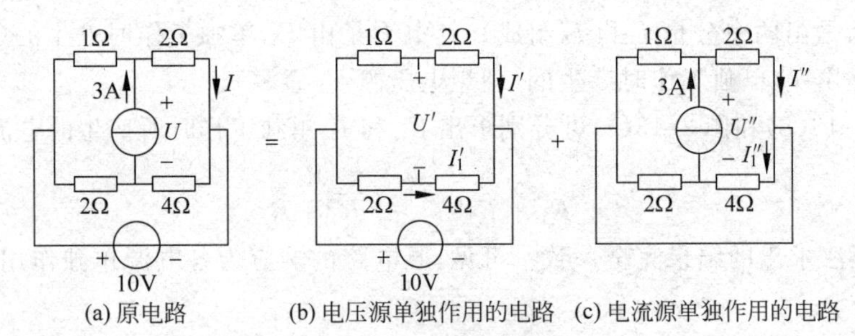

图 2-14 例 2-7 的电路图

【例 2-8】 用叠加定理求图 2-15(a)所示电路中的 I。

【解】 如果每一个理想电流源都作用一次,就需要求解 3 次电路。联想到例 1-12 的结果,将图 2-15(a)变成图 2-15(b)和图 2-15(c)的叠加。

由例 1-12 的结果,将图 2-15(b)的 $I=0$。

图 2-15(c)的 $I=\frac{3}{3+1+2}\times 2=1(\text{A})$。

图 2-15(a)的 I 等于图 2-15(b)的 I 加上图 2-15(c)的 I,即 1A。

该题是叠加定理的灵活运用,可以让几组分别作用,每组可以是一个电源,也可以是多个电源,而这多个电源的电路有着自身的特点。

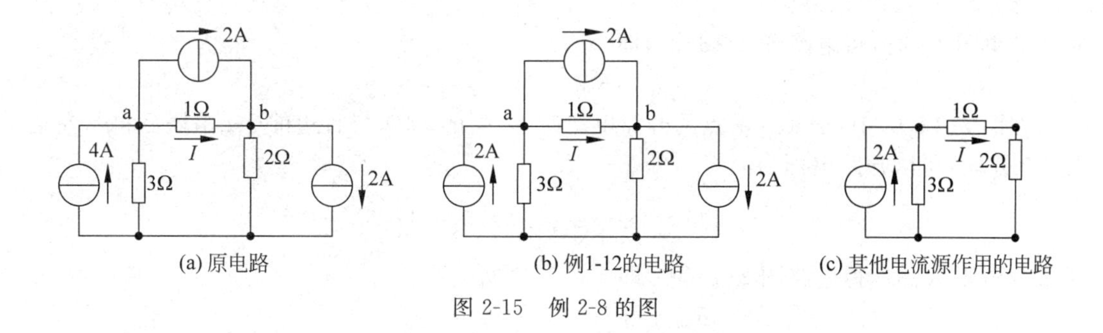

图 2-15 例 2-8 的图

2.5 戴维南定理与诺顿定理

对于一个二端网络 N_1，如果它由电阻构成，则称为无源二端网络，可以等效为电阻；如果 N_1 内有理想电压源或理想电流源，则称为有源二端网络，可以用实际电压源或实际电流源来等效。

2.5.1 戴维南定理

戴维南定理指出，任何一个有源二端线性网络都可以用一个电动势为 E 的理想电压源和内阻 R_0 串联的实际电压源来等效。理想电压源的电动势等于有源二端网络的开路电压 U_{OC}；其内电阻 R_0 等于有源二端网络中所有独立电源均除去（理想电压源短路，理想电流源开路）后所得无源二端网络的等效电阻，如图 2-16 所示。

用戴维南定理化简有源二端网络，称为求戴维南模型。求戴维南模型时，必须要求开路电压 U_{OC}。U_{OC}是端电流 $I=0$ 时的端电压，且只能通过 KVL 方程求解。简单时，可以找到这样一个开口回路，该回路中除 U_{OC}外的其余电压都已知，则 U_{OC}便可得出。在选择该回路时，优先选择有理想电压源的支路，避开有理想电流源的支路，因为理想电流源两端的电压是未知的；若经过电阻，应利用 $I=0$ 条件求经过电阻上的电压。复杂时求电阻电流可以用支路电流法求解。

对图 2-17 所示的电路，如果同时求解 I、I_1、U_5，用戴维南定理肯定是不方便的。现在用戴维南定理分别求解 I、I_1、U_5，只是介绍用戴维南定理求解电路的过程与步骤。

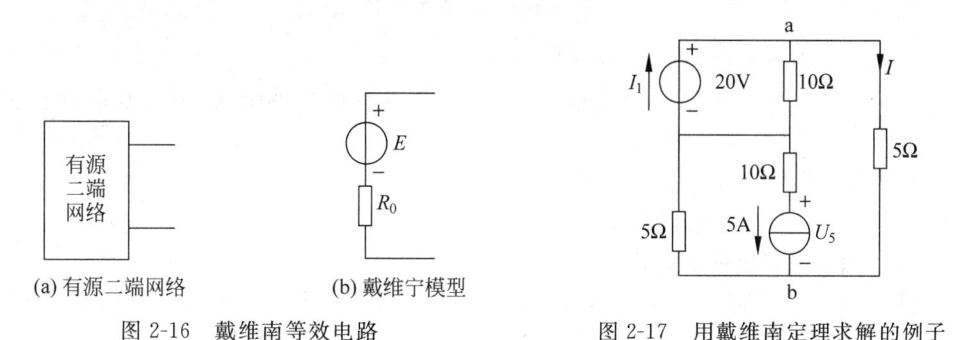

图 2-16 戴维南等效电路

图 2-17 用戴维南定理求解的例子

【例 2-9】 求如图 2-18 所示二端网络的戴维南模型。

【解】 在图 2-18(a)中，a、b 两端与外电路断开，求开路电压时 5Ω 电阻的电流等于零，所以

$$u_{ab}=20-5\times5=-5\text{V}$$

求等效电阻 R_{ab}时，得电路图 2-18(d)，即

$$R_{ab} = 5\Omega$$

在图 2-18(b)中，求 a、b 两点的开路电压时，上面的 10Ω 与右边的 5Ω 串联后再与左边的 5Ω 并联，所以开路电压为

$$u_{ab} = 10 \times \frac{5}{5+5+10} \times 5 = 12.5\text{V}$$

求等效电阻 R_{ab}时，得电路图 2-18(e)，即

$$R_{ab} = 10 \mathbin{/\!/} (5+5) = 5\Omega$$

在图 2-18(c)中，求 a、b 两点的开路电压时，两个 5Ω 串联分 20V 的电压，所以开路电压为

$$u_{ab} = -\frac{5}{5+5} \times 20 = -10\text{V}$$

求等效电阻 R_{ab}时，电路图 2-18(f)，即

$$R_{ab} = 10 + 5 \mathbin{/\!/} 5 = 12.5\Omega$$

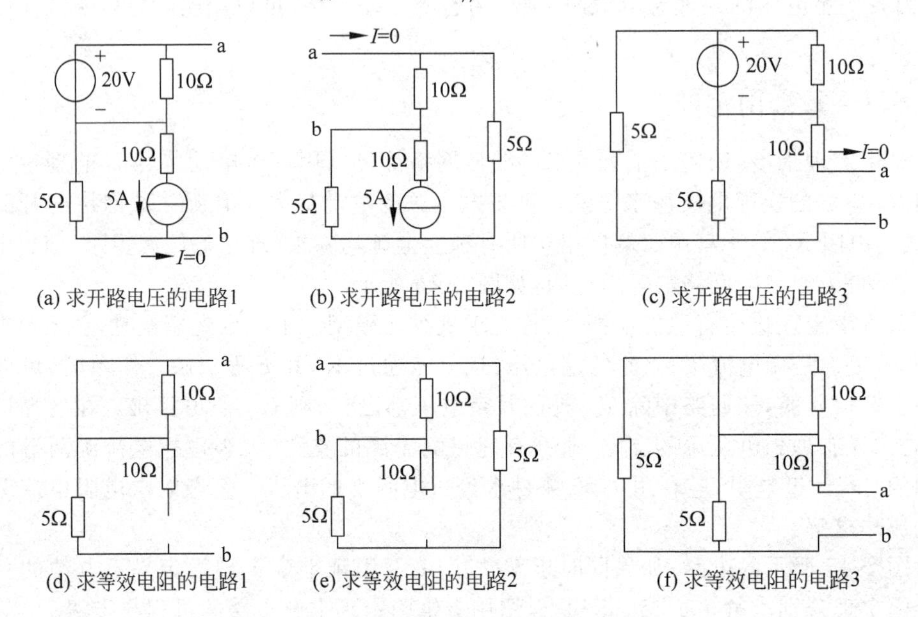

(a) 求开路电压的电路1　(b) 求开路电压的电路2　(c) 求开路电压的电路3

(d) 求等效电阻的电路1　(e) 求等效电阻的电路2　(f) 求等效电阻的电路3

图 2-18　例 2-9 的电路

用戴维南定理求解电路的步骤如下。

(1) 将整个电路划分为内、外电路，需要求解的部分作为外电路，不需要求解的部分作为内电路。

(2) 求内电路的戴维南等效电路。

(3) 将等效电路与外电路联立求解。

【例 2-10】 用戴维南定理求解图 2-17 中的 I。

【解】 划分内、外电路(用符号×来表示)得图 2-19(a)所示的电路，用例 2-9 中图 2-18(a)所示的戴维南等效电路与外电路联立求解，得图 2-19(b)。所以

$$I = \frac{u_{ab}}{R_{ab}+5} = -0.5\text{A}$$

【例 2-11】 用戴维南定理求解图 2-17 中的 I_1。

【解】 划分内、外电路(用符号×来表示)，得图 2-20(a)所示的电路，用例 2-9(b)戴维

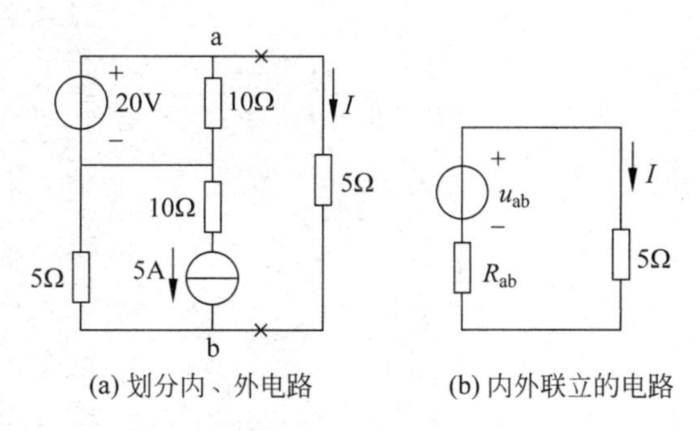

(a) 划分内、外电路　　(b) 内外联立的电路

图 2-19　例 2-10 的电路

南等效电路与外电路联立求解，得图 2-20(b)。所以

$$I_1 = \frac{20 - 12.5}{5} = 1.5\text{A}$$

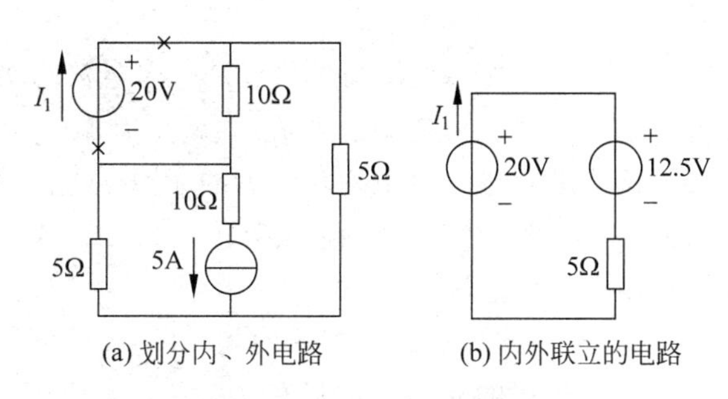

(a) 划分内、外电路　　(b) 内外联立的电路

图 2-20　例 2-11 的电路

【例 2-12】　用戴维南定理求解图 2-17 中的 U_5。

【解】　划分内、外电路(用符号×来表示)得图 2-21(a)所示的电路，用图 2-18(c)所示的戴维南等效电路与外电路联立求解，得图 2-21(b)。所以

$$U_5 = -10 - 12.5 \times 5 = -72.5\text{V}$$

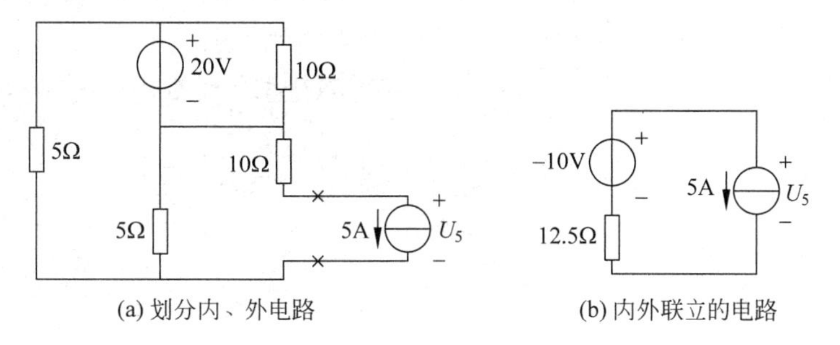

(a) 划分内、外电路　　(b) 内外联立的电路

图 2-21　例 2-12 的电路

【例 2-13】　用戴维南定理求图 2-22 所示电路的电流 I。

【解】

$$U_{oc} = 4 + 0.25 \times 16 = 8\text{V}$$

$$R_{eq} = 0.25 + 0.25 = 0.5\Omega$$

$$I = \frac{U_{oc}}{R_{eq} + R} = 12.8\text{A}$$

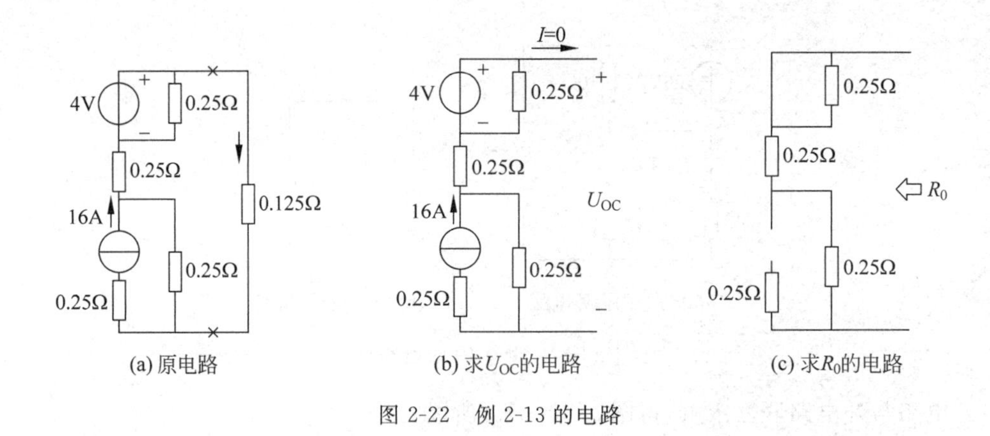

(a) 原电路　　(b) 求U_{OC}的电路　　(c) 求R_0的电路

图 2-22　例 2-13 的电路

2.5.2　诺顿定理

诺顿定理指出，任何一个有源二端线性网络都可以用一个电流为 I_{SC} 的理想电流源和电阻 R_0 并联的实际电流源来等效。理想电流源的电流 I_{SC} 就是有源二端网络的短路电流，其内电阻 R_0 等于有源二端网络内所有独立电源均除去后的无源二端网络的等效电阻。

用诺顿定理化简有源二端网络，称为求诺顿等效电路。求诺顿等效电路时，必须求短路电流 I_{SC}。I_{SC} 是端电压 $U=0$ 的端电流，只能通过 KCL 方程求解。简单时可以找到这样一个端点，与该端点相连的支路电流只有 I_{SC} 未知，其余都已知，这样 I_{SC} 就求出了。在选择端点时，优先选择与理想电流源连接的端点，避开与理想电压源连接的端点；若有电阻元件，用 $U=0$ 的条件求出该电阻元件的电流。复杂时可以用支路电流法求解电阻元件的电流。求等效内电阻 R_0 与求戴维南等效电阻相同。值得注意的是，如果图 2-23(a)中的 I_{SC} 方向向上，则图 2-23(b)中的 I_{SC} 方向向下，二者总是相反的。

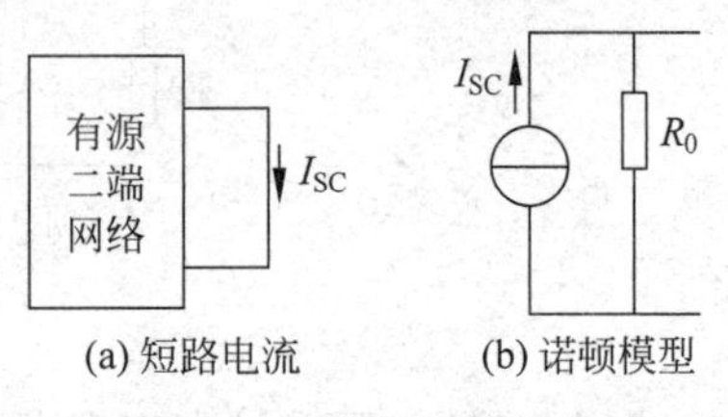

(a) 短路电流　　(b) 诺顿模型

图 2-23　诺顿等效电路

【例 2-14】 求图 2-24 所示虚线内部二端网络的诺顿模型。

【解】 在图 2-24(a)中，$I_{SC}=I_S$，而 $R_0=\infty$，其等效模型仍是理想电流源 I_S，如图 2-25(a)所示。

在图 2-24(b)中，求 I_{SC} 时，$6I+6=0$，$I=-1A$，$I_{SC}=6-I=7A$。而 $R_0=6\Omega$，等效电路如图 2-25(b)所示。

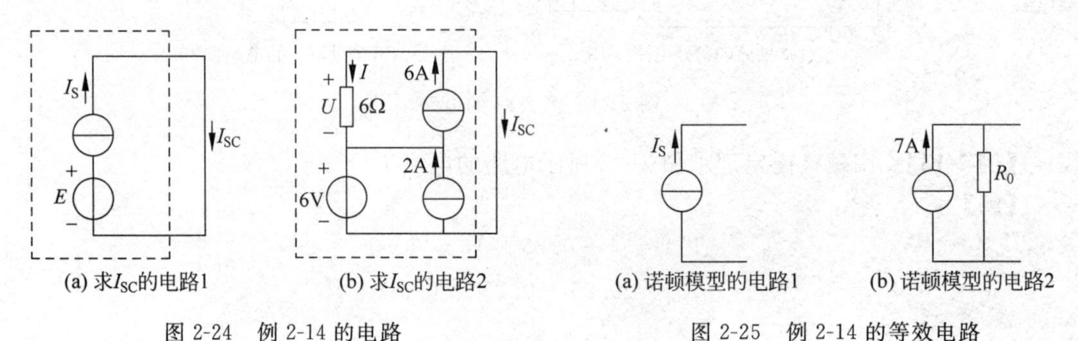

(a) 求I_{SC}的电路1　　(b) 求I_{SC}的电路2　　(a) 诺顿模型的电路1　　(b) 诺顿模型的电路2

图 2-24　例 2-14 的电路　　　　图 2-25　例 2-14 的等效电路

求出诺顿等效电路后，就可用来求解外电路了。其步骤与戴维南定理求解电路相似，只需将步骤中求戴维南模型改成求诺顿模型即可。

【例 2-15】 用诺顿定理求图 2-26 所示电路的 I_G。

【解】 划分内、外电路得图 2-26(a)所示电路，求图 2-26(b)所示电路的诺顿模型的短路电流为

$$I = \frac{E}{R_1 \mathbin{/\!/} R_3 + R_2 \mathbin{/\!/} R_4} = 2.06\text{A}$$

$$I_1 = \frac{R_3}{R_1 + R_3} I = 1.37\text{A}$$

$$I_2 = \frac{R_4}{R_2 + R_4} I = 1.03\text{A}$$

$$I_{SC} = I_1 - I_2 = 0.34\text{A}$$

$$R_0 = R_1 \mathbin{/\!/} R_2 + R_3 \mathbin{/\!/} R_4 = 5.83\Omega$$

由图 2-26(c)，得

$$I_G = \frac{R_0}{R_0 + R_G} I_{SC} = 0.125\text{A}$$

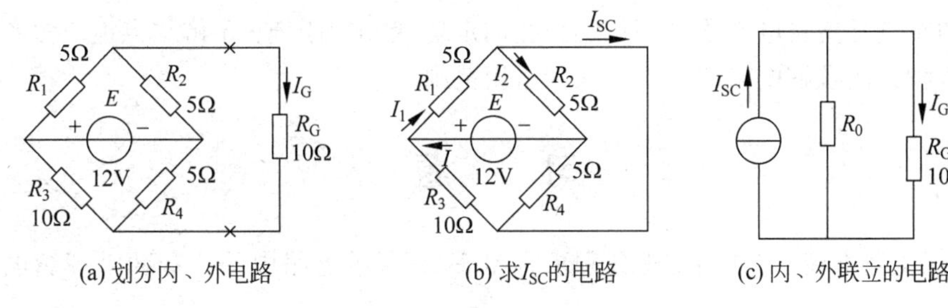

(a) 划分内、外电路　　(b) 求I_{SC}的电路　　(c) 内、外联立的电路

图 2-26　例 2-15 的电路

一个有源二端网络既有戴维南模型又有诺顿模型，两者是可以相互等效的。图 2-27(a)所示戴维南模型的短路电流 $I_{SC}=\dfrac{E}{R_0}$；同样图 2-27(b)所示的诺顿模型的开路电压 $U_{OC}=R_0 I_S$。其关系是

$$E = R_0 I_S \quad 或 \quad I_S = \frac{E}{R_0}$$

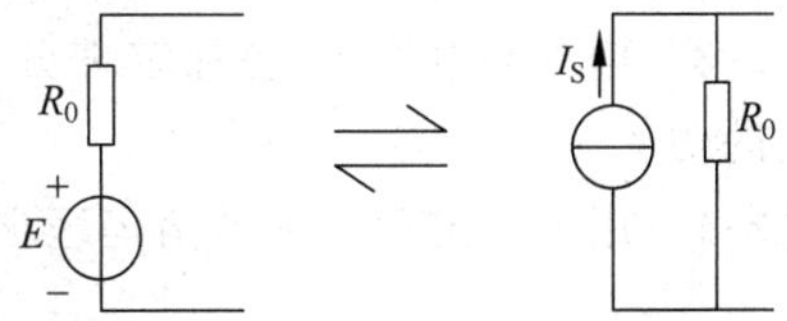

(a) 戴维宁模型　　(b) 诺顿模型

图 2-27　两种等效电路的相互等效

只需求出开路电压、短路电流和等效电阻 3 个中的任意两个，就可求出戴维南和诺顿两种等效电路。有的二端网络求开路电压方便，有的求短路电流则更方便，可以灵活掌握。

本节的重点是戴维南定理，对诺顿定理可一般掌握。

【练习与思考】

2-5　分别应用戴维南定理和诺顿定理求图 2-28 所示各电路的两种等效模型。

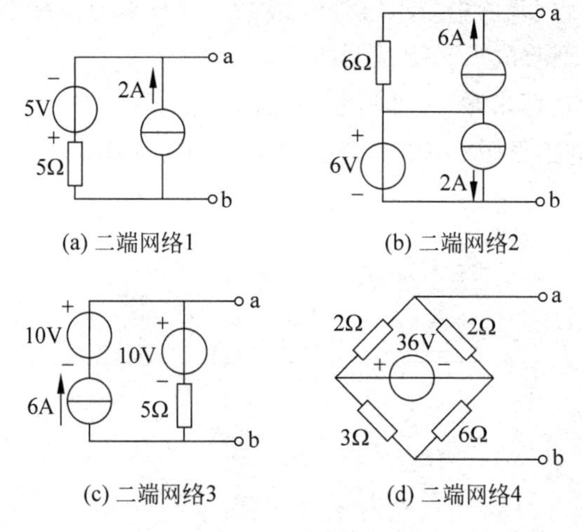

图 2-28　练习与思考 2-5 的图

本 章 小 结

本章的重点是支路电流法、电源互换、叠加定理、戴维南定理，了解结点电压法和诺顿定理。掌握各种方法求解电路的基本步骤和适用范围。

习　　题

2-1　用支路电流法、叠加定理分别求解图 2-29 所示电路中的 I 和两个理想电流源发出的功率。

2-2　分别用电源互换、戴维南定理求解图 2-29 所示电路中的 I。

2-3　用支路电流法、叠加定理分别求解图 2-30 所示电路中的 I、U_2 和两个理想电源发出的功率。

2-4　用叠加定理和戴维南定理求解图 2-31 所示电路中的 I。

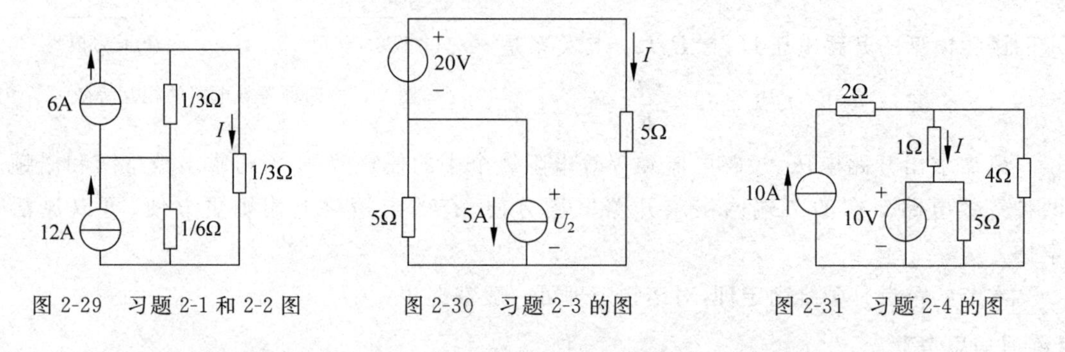

图 2-29　习题 2-1 和 2-2 图　　图 2-30　习题 2-3 的图　　图 2-31　习题 2-4 的图

2-5　用支路电流法、电源互换、诺顿定理求解图 2-32 所示电路中的 I。

2-6　试用电源互换和戴维南定理求解图 2-33 所示电路中的电流 I。

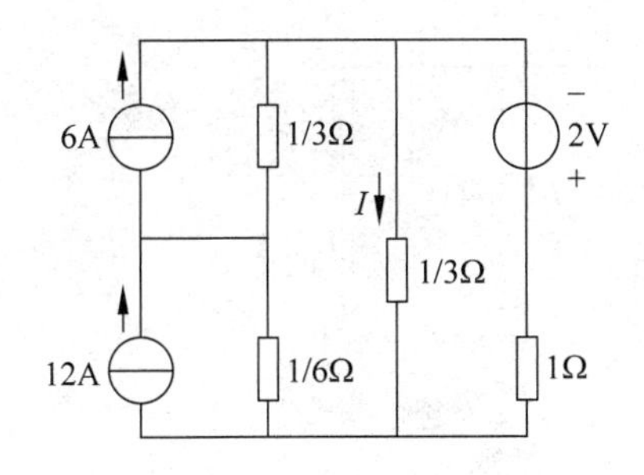

图 2-32 习题 2-5 的图

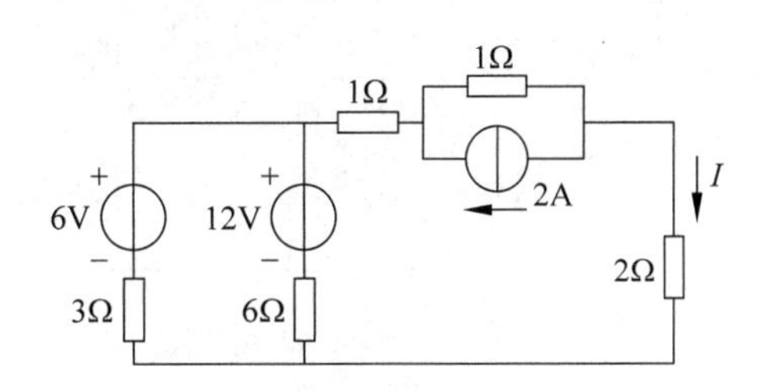

图 2-33 习题 2-6 的图

2-7 用支路电流法、电源互换求解图 2-34 所示电路中的电压 U。

2-8 图 2-35 所示的有源二端网络中，如果分别用内阻 $R_V=5\text{k}\Omega$、$50\text{k}\Omega$、$500\text{k}\Omega$ 这 3 只直流电压表去测量 a、b 两点间的电压，问电压表的读数分别为多少？其中 $R_1=1\text{k}\Omega$，$R_2=2\text{k}\Omega$，$R_3=2\text{k}\Omega$，$R_4=4\text{k}\Omega$，$U_S=16\text{V}$，$I_S=2\text{mA}$（建议用戴维南定理求解）。

2-9 用叠加定理和戴维南定理求解图 2-36 所示电路中的 R_4 上电流 I_4。

2-10 用叠加定理和诺顿定理求解图 2-37 所示电路中的 U。

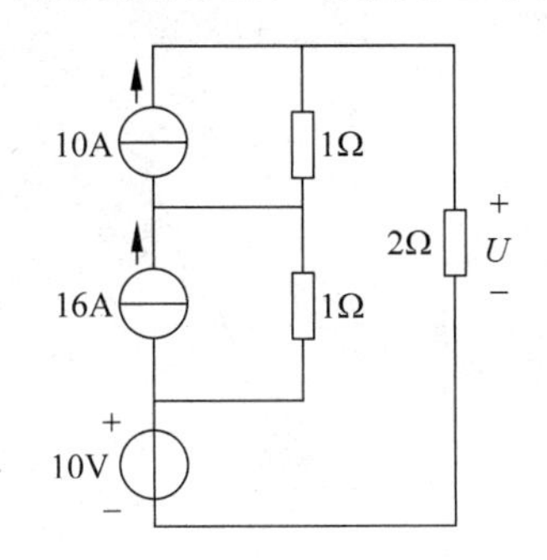

图 2-34 习题 2-7 的图

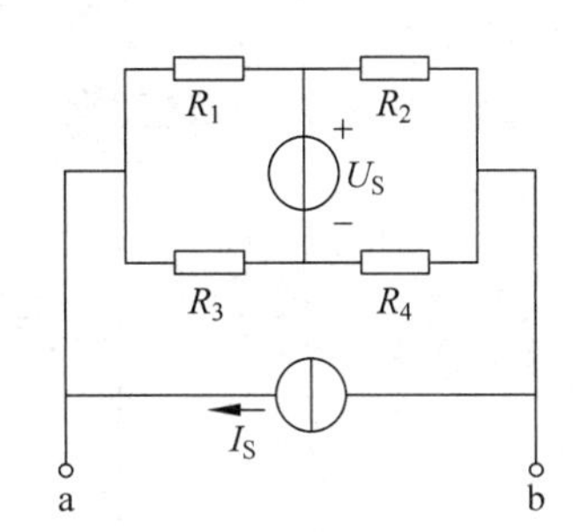

图 2-35 习题 2-8 的图

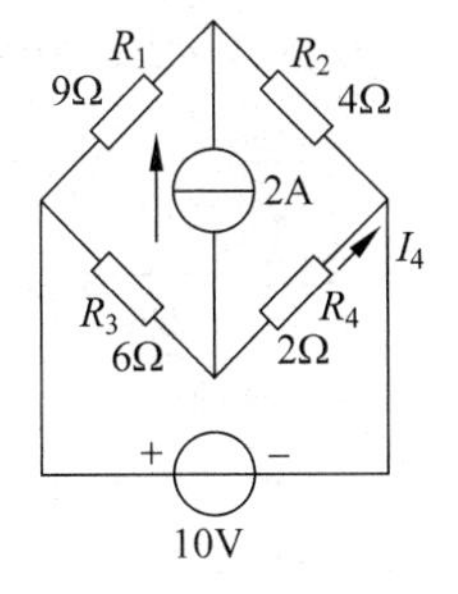

图 2-36 习题 2-9 的图

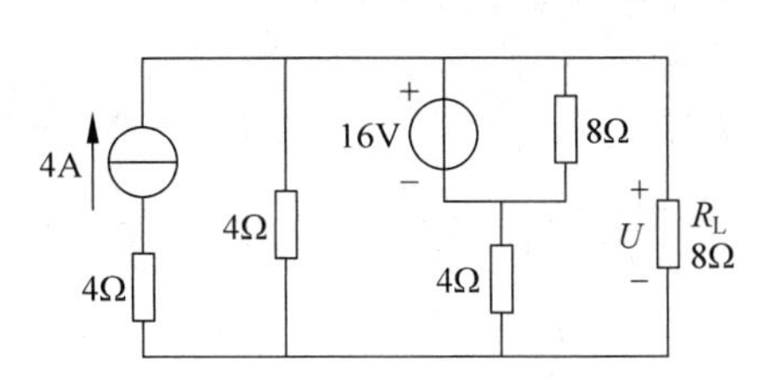

图 2-37 习题 2-10 的图

2-11 求图 2-38 所示电路中图 2-38(a)的 I_{ab} 和图 2-38(b)的 U_{ab} 比。

2-12 在图 2-39 所示电路中，用两种方法求电压 U。

2-13 在图 2-40(a)所示电路中，当 $R=4\Omega$ 时，$I=2\text{A}$。(1)当 $R=8\Omega$ 时，I 为多少？(2)当电阻 R 换成图 2-40(b)所示的理想电压源时的 I。

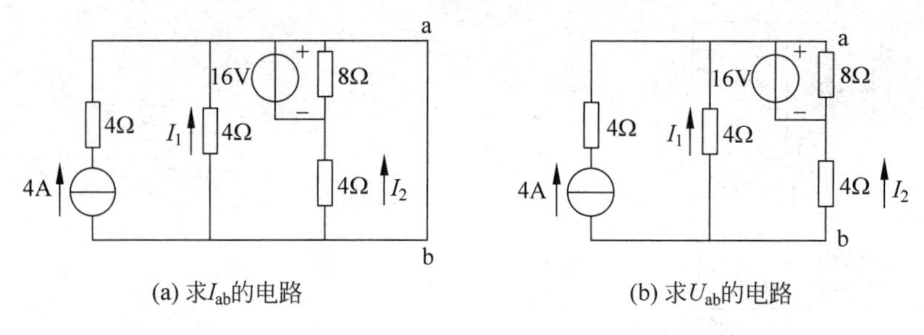

(a) 求I_{ab}的电路　　(b) 求U_{ab}的电路

图 2-38　习题 2-11 的图

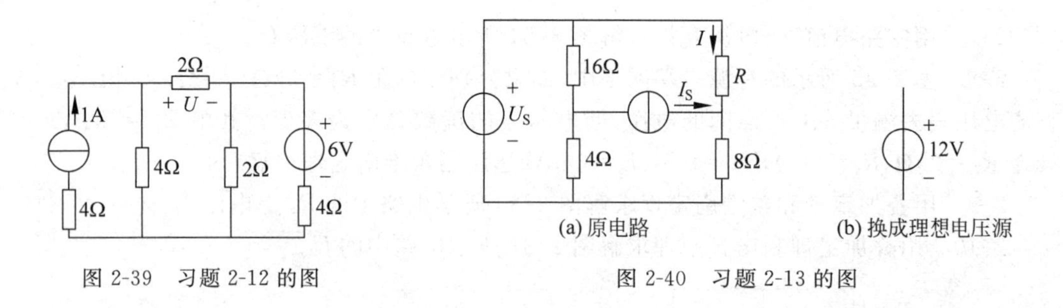

图 2-39　习题 2-12 的图　　图 2-40　习题 2-13 的图

2-14　选用合适的方法求解图 2-41 所示电路中的 I。

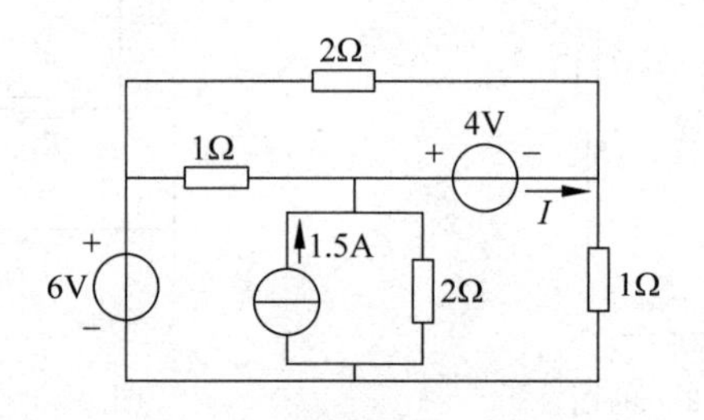

图 2-41　习题 2-14 的图

2-15　已知图 2-42(a)所示电路的电流 I=1A。求图 2-42(b)和图 2-42(c)所示电路的电流 I。(建议用叠加定理求解)

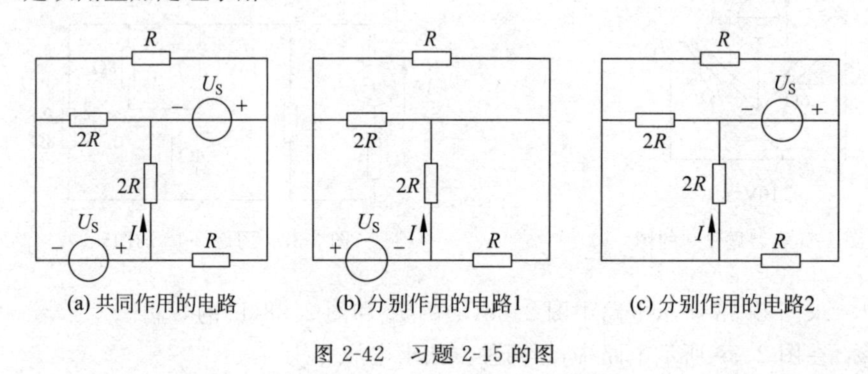

图 2-42　习题 2-15 的图

第3章　一阶电路的暂态分析

在电阻电路中，当恒压源或恒流源作用时，各处的电压或电流都是数值大小稳定的直流。在第4章将要讨论的正弦电路中，各处的电流和电压都是幅值稳定的正弦交流电。这样的工作状态称为电路的稳定状态（稳态）。当电路的工作条件发生变化时，电路就要从原来的稳态经历一定时间后达到新的稳态，这一过程称为过渡过程。由于持续的时间短，又称为暂态。它通常由理想开关的接通或断开来实现，简称为换路。例如，RC串联后接到直流电源上，电容的电压是从零逐渐增长到稳态值，而电容的充电电流从某一数值逐渐衰减到零。

类似地，电动机从静止状态（原稳态）起动时，它的转速从零逐渐上升，最后到达稳定值（新稳态）；当电动机停车时，它的转速从某一稳态值逐渐下降，最后为零（新稳态）。电路的暂态和物体运动的暂态都服从相同的物理规律，即能量的连续变化原理。

研究暂态过程的目的就是认识和掌握这种客观存在的规律，以便加以利用；同时也必须防止它可能产生的危害。例如，常利用暂态来改善波形及产生特定的波形；但也要防止某些电路在接通或断开的过程中产生过电压或过电流，损坏电气设备和器件。

3.1　换路定则及其应用

3.1.1　换路定则

自然界的任何物质在一定的状态下，都具有一定形式的能量。当条件改变时，能量随之改变，但能量的积累或衰减是需要一定时间的，不能跃变，这就是能量的连续变化原理。如电动机的转速不能跃变，这是因为动能连续变化；电动机绕组的温度不能跃变，这是因为热能连续变化。能量之所以连续变化，是因为不存在无穷大的功率。

首先参见图3-1所示的理想开关。理想开关除了原先具有的理想特性外，还有开关动作的瞬时性。尽管开关动作不需要时间，但需要区分动作前和动作后这两个不同的时刻。若令 $t=0$ 时开关动作，规定 $t=0_-$ 为动作前的最后一瞬间，而规定 $t=0_+$ 为动作后的最初一瞬间。可以认为 0_- 和 0_+ 是 $t=0$ 的左、右极限。图3-1(a)所示的开关 $t=0_-$ 开关断开，而 $t=0_+$ 时开关已接通；图3-1(b)所示情况正好与图3-1(a)相反。

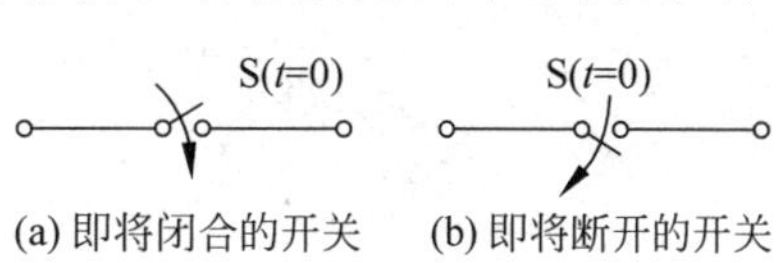

S(t=0)　　S(t=0)

(a) 即将闭合的开关　(b) 即将断开的开关

图3-1　理想开关的两种状态

若电容元件的 $W_C=\frac{1}{2}Cu_C^2$ 或电感的 $W_L=\frac{1}{2}Li_L^2$ 储能发生突变，则要求电源提供的功率 $P=\frac{\mathrm{d}w}{\mathrm{d}t}$ 达到无穷大，这在实际电路中是不可能的。所以只能是连续变化，由此得出确定暂态过程初始值的重要定则——换路定则。

如果在 $t=0$ 时换路，在开关动作前的最后一瞬间（0_-）时的电容电压和电感电流值与动作后的最初一瞬间（0_+）电容电压和电感电流值是相同的，即 u_C 和 i_L 不发生跃变，有

$$\begin{cases} u_C(0_+) = u_C(0_-) \\ i_L(0_+) = i_L(0_-) \end{cases} \tag{3-1}$$

u_C、i_L 是不能跃变而不是不变，并且是在换路前后连续变化。

需要指出的是，由于电阻元件不是储能元件，因而电阻电路不存在暂态过程。另外，由于电容电流和电感电压与元件的储能没有直接关系，所以电容的电流 i_C 和电感的电压 u_L 可以不连续。

3.1.2 初始值的确定

暂态电路分析是从开关动作后的最初一瞬间开始的，即 $t \geqslant 0_+$，所以电路的初始值是 0_+ 值，而不是 0_- 值。通常电路换路前的 0_- 值是已知的，利用换路定则就可以确定换路后的电容电压和电感电流的 0_+ 值，再确定电路的其他初始值。所以，电容电压和电感电流的初始值称为独立初始值。由换路定则求暂态过程初始值的步骤如下。

(1) 画出 $t=0_-$ 时的电路图，求 $u_C(0_-)$ 和 $i_L(0_-)$。一般通过以下两种情况已知 0_- 值：①电路在开关动作前已达稳定状态(或开关动作时间已经很长)，如果是直流稳态，则电容相当于开路，电感相当于短路，断开处求电容电压 $u_C(0_-)$，短路线上求电感电流 $i_L(0_-)$；②开关动作前，电路中储能元件未储能，则 $u_C(0_-)=0$，$i_L(0_-)=0$。

(2) 由换路定则(即式(3-1))确定 $u_C(0_+)$ 和 $i_L(0_+)$。

(3) 画出 $t=0_+$ 时的电路图，并注意此时开关状态已发生变化。现在 $u_C(0_+)$ 和 $i_L(0_+)$ 已知，求其他各电压电流的 0_+ 值。

特别提示：一般情况下，其他电压电流的 0_+ 值不一定等于 0_- 值，不要想当然地认为它们相等。

【例 3-1】 图 3-2(a)所示的电路原已达稳定状态。试求开关 S 闭合后瞬间各电容电压和各支路的电流。

【解】 画出图 3-2(a)所示电路的 0_- 的电路图 3-2(b)，电容开路，电感短路，且利用电容的串联分压公式求各电容电压。

$$u_C(0_-) = \frac{R_2}{R_1 + R_2}E = 30\text{V}$$

$$u_{C1}(0_-) = \frac{C_2}{C_1 + C_2}u_C(0_-) = 20\text{V}$$

$$u_{C2}(0_-) = \frac{C_1}{C_1 + C_2}u_C(0_-) = 10\text{V}$$

$$i_L(0_-) = \frac{u_C(0_-)}{R_2} = 3\text{A}$$

由换路定得

$$u_{C1}(0_+) = u_{C1}(0_-) = 20\text{V}$$
$$u_{C2}(0_+) = u_{C2}(0_-) = 10\text{V}$$
$$i_L(0_+) = i_L(0_-) = 3\text{A}$$

在 $t=0_+$ 的图 3-2(c)所示电路中，由于 $i_L(0_+)$ 已知，将电感元件用理想电流源替代；由于 $u_C(0_+)$ 已知，将电容元件用理想电压源替代，有

$$\begin{cases} i_{R2}(0_+) = \dfrac{u_{C1}(0_+)}{R_2} = 2\mathrm{A} \\ i_S(0_+) = i_{R2}(0_+) - i_L(0_+) = -1\mathrm{A} \\ i_{R1}(0_+) = \dfrac{E - \{u_{C1}(0_+) + u_{C2}(0_+)\}}{R_1} = 3\mathrm{A} \end{cases} \tag{3-2}$$

$$\begin{cases} i_{C1}(0_+) = i_{R1}(0_+) - i_{R2}(0_+) = 1\mathrm{A} \\ i_{C2}(0_+) = i_{R1}(0_+) - i_L(0_+) = 0\mathrm{A} \end{cases} \tag{3-3}$$

由式(3-2)知，$i_{R1}(0_+)=i_{R1}(0_-)$；由式(3-3)知，$i_{C2}(0_+)=i_{C2}(0_-)$。相等一定有相等的理由。

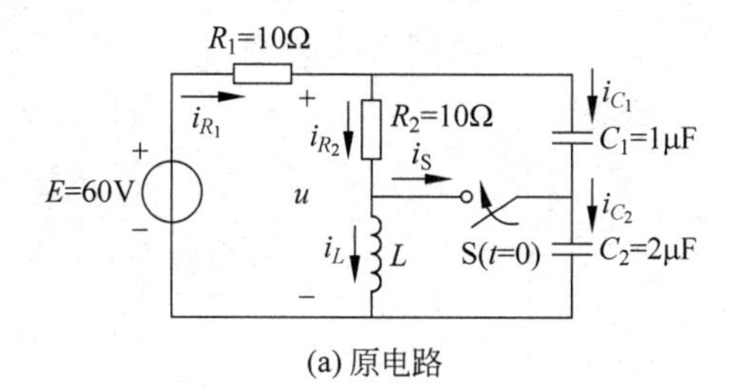

(a) 原电路

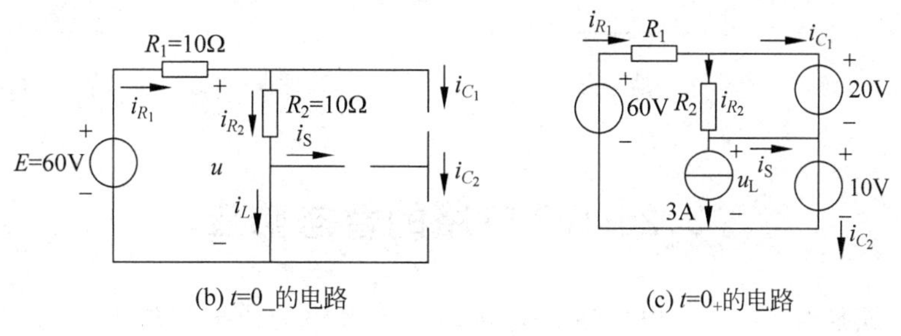

(b) t=0_的电路　　　　(c) t=0_+的电路

图 3-2　例 3-1 的电路

【例 3-2】 已知电路及参数如图 3-3(a)所示。开关 S 在 $t=0$ 时从位置 1 换接到位置 2，换路前电路已稳定。求 $u_C(0_+)$、$u_R(0_+)$、$i(0_+)$。

【解】 由换路前电路，得

$$u_C(0_+) = u_C(0_-) = R_1 I_S = 6\mathrm{V}$$

在 $t=0_+$ 的电路中，有

$$u_R(0_+) + u_{C_1}(0_+) - u_S = 0$$

$$u_R(0_+) = u_S - u_C(0_+) = 4\mathrm{V}$$

$$i(0_+) = \frac{u_R(0_+)}{R} = 0.04\mathrm{A}$$

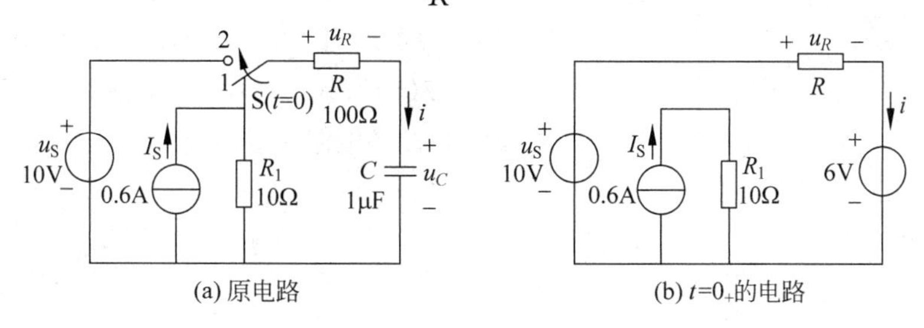

(a) 原电路　　　　(b) t=0_+的电路

图 3-3　例 3-2 的电路

【练习与思考】

3-1 $u_C(0_+)$和 C 已知，是否可以利用元件 VCR 确定 $i_C(0_+)$？$i_L(0_+)$和 L 已知，是否可以利用元件 VCR 确定 $u_L(0_+)$？

3-2 图 3-4 所示电路原已达稳态，求 $t=0_+$ 时的各支路电流。

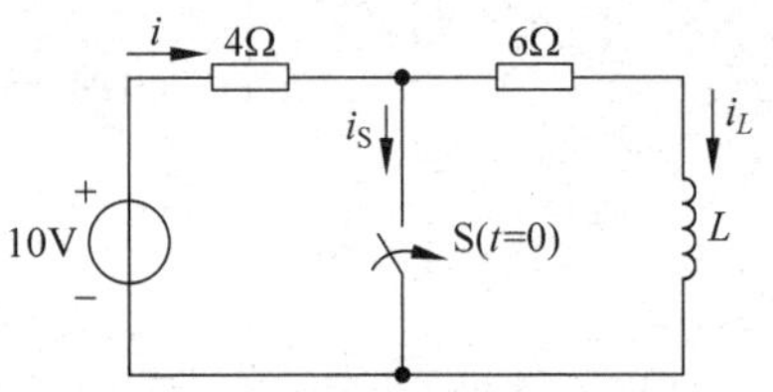

图 3-4 练习与思考 3-2 的电路

3-3 图 3-5 所示电路原已达稳态，求 $t=0_+$ 时各元件上的电压和通过的电流。

3-4 在图 3-6 中，已知 $R=2\Omega$，电压表的内阻为 $5\text{k}\Omega$，电源电压 $U=4\text{V}$，试求开关 S 断开瞬间电压表两端的电压。换路前电路已处于稳态。

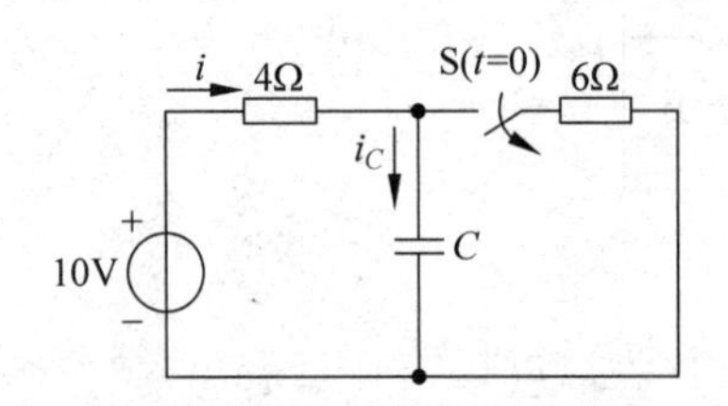

图 3-5 练习与思考 3-3 的电路

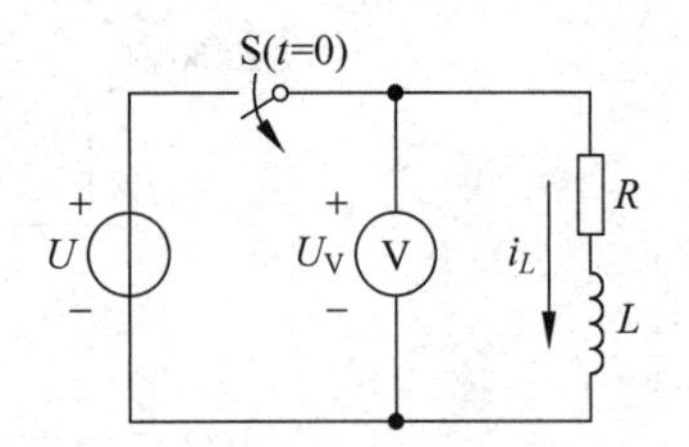

图 3-6 练习与思考 3-4 的电路

3.2 RC 电路的暂态响应

暂态分析就是对 $t\geqslant 0_+$ 的电路进行分析。分析电路的依据仍然是 KCL、KVL 和元件 VCR，可用支路电流法写方程，得到的电路方程是微分方程。求解微分方程得出电压和电流响应，而初始值用来确定微分方程的积分常数。RC 电路即电阻、电容元件、激励组成的电路，由于是一阶电路，所以电容元件是一个或可以等效为一个电容的电路。一阶电路可作以下划分，即零输入(非零状态)响应、零状态(非零输入)响应、全响应(非零输入非零状态响应)。

3.2.1 RC 电路的零输入响应

RC 电路的零输入是指激励为零。由电容的初始值 $u_C(0_+)$所产生的电路的响应，又称为 RC 放电电路。

分析 RC 电路的零输入响应，就是分析电容的放电过程。如图 3-7(a)所示，开关 S 原合在位置 2，电容已有初始储能，即 $u_C(0_-)\neq 0$。在 $t=0$ 时将开关 S 从位置 2 合到位置 1，得图 3-7(b)所示 $t\geqslant 0_+$ 的电路，电压源与电路脱离，电容经电阻开始放电。

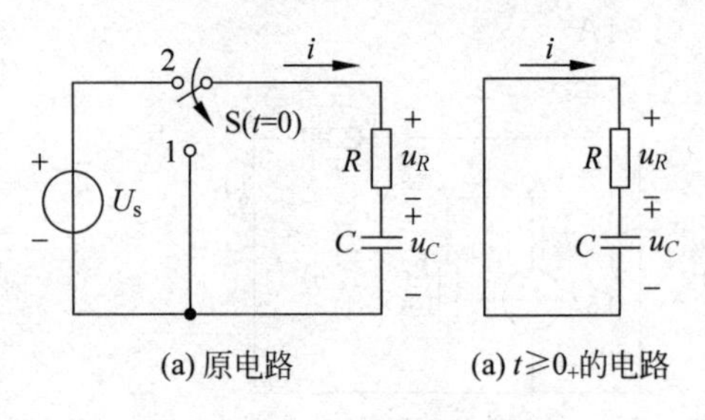

图 3-7 RC 放电电路

在 $t\geqslant 0_+$ 电路中，有

$$Ri+u_C=0$$

$$i=C\frac{\mathrm{d}u_C}{\mathrm{d}t}$$

则

$$RC\frac{\mathrm{d}u_C}{\mathrm{d}t}+u_C=0 \tag{3-4}$$

求解微分方程，得

$$u_C=A\mathrm{e}^{-\frac{t}{RC}}$$

由换路定则知 $u_C(0_+)=u_C(0_-)$，代入式(3-4)中有

$$u_C=u_C(0_+)\mathrm{e}^{-\frac{t}{RC}}=u_C(0_+)\mathrm{e}^{-\frac{t}{\tau}} \tag{3-5}$$

其随时间的变化曲线如图 3-8 所示。它以 $u_C(0_+)$为初始值，随时间按指数规律衰减而趋于零。

在式(3-5)中，有

$$\tau=RC \tag{3-6}$$

τ 称为电路的时间常数，它具有时间的量纲，决定了 u_C 衰减得快慢。时间常数 τ 等于 u_C 衰减到初始值 $u_C(0_+)$的 36.8%所需的时间。可以用数学证明，指数曲线上任意点的次切距的长度都等于 τ。在图 3-8 中，$t=0$ 时有

$$\left.\frac{\mathrm{d}u_C}{\mathrm{d}t}\right|_{t=0}=\frac{-u_C(0_+)}{\tau}$$

从理论上讲，电路需要 $t=\infty$ 的时间才能达到稳定，但这没有实际意义。$u_C(\tau)=u_C(0_+)\mathrm{e}^{-1}=36.8\%u_C(0_+)$，$u_C(2\tau)=13.5\%u_C(0_+)$，$u_C(3\tau)=5\%u_C(0_+)$，$u_C(4\tau)=2\%u_C(0_+)$，$u_C(5\tau)=0.7\%u_C(0_+)$。所以认为经过$(3\sim5)\tau$ 的时间，电路就达到稳定状态了。τ 越大，u_C 衰减越慢。因在一定的 $u_C(0_+)$下，C 越大，储存的电荷越多；而 R 越大，则放电电流越小，这都使放电变慢；反之就快。

$t\geqslant0_+$ 时电容器的放电电流和电阻的电压为

$$i=C\frac{\mathrm{d}u_C}{\mathrm{d}t}=-\frac{u_C(0_+)}{R}\mathrm{e}^{-\frac{t}{\tau}} \tag{3-7}$$

$$u_R=Ri=-u_C(0_+)\mathrm{e}^{-\frac{t}{\tau}} \tag{3-8}$$

u_C、u_R、i 的变化曲线如图 3-9 所示。

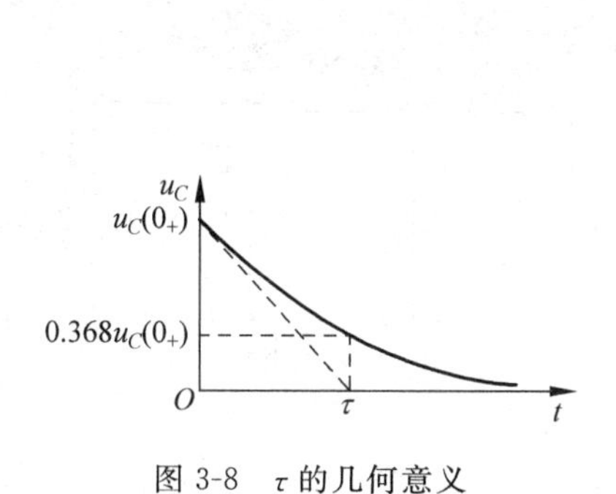

图 3-8 τ 的几何意义

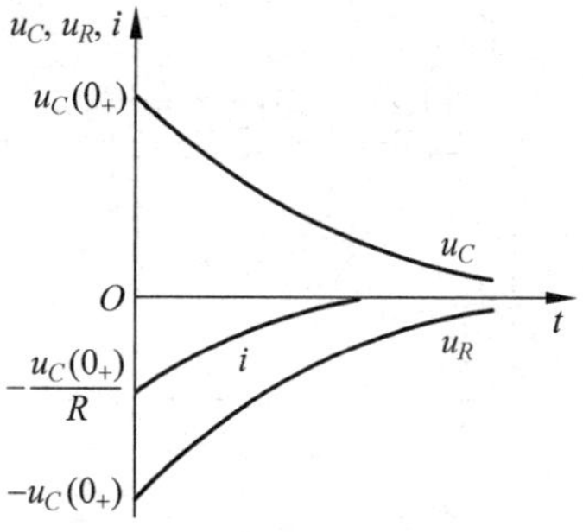

图 3-9 u_C、u_R、i 的变化曲线

零输入响应一般可以套用公式

$$f(t)=f(0_+)\mathrm{e}^{-\frac{t}{\tau}} \tag{3-9}$$

该公式对所有电流、电压都是适用的，$f(0_+)$是初始值，τ 是时间常数。所有响应都按相

同的规律变化，只是初始值有所不同，该公式是三要素公式的特例。

【例 3-3】 电路如图 3-10(a)所示，$U_S=6V$，开关 S 闭合前电路已处于稳态。在 $t=0$ 时将开关闭合。试求 $t\geqslant 0_+$ 时的电压 u_C 和电流 i_2、i_3 及 i_C。

【解】 由换路定则并结合 $t=0_-$ 电路，得

$$u_C(0_+)=u_C(0_-)=\frac{R_3}{R_1+R_2+R_3}U_S=3V$$

在图 3-10(b)中，$t\geqslant 0_+$，开关 S 闭合使左边的电压源对右边的电路失去作用，对右边的电路列写方程为

$$i_2-i_3-i_C=0$$
$$R_2 i_2+u_C=0$$
$$u_C-R_3 i_3=0$$
$$i_C=C\frac{du_C}{dt}$$

消去其他变量，保留 u_C，得微分方程为

$$\frac{R_2R_3}{R_2+R_3}C\frac{du_C}{dt}+u_C=0$$

根据微分方程知识，当 u_C 的系数为 1 时，$\frac{du_C}{dt}$前的系数就是时间常数 τ。

$$\tau=\frac{R_1R_2}{R_1+R_2}C=6\times 10^{-6}s$$
$$u_C=u_C(0_+)e^{-\frac{t}{\tau}}=3e^{-1.67\times 10^5 t}V$$
$$i_C=C\frac{du_C}{dt}=-2.5e^{-1.67\times 10^5 t}A$$
$$i_3=\frac{u_C}{R_3}=e^{-1.67\times 10^5 t}A$$
$$i_2=i_3+i_C=-1.5e^{-1.67\times 10^5 t}A$$

一般而言，整理后能写成式(3-4)都是零输入响应。当然也可以直接套用式(3-9)求解。

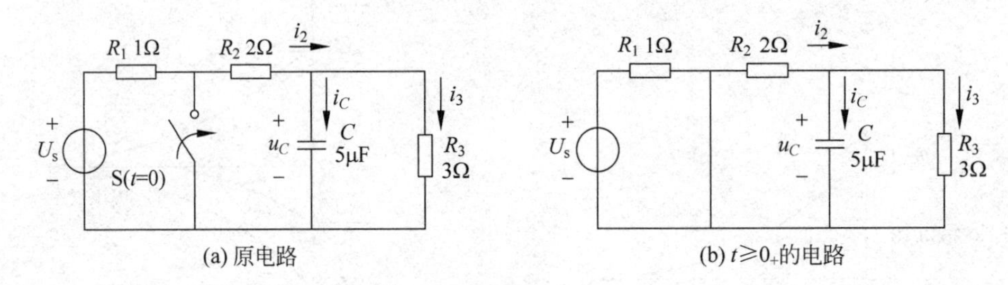

图 3-10 例 3-3 的图

3.2.2 RC 电路的零状态响应

换路前电容元件未储有能量，$u_C(0_+)=0$，这种状态称为 RC 电路的零状态。仅由电源激励产生的电路响应，称为零状态响应。

RC 电路的零状态响应，实际上就是 RC 电路的充电过程。以图 3-11(a)所示电路为例，其 $u_C(0_-)=0$，$t=0$ 时合上开关。

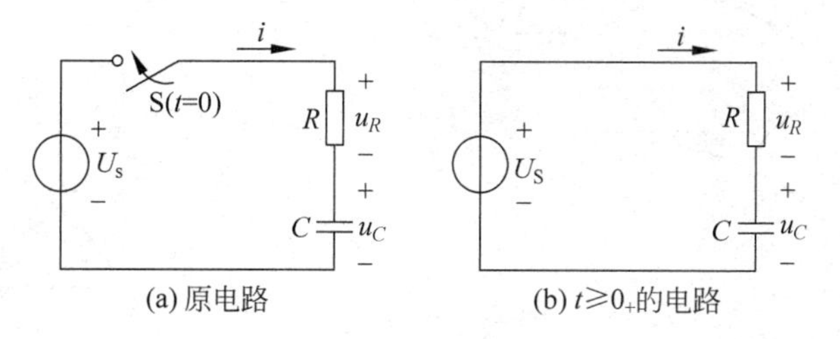

图 3-11　RC 充电电路

得图 3-11(b)所示的 $t\geqslant 0_+$ 时电路的微分方程为

$$\begin{cases} Ri + u_C = U_S \\ i = C\dfrac{\mathrm{d}u_C}{\mathrm{d}t} \end{cases}$$

得

$$RC\frac{\mathrm{d}u_C}{\mathrm{d}t} + u_C = U_S \tag{3-10}$$

式(3-10)的通解为：一个是特解 u'_C，一个是补函数 u''_C。特解 u'_C与已知函数 U 形式相同，设 $u'_C=K$，代入式(3-10)，得 $K=U_S$(如果 u_C 前的系数为 1，则方程右边的就是特解)

$$u'_C = U_S$$

补函数 u''_C是齐次微分方程 $RC\dfrac{\mathrm{d}u_C}{\mathrm{d}t}+u_C=0$ 的通解，有

$$u''_C = A\mathrm{e}^{-\frac{t}{RC}}$$

式(3-10)的通解为

$$u_C = u'_C + u''_C = U_S + A\mathrm{e}^{-\frac{t}{RC}}$$

将 $u_C(0_+)=u_C(0_-)=0$ 代入，得 $A=-U_S$。故

$$u_C = U_S - U_S\mathrm{e}^{-\frac{t}{RC}} = U_S(1-\mathrm{e}^{-\frac{t}{\tau}}) = u_C(\infty)(1-\mathrm{e}^{-\frac{t}{\tau}}) \tag{3-11}$$

式(3-11)中，$u_C(\infty)=U_S$，是 u_C 按指数规律增长而最终达到的新稳态值。暂态响应 u_C 可视为由两个分量相加而得：其一是达到稳定时的电压 $u'_C=u_C(\infty)$，称为稳态分量；其二是仅存在于暂态过程中的 u''_C，称为暂态分量，总是按指数规律衰减。其变化规律与电源电压变化规律无关，其大小与电源电压有关。当暂态分量趋于零时，暂态过程结束。

u_C 随时间的变化曲线如图 3-12 所示，其中分别画出了 u'_C、u''_C。当 $t\geqslant 0$ 时，电容的充电电流及电阻 R 上的电压分别为

$$i = C\frac{\mathrm{d}u_C}{\mathrm{d}t} = \frac{U_S}{R}\mathrm{e}^{-\frac{t}{\tau}} \tag{3-12}$$

$$u_R = Ri = U_S\mathrm{e}^{-\frac{t}{\tau}} \tag{3-13}$$

i、u_R 及 u_C 随时间变化的曲线如图 3-13 所示。

分析较复杂电路的暂态过程时，可以将储能元件(电容或电感)画出，因为剩余的有源二端网络是线性的，就可以等效为戴维南模型，再利用上述式子得出电路响应。

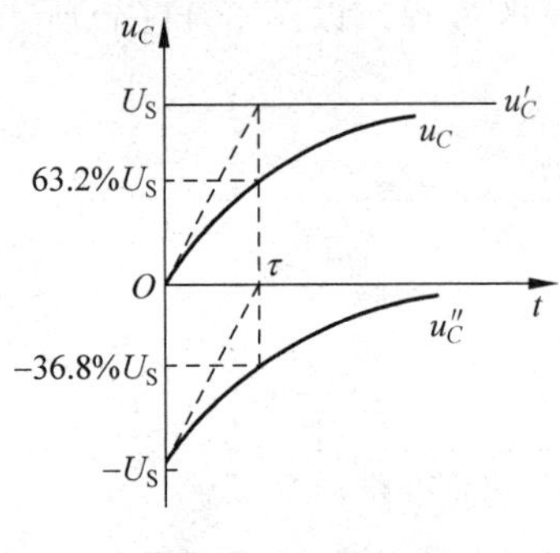

图 3-12　u_C 的组成

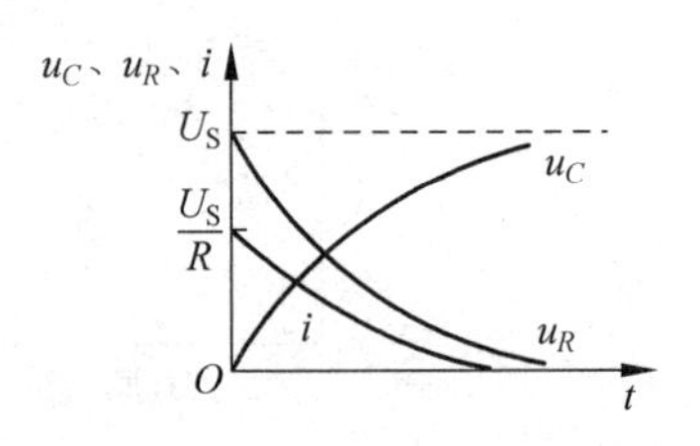

图 3-13　u_C、u_R 及 i 的变化曲线

【例 3-4】 在图 3-14(a)所示的电路中，$U_S=9\text{V}$，$R_1=6\text{k}\Omega$，$R_2=3\text{k}\Omega$，$C=10^3\text{pF}$，$u_C(0_-)=0$。试求 $t\geqslant 0$ 的电压 u_C 和 i_1、i_2。

【解】 应用戴维南定理将换路后的电路化为图 3-14(b)所示等效电路。等效电源的电动势和内阻分别为

$$E=\frac{R_2}{R_1+R_2}U_S=3\text{V}$$

$$R_0=\frac{R_1R_2}{R_1+R_2}=2\text{k}\Omega$$

$$\tau=R_0C=2\times10^{-6}\text{s}$$

于是由式(3-11)得

$$u_C=E(1-\mathrm{e}^{-\frac{t}{\tau}})=3(1-\mathrm{e}^{-5\times10^5t})\text{V}$$

再对开关 S 闭合后的图 3-14(a)所示电路写方程，得

$$R_2i_2=u_C$$

$$i_2=(1-\mathrm{e}^{-5\times10^5t})\text{mA}$$

$$R_1i_1+u_C=U_S$$

$$i_1=0.5(2+\mathrm{e}^{-5\times10^5t})\text{mA}$$

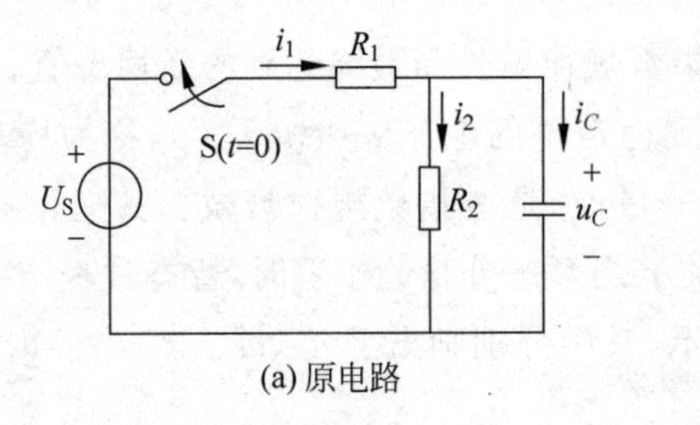

(a) 原电路

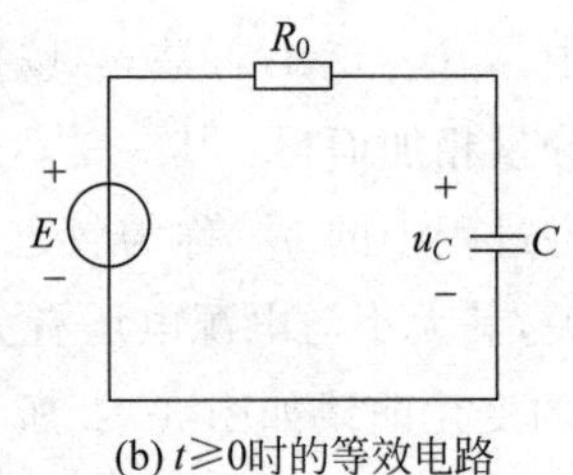

(b) $t\geqslant 0$时的等效电路

图 3-14　例 3-4 的图

3.2.3　RC 电路的全响应

RC 电路的全响应是指电源激励和电容元件的 $u_C(0_+)$均不为零时电路的响应。

若在图 3-11 所示的电路中，$u_C(0_+)\neq 0$。$t\geqslant 0_+$时电路的微分方程和式(3-10)相同，也可得

$$u_C = u_C' + u_C'' = U_S + Ae^{-\frac{t}{RC}} = u_C(\infty) + Ae^{-\frac{t}{RC}}$$

但积分常数 A 与零状态时不同。在 $t=0_+$ 时，$u_C(0_+)\neq 0$，则

$$A = u_C(0_+) - U_S = u_C(0_+) - u_C(\infty)$$

故

$$u_C = U_S + [u_C(0_+) - U_S]e^{-\frac{t}{RC}} = u_C(\infty) + [u_C(0_+) - u_C(\infty)]e^{-\frac{t}{RC}} \tag{3-14}$$

该式体现为

$$全响应 = 稳态分量 + 暂态分量$$

式(3-14)可改写为

$$u_C = u_C(0_+)e^{-\frac{t}{\tau}} + U_S(1 - e^{-\frac{t}{\tau}}) \tag{3-15}$$

即

$$全响应 = 零输入响应 + 零状态响应$$

这是叠加定理在电路暂态分析中的体现。$u_C(0_+)$和理想电源 U_S 分别作用的结果即是零输入响应和零状态响应。在暂态中，初始储能和激励一样，都会产生电路响应；而在稳态分析中，只有激励才会产生电路响应。

【练习与思考】

3-5　对例 3-3 从功率的角度说明电路是零输入响应。

3-6　在例 3-4 中为什么要回到原电路中才能解出 i_1、i_2。

3.3　RL 电路的暂态响应

RL 电路发生换路后，同样会产生过渡过程。由于 RC 电路和 RL 电路的相似性，同时零输入响应、零状态响应可看作全响应的特例，下面就对 RL 电路的全响应进行分析。

在图 3-15 所示的电路中，开关闭合前电路已处于稳态，$t=0$ 时开关闭合，方程为

$$Ri_L + L\frac{di_L}{dt} = U_S$$

整理后，得

$$\frac{L}{R}\frac{di_L}{dt} + i_L = \frac{U_S}{R} \tag{3-16}$$

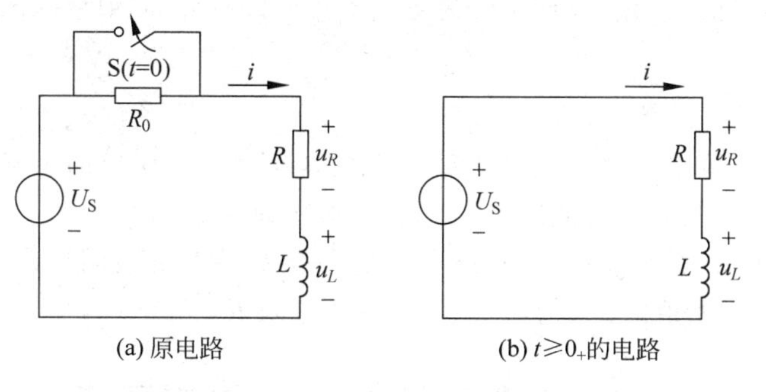

图 3-15　RL 电路

在式(3-16)中，当 i_L 前的系数为 1 时，$\frac{di_L}{dt}$前的系数就是时间常数 $\tau=\frac{L}{R}$，方程的右边就是稳

态值 $i_L(\infty)=\dfrac{U_S}{R}$，电路的初始值 $i_L(0_+)=\dfrac{U_S}{R_0+R}$，有

$$i_L=\frac{U_S}{R}+\left[i_L(0_+)-\frac{U_S}{R}\right]e^{-\frac{R}{L}t}=i_L(\infty)+[i_L(0_+)-i_L(\infty)]e^{-\frac{t}{\tau}} \tag{3-17}$$

求得 i_L 后，可根据元件的电压与电流关系、基尔霍夫定律求得其他电压、电流。

【例 3-5】 在图 3-16 所示电路中，已知 $U_S=10\text{V}$，$R_1=3\text{k}\Omega$，$R_2=2\text{k}\Omega$，$L=10\text{mH}$。在 $t=0$ 时开关 S 闭合。闭合前电路已达稳态。求开关 S 闭合后暂态过程中的 $i(t)$、$u_L(t)$ 和理想电压源发出的功率，并画出 $i(t)$、$u_L(t)$ 波形图。

【解】

$$i(0_+)=i(0_-)=\frac{U_S}{R_1+R_2}=2\text{mA}$$

$$i(\infty)=\frac{U_S}{R_2}=5\text{mA}$$

$$\tau=\frac{L}{R_2}=5\times10^{-6}\text{s}$$

$$i(t)=i(\infty)+\{i(0_+)-i(\infty)\}e^{-2\times10^5t}=(5-3e^{-2\times10^5t})\text{mA}$$

$$u_L(t)=L\frac{\text{d}i}{\text{d}t}=6e^{-2\times10^5t}\text{V}$$

理想电压源的电流就是 $i(t)$，且为非关联参考方向，理想电压源发出的功率

$$p(t)=U_S\times i(t)=(50-30e^{-2\times10^5t})\text{mW}$$

$i(t)$、$u_L(t)$ 波形见图 3-17。

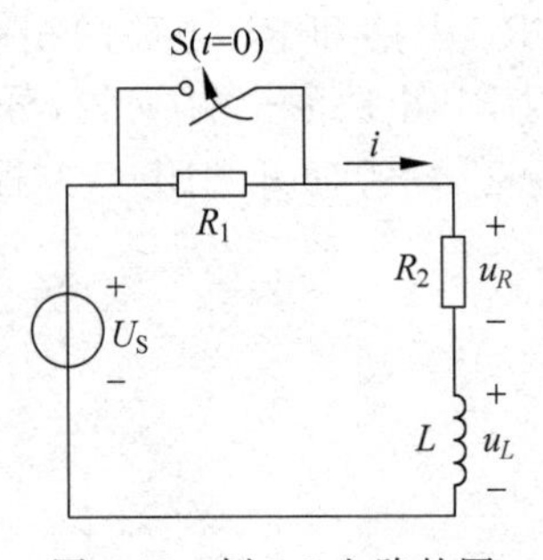

图 3-16 例 3-5 电路的图

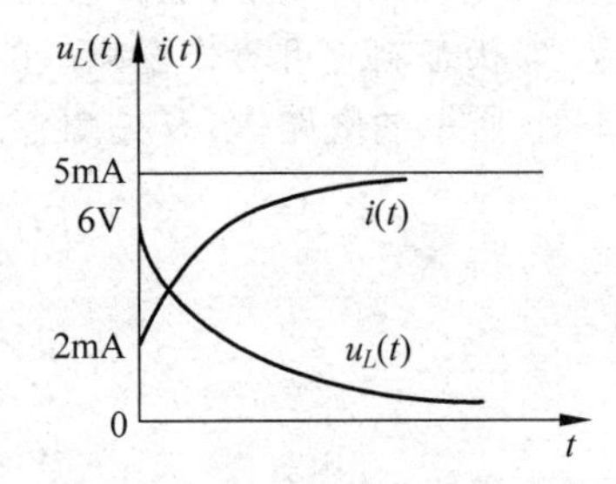

图 3-17 例 3-5 的波形图

【练习与思考】

3-7 有一台直流电动机，它的励磁线圈的电阻为 50Ω，当加上额定励磁电压经过 0.15s 后，励磁电流增长到稳态值的 63.2%。试求线圈的电感。

3-8 一个线圈的电感 $L=0.1\text{H}$，通有直流 $I=5\text{A}$，现将此线圈短路，经过 $t=0.01\text{s}$ 后，线圈中电流减小到初始值的 36.8%。试求线圈的电阻 R。

3.4 一阶电路暂态分析的三要素法

总结 3.2 节的 RC 和 3.3 节的 RL 电路不同状态暂态响应的分析结果，将各种响应写成一般式子来表示(零输入响应、零状态响应可看作全响应的特例)，则为

$$f(t)=f(\infty)+[f(0_+)-f(\infty)]\mathrm{e}^{-\frac{t}{\tau}} \tag{3-18}$$

式中，$f(t)$为电路响应中的任意电压或电流。

这是分析只含有一个(或可等效为一个)储能元件(电容或电感)的一阶线性加直流激励下的三要素法公式。$f(0_+)$、$f(\infty)$、τ 称为暂态过程电路响应的三要素，其中：

$f(0_+)$为换路后所求响应的初始值，确定方法在 3.1 节中已作分析。

$f(\infty)$为换路后暂态过程结束时所求响应达到的稳态值，即 $t=\infty$时的值。因为是直流稳态，仍然是电容开路，电感短路，求相应的电压和电流。∞和 0_- 的区别就是两种理想开关的状态正好相反。

τ 为换路后电路的时间常数。对于 RC 电路，$\tau=R_0C$；对于 RL 电路，$\tau=\dfrac{L}{R_0}$。R_0 是将电路中储能元件电容或电感断开剩余二端网络除源后所得无源二端网络的等效电阻。

对于 $t\geqslant 0_+$ 相对的电路，复杂时可以用戴维南定理分析。其中电容(电感)元件是外电路，内电路仍然是有源二端网络(含有电阻和理想电压源和理想电流源)。

在图 3-18(a)所示的等效 RL 电路中，$i_L(\infty)=\dfrac{u_{\mathrm{oc}}}{R_{\mathrm{eq}}}$，$\tau=\dfrac{L}{R_{\mathrm{eq}}}$；同理，在图 3-18(b)所示的等效 RC 电路中，$u_C(\infty)=u_{\mathrm{oc}}$，$\tau=R_{\mathrm{eq}}C$。这样三要素公式中的 $f(\infty)$和 τ 都得到了。

只要求得换路后的 $f(0_+)$、$f(\infty)$、τ 这 3 个“要素”，就能直接根据式(3-18)写出电路的响应 $f(t)$。这种方法称为三要素法。

可以验证一下：

当 $t=0_+$时，　　$f(0_+)=f(\infty)+[f(0_+)-f(\infty)]\times 1=f(0_+)$

当 $t=\infty$时，　　$f(\infty)=f(\infty)+[f(0_+)-f(\infty)]\times 0=f(\infty)$

从原则上说，任何电压和电流都可以套用三要素法公式，但最好还是用电容电压和电感电流来套用公式。因为其他电压和电流的 0_+ 值要借助电容电压或电感电流的 0_+ 值来确定，其他电压和电流的∞值也与电容电压或电感电流的∞值有关。求出电容电压或电感电流函数表达式后，再根据 KCL、KVL 和元件 VCR 来求其他电压和电流。

电路响应 $f(t)$的变化曲线如图 3-19 所示，均按指数规律增长或衰减。

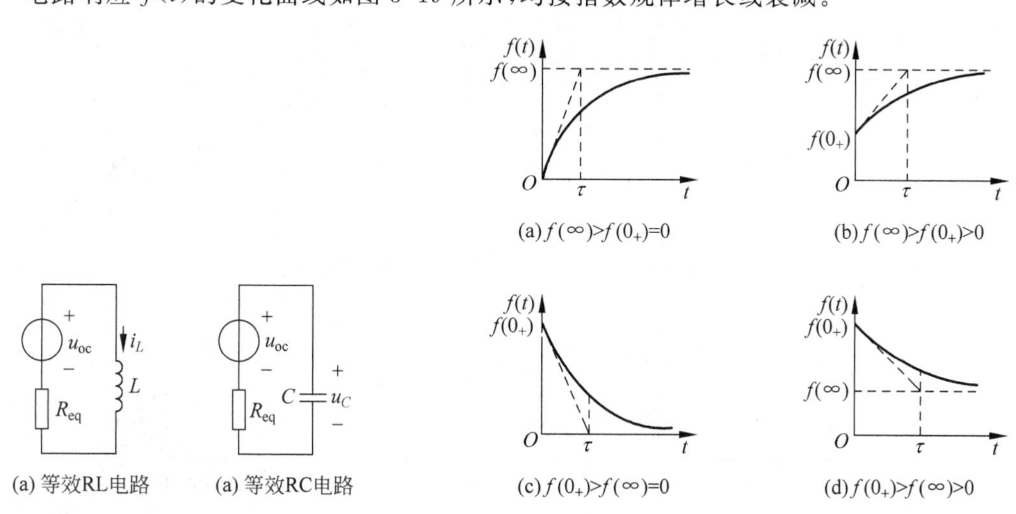

图 3-18　$t\geqslant 0_+$ 用戴维南模型等效的一阶电路

图 3-19　一阶电路的全响应

下面举例说明三要素法的应用。

【例 3-6】 图 3-20(a)所示电路，已知 $U_{S1}=8V$，$U_{S2}=5V$，$R_1=R_2=20k\Omega$，$C=5\mu F$。换路前电路处于稳定状态，$t=0$ 时开关由 a 合到 b，求换路后电容两端的电压 u_C 及电流 i_C。

【解】

$$u_C(0_+)=u_C(0_-)=-U_{S2}=-5V$$

由图 3-20(b)得，

$$u_C(\infty)=U_{S1}=8V$$

$$\tau=R_1C=20\times10^3\times5\times10^{-6}=0.1(s)$$

$$u_C(t)=u_C(\infty)+[u_C(0_+)-u_C(\infty)]e^{-t/\tau}=(8-13e^{-10t})V$$

$$i_C(t)=C\frac{du_C}{dt}=0.65e^{-10t}mA$$

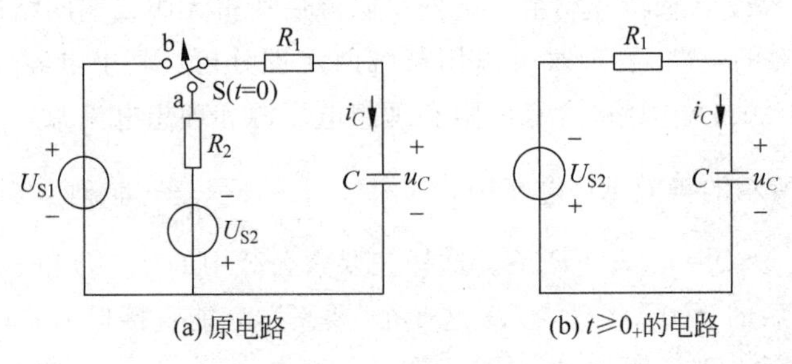

图 3-20 例 3-6 的图

【例 3-7】 在图 3-21(a)所示的电路中，$I_S=3A$，$R_1=1k\Omega$，$R_2=2k\Omega$，$L=3mH$，开关动作前电路已处于稳态，求开关闭合后的 i_1 和 i_L。

【解】

$$i_L(0_+)=i_L(0_-)=0A$$

$t=\infty$时，电感短路，由图 3-21(b)、(c)得

$$i_L(\infty)=\frac{R_1}{R_1+R_2}I_S=1A$$

$$\tau=\frac{L}{R_{eq}}=10^{-6}s$$

$$\begin{aligned}i_L(t)&=i_L(\infty)+\{i_L(0_+)-i_L(\infty)\}e^{-\frac{t}{\tau}}\\&=i_L(\infty)(1-e^{-\frac{t}{\tau}})\\&=(1-e^{-10^6t})A\end{aligned}$$

$$i_1(t)=I_S-i_L(t)=(2+e^{-10^6t})A$$

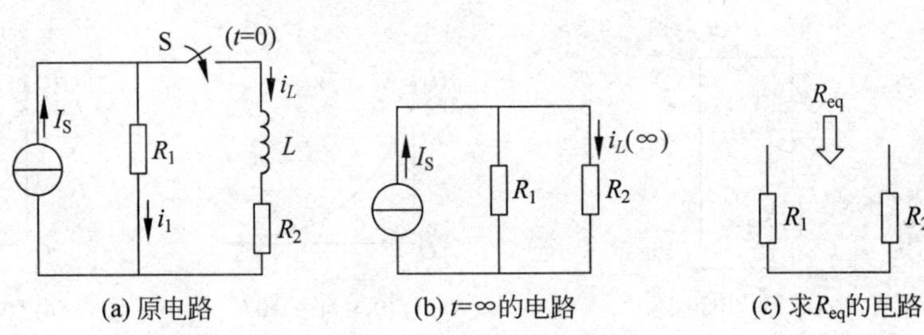

图 3-21 例 3-7 的图

【例 3-8】 图 3-22(a)所示电路换路前处于稳态，$C=0.01\text{F}$，$R_1=R_2=10\Omega$，$R_3=20\Omega$，$U_S=10\text{V}$，$I_S=1\text{A}$。试用三要素法求换路后的全响应 u_C。

【解】 在图 3-22(b)所示的 $t=0_-$ 时的电路中，有

$$u_C(0_-)=R_3I_S-U_S=10\text{V}$$

$$u_C(0_+)=u_C(0_-)=10\text{V}$$

在图 3-22(c)所示的 $t\geqslant 0_+$ 求 u_{oc} 的图中，有

$$u_{oc}=\frac{R_1R_3}{R_1+R_2+R_3}I_S-U_S=-5\text{V}$$

在图 3-22(d)所示的 $t\geqslant 0_+$ 求 R_{eq} 的图中，有

$$R_{eq}=(R_1+R_2)\mathbin{/\!/}R_3=10\Omega$$

$$u_C(\infty)=u_{oc}=-5\text{V},\tau=R_{eq}C=0.1\text{s}$$

$$u_C(t)=u_C(\infty)+\{u_C(0_+)-u_C(\infty)\}e^{-\frac{t}{\tau}}$$

$$=(-5+15e^{-10t})\text{V}$$

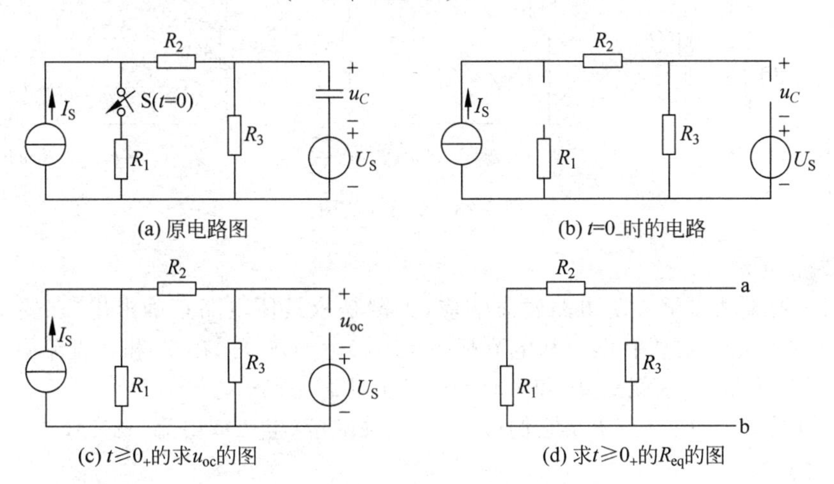

图 3-22　例 3-8 的图

【例 3-9】 在图 3-23(a)所示的电路中，开关原先在位置 1 电路处于稳态。$t=0$ 时由位置 1 合到位置 2 上，求 $t\geqslant 0$ 时的 i_L 和 u_L。

【解】 如图 3-23(b)所示电路中，$t=0_-$ 时，有

$$i_L(0_-)=\frac{24}{4+2+3\mathbin{/\!/}6}\times\frac{6}{6+3}=2\text{A}$$

$$i_L(0_+)=i_L(0_-)=2\text{A}$$

在图 3-23(d)、(e)中，有

$$u_{oc}=\frac{6}{4+2+6}\times 12=6\text{V}$$

$$R_{eq}=3+6\mathbin{/\!/}(2+4)=6\Omega$$

$$i_L(\infty)=\frac{u_{oc}}{R_{eq}}=1\text{A}$$

$$\tau=\frac{L}{R_{eq}}=1.5\text{s}$$

$$i_L(t)=i_L(\infty)+\{i_L(0_+)-i_L(\infty)\}e^{-\frac{t}{\tau}}=(1+e^{-\frac{2t}{3}})\text{A}$$

$$u_L(t)=L\frac{\mathrm{d}i_L(t)}{\mathrm{d}t}=-6e^{-\frac{2t}{3}}\text{V}$$

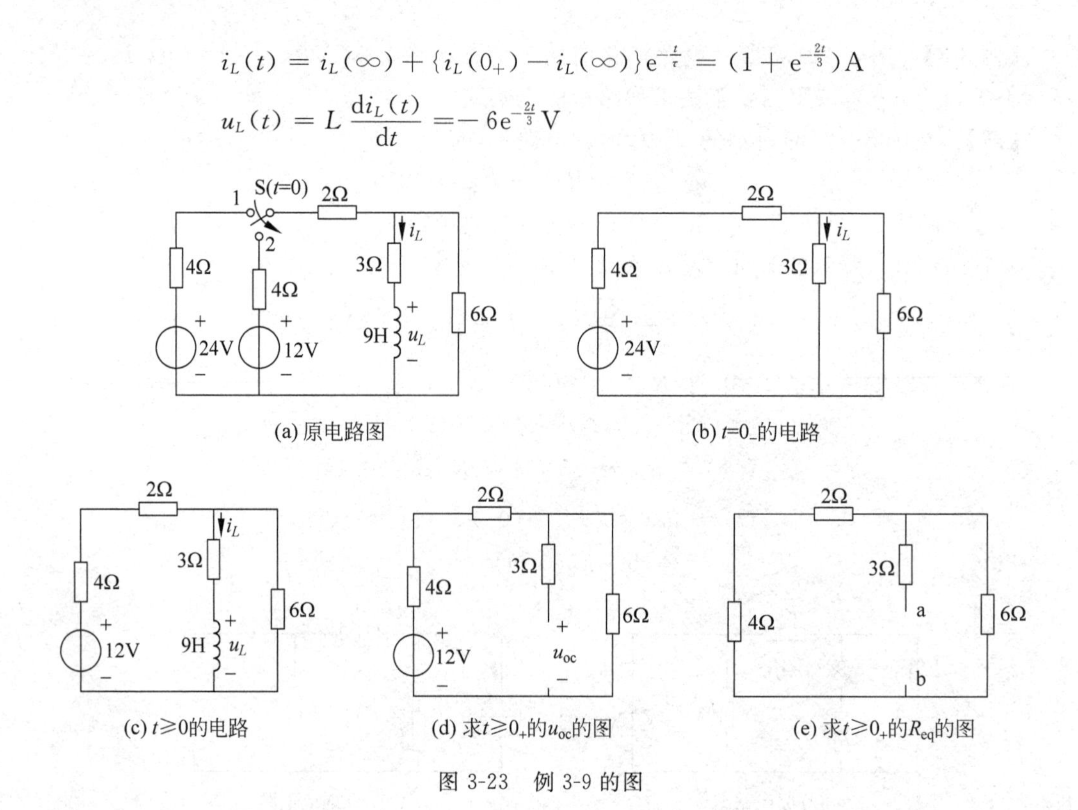

图 3-23 例 3-9 的图

分析要点如下。

(1) 用三要素法求解一阶电路暂态响应,关键是依具体电路正确求出“三要素”。确定 $f(0_+)$时,不能误认为对所有电压和电流都有 $f(0_+)=f(0_-)$。在 0_- 和∞直流稳态时,电容都开路,电感都短路,区别就是 0_- 和∞时刻的开关状态不同。

(2) 关键是求 u_C 或 i_L。求出它们后,再求其他响应(电压或电流)就方便了。

【练习与思考】

3-9 如果换路前电路已处于稳态,则三要素法中求 $f(0_+)$和 $f(\infty)$都是电容开路或电感短路,那么两者的区别是什么?

本 章 小 结

本章讨论了直流激励下,一阶 RC 和 RL 电路的暂态响应。掌握换路定则确定初始值的方法,掌握一阶 RC 和 RL 电路的零输入、零状态、全响应分析。重点是利用三要素法求一阶电路响应。

习 题

3-1 电路如图 3-24 所示。求在开关 S 闭合瞬间($t=0_+$)各元件中的电流及其两端的电压;当电路到达稳态时又各等于多少?设在 $t=0_-$ 时,电路中的储能元件均未储能。

3-2 在图 3-25 所示的电路中,换路前都处于稳态,$t=0$ 时开关 S 闭合。已知所有电阻值都是 10Ω,$E=10$V。求 $i_C(0_+)$、$i_L(0_+)$、$u_C(0_+)$、$u_L(0_+)$。

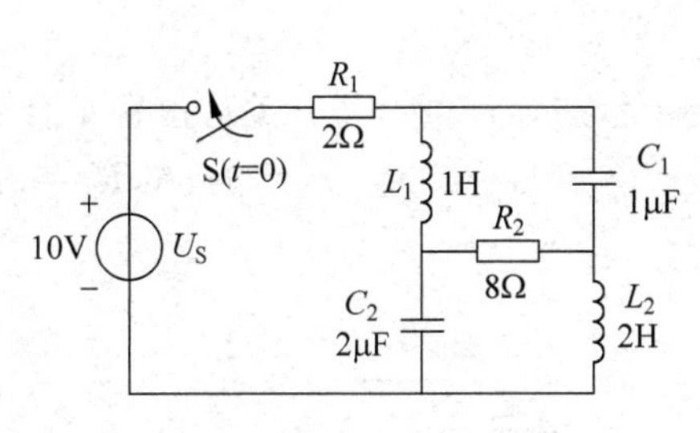

图 3-24 习题 3-1 的图

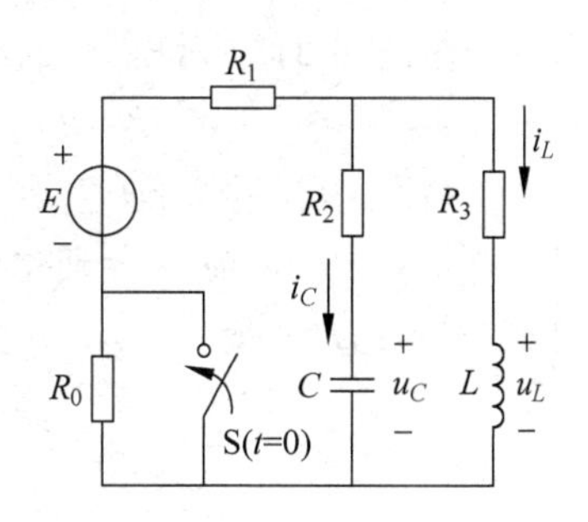

图 3-25 习题 3-2 的图

3-3 图 3-26 所示各电路在换路前都处于稳态。试求换路后其中电流 i 的初始值 $i(0_+)$和稳态值 $i(\infty)$以及电路的 τ。

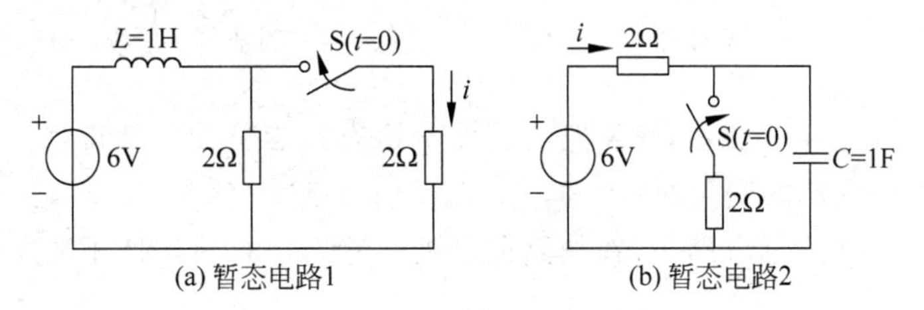

图 3-26 习题 3-3 的图

3-4 在图 3-27 所示电路中，开关 S 断开前电路处于稳态，试判断 S 断开后电路中哪些物理量跃变？哪些不跃变？

3-5 在图 3-28 所示电路中，$I_S=10\text{mA}$，$R_1=3\text{k}\Omega$，$R_2=3\text{k}\Omega$，$R_3=6\text{k}\Omega$，$C=2\mu\text{F}$。在开关 S 闭合前电路已处于稳态。求 $t\geqslant 0$ 时 u_C 和 i_1，并作出它们随时间的变化曲线图。

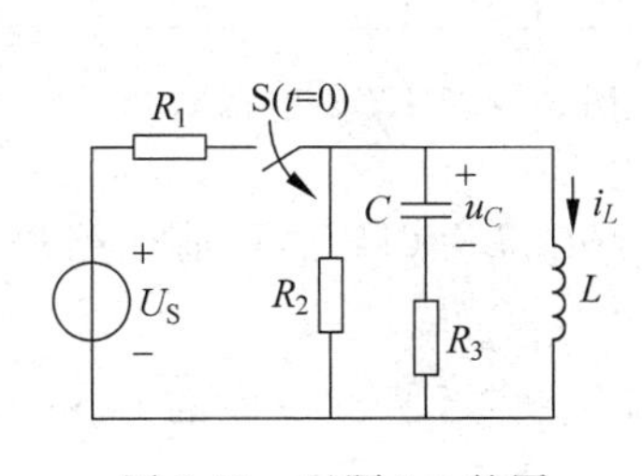

图 3-27 习题 3-4 的图

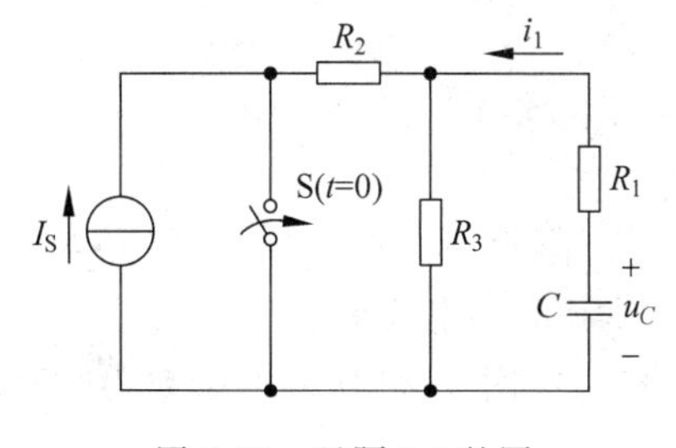

图 3-28 习题 3-5 的图

3-6 电路如图 3-29 所示，在开关 S 闭合前电路已处于稳态，求开关闭合后的电压 u_C。

3-7 在图 3-30 中，$U_{S1}=4\text{V}$，$R_1=2\Omega$，$R_2=4\Omega$，$L=0.4\text{H}$，$I_{S3}=1\text{A}$，$R_3=4\Omega$。开关长时间闭合后断开，求将开关断开后的 i_L 和 i_2。

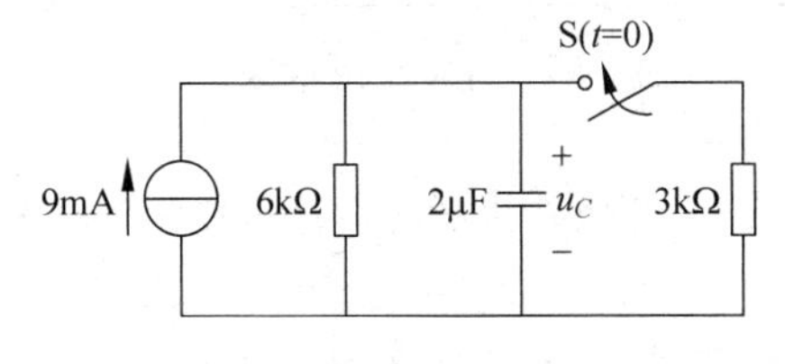

图 3-29 习题 3-6 的图

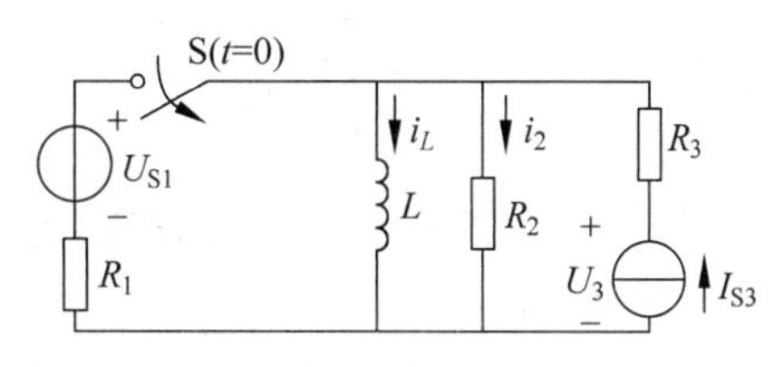

图 3-30 习题 3-7 的图

3-8　在图 3-31 所示电路中换路前都处于稳态，$t=0$ 时开关打开，已知 $C=1\text{F}$，求电路响应 i。

3-9　在图 3-32 中，开关 S 合在位置 1，电路处于稳态，$t=0$ 时，将开关从位置 1 合到位置 2 上，当 $t=0.025\text{s}$ 时再合到位置 1，求 u_C 和 i_1。已知 $U_S=10\text{V}$，$I_{S3}=1\text{mA}$，$R_1=3\text{k}\Omega$，$R_2=2\text{k}\Omega$，$C=1\mu\text{F}$。

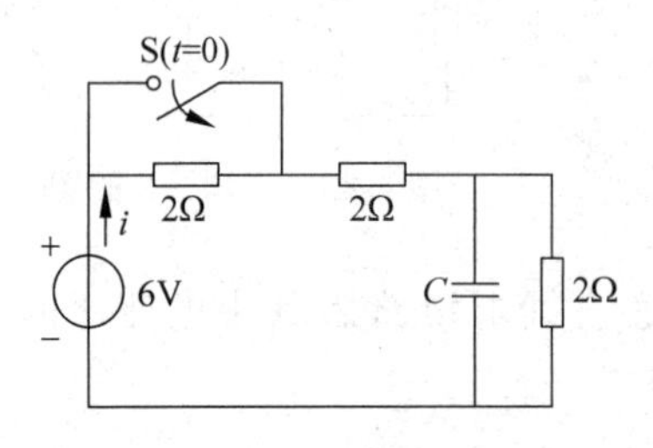

图 3-31　习题 3-8 的图

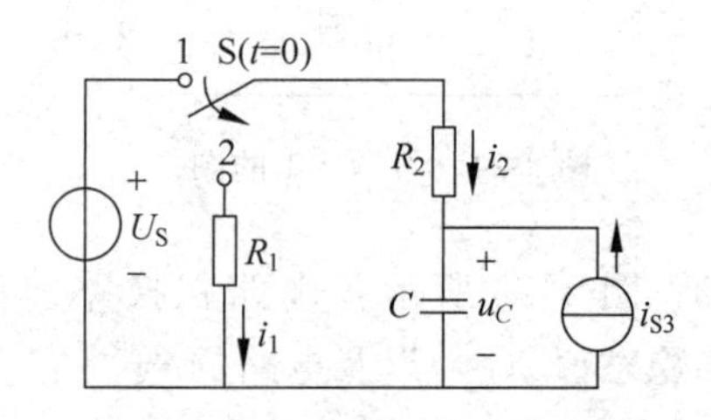

图 3-32　习题 3-9 的图

3-10　电路如图 3-33 所示，在换路前已处于稳态。当将开关从位置 1 合到位置 2 后，试求 i_L 和 i，并作出它们的变化曲线。

3-11　在图 3-34 所示电路中，在换路前已处于稳态，当 $t=0$ 时开关打开，求 $t\geqslant 0$ 时的 i 和 i_L。

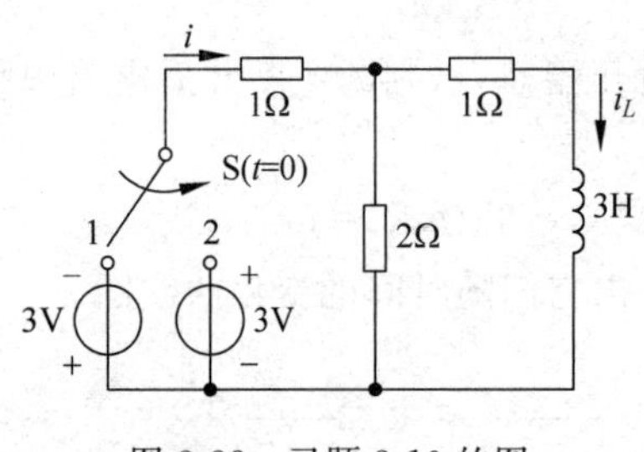

图 3-33　习题 3-10 的图

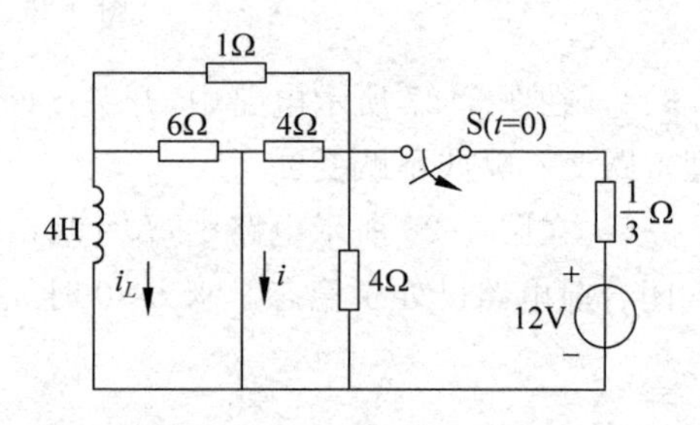

图 3-34　习题 3-11 的图

3-12　在图 3-35 中，$U_S=30\text{V}$，$R_1=60\Omega$，$R_2=R_3=40\Omega$，$L=6\text{H}$，换路前电路处于稳态。求 $t\geqslant 0$ 时的电流 i_L、i_2 和 i_3。

3-13　在图 3-36 所示的电路中，开关闭合前电路已处于稳态，求 $t\geqslant 0$ 时的 i_C 和 u_C。

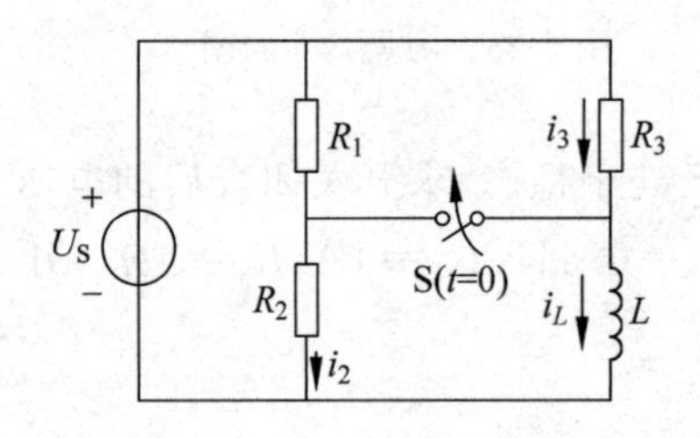

图 3-35　习题 3-12 的图

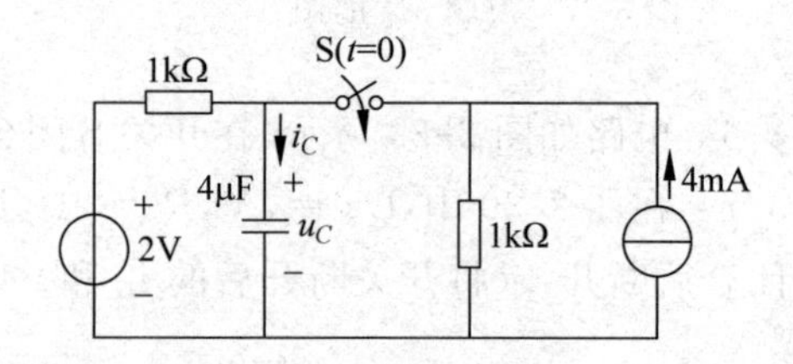

图 3-36　习题 3-13 的图

3-14　在图 3-37 所示的电路中，开关原先在位置 1，电路处于稳态，$t=0$ 时合到位置 2 上，求 $t\geqslant 0$ 时的 i_L 和 u_L。

3-15　在图 3-38 所示的电路中，开关闭合前电路已处于稳态，求 $t\geqslant 0$ 时的 u_C 和 i。

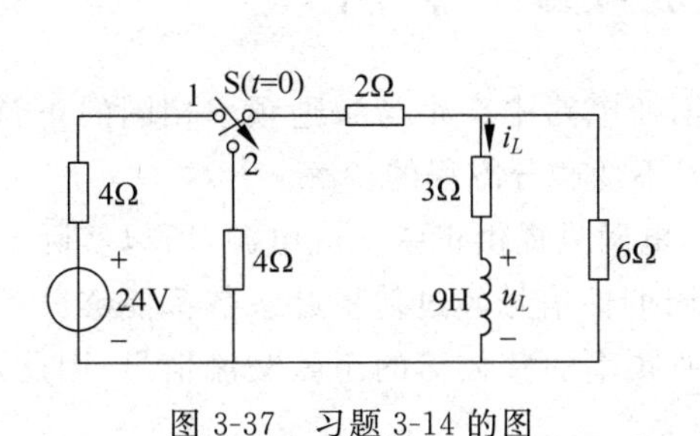

图 3-37　习题 3-14 的图

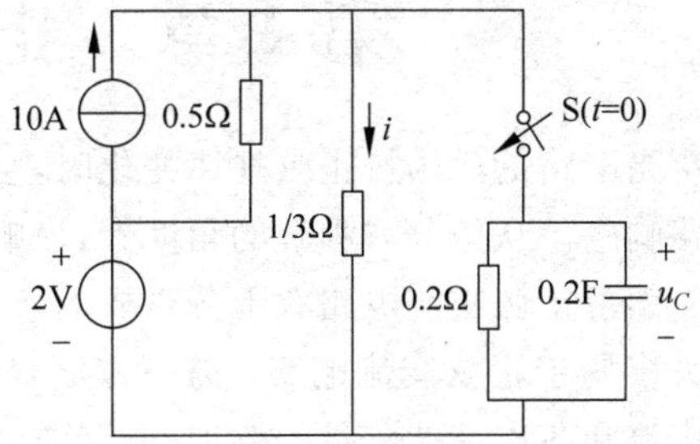

图 3-38　习题 3-15 的图

3-16　在图 3-39 所示的电路中，$L=0.01\text{H}$，开关断开前电路已处于稳态，求 $t\geqslant 0$ 时的 i_L。

3-17　在图 3-40 所示的电路中，$L=\frac{5}{6}\text{mH}$，开关断开前电路已处于稳态，求 $t\geqslant 0$ 时的 u_1、u_2、i_L。

3-18　在图 3-41 所示电路中，开关闭合前已处于稳态，求开关闭合后的 i（提示：开关闭合后，开关的左边和右边都是一阶电路）。

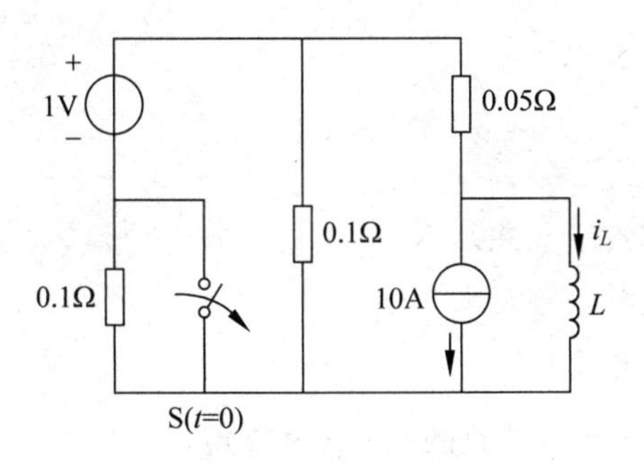

图 3-39　习题 3-16 的图

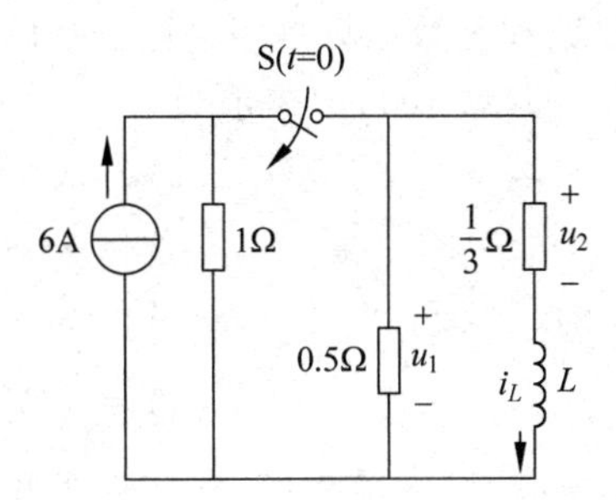

图 3-40　习题 3-17 的图

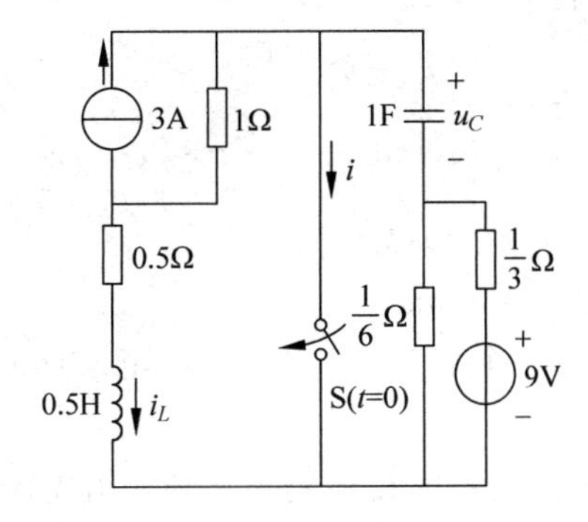

图 3-41　习题 3-18 的图

第 4 章　正弦交流电路分析

当电路的激励按正弦规律变化时，会在线性时不变电路中产生与激励频率相同的正弦电路响应。从微分方程解的角度看，该响应即线性时不变微分方程的特解。

学习正弦交流电路有十分重要的意义：一方面，电网只提供正弦交流电源，所以实际电路大多属于正弦交流电路；另一方面，任意非正弦周期性信号经过傅里叶级数都能够分解为直流和各次谐波分量的叠加，而谐波分量就是基波频率的整数倍的正弦交流信号，因此，非正弦周期电路的分析也与正弦交流电路的分析有关。

分析正弦交流响应，仍然要确定不同元件和不同电路结构下的正弦交流电压、电流和功率。正弦交流电路有许多可以借鉴电阻电路的地方。但应注重正弦交流概念的建立，不可盲目套用电阻电路的结论。

4.1　正弦交流电的基本概念

4.1.1　复数

复数和复数运算是相量法的基础，本节略作介绍。

一个复数 A 可以表示为

$$A = a + \mathrm{j}b \quad \text{（代数式）}$$

$$A = r(\cos\psi + \mathrm{j}\sin\psi) \quad \text{（三角形式）}$$

$$A = r\mathrm{e}^{\mathrm{j}\psi} \quad \text{（指数形式）}$$

$$A = r\angle\psi \quad \text{（极坐标形式）}$$

式中，$\mathrm{j}=\sqrt{-1}$为虚数单位；a 为实部；b 为虚部；r 为复数的模；ψ 为幅角。其中复数的三角形式、指数形式、极坐标形式并无本质区别，但极坐标形式最为简洁。可利用以下关系式对极坐标形式与代数式进行转换。

$$r = \sqrt{a^2 + b^2}$$

$$\psi = \arctan\frac{b}{a} \quad -\pi \leqslant \psi \leqslant \pi$$

$$a = r\cos\psi$$

$$b = r\sin\psi$$

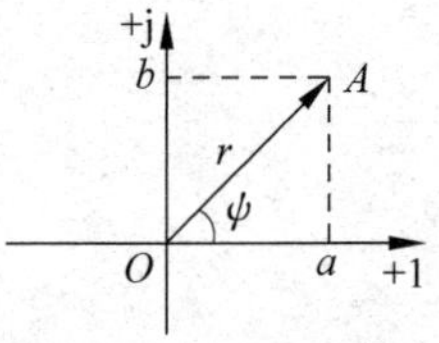

图 4-1　复数的向量表示

复数 A 可以与复平面上的一个点对应，常用原点至该点的向量表示，如图 4-1 所示。

下面介绍复数的运算原则。复数的相加和相减必须用代数形式进行，则

$$\begin{aligned} A_1 \pm A_2 &= (a_1 + \mathrm{j}b_1) \pm (a_2 + \mathrm{j}b_2) \\ &= (a_1 \pm a_2) + \mathrm{j}(b_1 \pm b_2) \end{aligned}$$

复数的加、减法运算可以按向量求和的平行四边形（或三角形）原则而得，如图 4-2 所示。

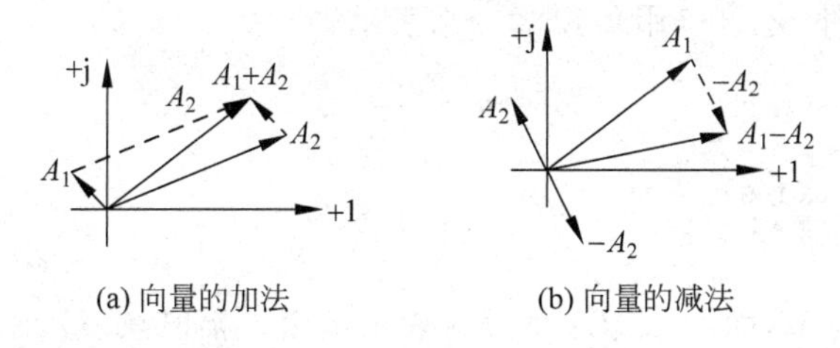

(a) 向量的加法　　(b) 向量的减法

图 4-2　向量的加、减法作图

复数的乘、除法运算用指数形式易理解，复数的乘法运算为

$$A_1 \cdot A_2 = r_1 e^{j\psi_1} \cdot r_2 e^{j\psi_2} = r_1 \cdot r_2 e^{j(\psi_1+\psi_2)} = r_1 \cdot r_2 \angle(\psi_1+\psi_2)$$

复数相除运算为

$$\frac{A_1}{A_2} = \frac{r_1 e^{j\psi_1}}{r_2 e^{j\psi_2}} = \frac{r_1}{r_2} e^{j(\psi_1-\psi_2)} = \frac{r_1}{r_2} \angle(\psi_1-\psi_2)$$

复数的乘、除表示模的放大或缩小，辐角表示为逆时针旋转或顺时针旋转。如 jA 表示把复数 A 逆时针旋转 $\frac{\pi}{2}$，$\frac{A}{j}$ 表示把复数 A 顺时针旋转 $\frac{\pi}{2}$。

如果两个复数 A_1 和 A_2 相等，则

$$\begin{cases} a_1 = a_2 \\ b_1 = b_2 \end{cases}$$

或者

$$\begin{cases} r_1 = r_2 \\ \psi_1 = \psi_2 \end{cases}$$

一个复系数的方程可以求一个复数解，或求出两个实数解。

4.1.2　正弦量的三要素

将按正弦规律变化的电动势、电压、电流统称为正弦量。对于周期性变化的物理量，它们的参考方向代表了正半周的实际方向，而负半周时其参考方向与实际方向相反。

正弦电流的一般表达式为

$$i = I_m \sin(\omega t + \psi_i) \tag{4-1}$$

式中，幅值 I_m、角频率 ω 和初相位 ψ_i 称为正弦量的三要素。

1. 周期、频率、角频率

正弦量变化一周所需的时间(s)称为周期，而每秒内变化的次数称为频率 f，它的单位是 Hz。

周期与频率互为倒数，即

$$f = \frac{1}{T} \tag{4-2}$$

世界上多数国家的电网都采用 50Hz(工频)，但也有国家(美国、日本等)采用 60Hz。三相异步电动机通常使用工频电源，但在变频调速时其电源的频率为几至几百赫兹。

除了周期和频率外，还可以用角频率 ω 来表示，即

$$\omega = \frac{2\pi}{T} \tag{4-3}$$

它的单位是弧度每秒(rad/s)。

2. 幅值与有效值

用 i、u、e 表示瞬时值，而用 I_m、U_m 及 E_m 表示幅值。幅值只表示瞬时值的最大值，而二倍幅值称为峰-峰值。在工程中用有效值来定义正弦量的大小。

有效值从电流热效应来规定的，一个直流 I 和一个交流 i 在单位时间内(一个周期)流过同一电阻 R 产生的热效应相等，就把这个 I 称为交流 i 的有效值，所以

$$\int_0^T Ri^2 \mathrm{d}t = RI^2 T$$

即

$$I = \sqrt{\frac{1}{T}\int_0^T i^2 \mathrm{d}t}$$

该式适用于所有周期性变化的电流(包括正弦和非正弦周期性)。

将 $i = I_m \sin(\omega t + \psi_i)$ 代入，则

$$\begin{aligned} I &= \sqrt{\frac{1}{T}\int_0^T I_m^2 \sin^2(\omega t + \psi_i)\mathrm{d}t} \\ &= \sqrt{\frac{1}{T}\int_0^T \frac{I_m^2}{2}[1 - \cos 2(\omega t + \psi_i)]\mathrm{d}t} \\ &= \frac{I_m}{\sqrt{2}} \end{aligned} \tag{4-4}$$

类似地，可以得出电压和电动势的有效值和幅值的关系为

$$U = \frac{U_m}{\sqrt{2}}$$

$$E = \frac{E_m}{\sqrt{2}}$$

为强化有效值的概念，通常将电流的正弦表达式写为

$$i = \sqrt{2} I \sin(\omega t + \psi_i)$$

有效值用大写字母表示，与直流情况相同。交流电气设备铭牌上的额定电压、电流和交流电压、电流表的读数均为有效值，如 220V 和 380V 等。正弦电路中物理量的符号(大小写、是否有上下标)有明确规定，需要记忆。

3. 初相位和相位差

将 $\omega t + \psi_i$ 称为相位(角)，它反映出正弦量的变化进程。当 $t=0$ 时相位被称为初相角或初相位。初相角与计时零点的选取有关，通常规定 $|\psi_i| \leqslant 180°$ 或 $|\psi_i| \leqslant \pi$ 为主值范围。

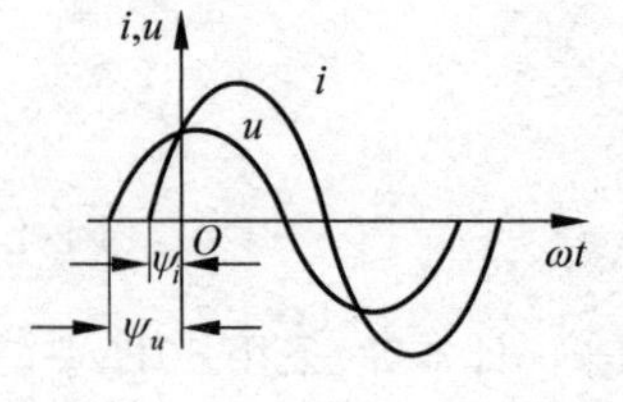

图 4-3　u 和 i 的初相位不同

在线性时不变电路中，如果激励同频，则响应同频。但其初相位则不一定相同。例如，某元件的电压和电流表达式为(图 4-3)

$$u = \sqrt{2} U \sin(\omega t + \psi_u)$$

$$i=\sqrt{2}I\sin(\omega t+\psi_i)$$

在讨论该元件电压与电流关系式时，就要讨论相位差 φ，即

$$\varphi=(\omega t+\psi_u)-(\omega t+\psi_i)=\psi_u-\psi_i$$

φ 表示 u 超前 i 的角度，在频率相同的情况下，相位差为初相之差，与计时零点无关。它也有类似的主值范围的规定。

当 $\varphi>0$ 时，称 u 超前 i；当 $\varphi<0$ 时，则 u 滞后于 i；当 $\varphi=0$ 时，则称 u 和 i 同相位（初相）；当 $|\varphi|=\frac{\pi}{2}$ 时，称 u 和 i 正交；当 $|\varphi|=\pi$ 时，称 u 和 i 反相。

由于正弦响应的频率相同，应更多关注正弦量的有效值和初相位。而直流量只有有效值（它本身），无初相位概念。尽管交流电压表和电流表也只读有效值，但要强化正弦交流初相位的概念。

4.1.3　正弦量的相量表示

正弦量（有效值）的相量就是将最为关心的有效值和初相位有机地结合起来。正弦量 $i=\sqrt{2}I\sin(\omega t+\psi_i)$ 的相量规定为

$$\dot{I}=I\angle\psi_i=I(\cos\psi_i+\mathrm{j}\sin\psi_i) \tag{4-5}$$

即相量是一个复数（极坐标形式），复数的模为正弦量的有效值，幅角为正弦量的初相，用 $\dot{I}$ 表示。注意，相量只用来表示正弦量，而不是等于正弦量。要熟练掌握正弦量和相量之间的相互转换。

将相量在复平面上表示的图形称为相量图，画出图 4-3 中的电压和电流的相量于图 4-4 中。

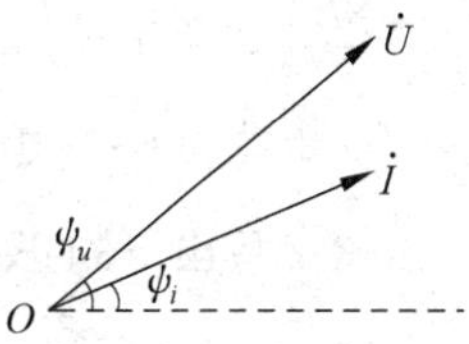

图 4-4　相量图

下面用一个例题来说明相量的作用。

【例 4-1】 已知 $i_1=\sqrt{2}I_1\sin(\omega t+\psi_1)$ 和 $i_2=\sqrt{2}I_2\sin(\omega t+\psi_2)$，求 $i=i_1+i_2$。

【解】 (1) 用三角函数来计算。

$$\begin{aligned}i&=i_1+i_2\\&=\sqrt{2}I_1\sin(\omega t+\psi_1)+\sqrt{2}I_2\sin(\omega t+\psi_2)\\&=\sqrt{2}I_1(\sin\omega t\cdot\cos\psi_1+\cos\omega t\cdot\sin\psi_1)+\sqrt{2}I_2(\sin\omega t\cdot\cos\psi_2+\cos\omega t\cdot\sin\psi_2)\\&=\sqrt{2}(I_1\cos\psi_1+I_2\cos\psi_2)\sin\omega t+\sqrt{2}(I_1\sin\psi_1+I_2\sin\psi_2)\cos\omega t\\&=\sqrt{2}I\sin(\omega t+\psi)\end{aligned}$$

其中

$$I=\sqrt{(I_1\cos\psi_1+I_2\cos\psi_2)^2+(I_1\sin\psi_1+I_2\sin\psi_2)^2}$$

$$\psi=\arctan\left(\frac{I_1\sin\psi_1+I_2\sin\psi_2}{I_1\cos\psi_1+I_2\cos\psi_2}\right)$$

(2) 用相量形式。

将 $i=i_1+i_2$ 写成相量形式（当然数学上是可行的），即

$$\begin{aligned}\dot{I}&=\dot{I}_1+\dot{I}_2\\&=I_1\angle\psi_1+I_2\angle\psi_2\end{aligned}$$

$$
\begin{aligned}
&= I_1\cos\psi_1 + \mathrm{j}I_1\sin\psi_1 + I_2\cos\psi_2 + \mathrm{j}I_2\sin\psi_2 \\
&= (I_1\cos\psi_1 + I_2\cos\psi_2) + \mathrm{j}(I_1\sin\psi_1 + I_2\sin\psi_2) \\
&= I\angle\psi
\end{aligned}
$$

其中

$$I = \sqrt{(I_1\cos\psi_1 + I_2\cos\psi_2)^2 + (I_1\sin\psi_1 + I_2\sin\psi_2)^2}$$

$$\psi = \arctan\left(\frac{I_1\sin\psi_1 + I_2\sin\psi_2}{I_1\cos\psi_1 + I_2\cos\psi_2}\right)$$

于是 $i=\sqrt{2}I\sin(\omega t+\psi)$。

通过比较，两种方法并无实质性的区别，但在形式上实现了有益的转换，使计算过程更直观、更简单。相量法可简化同频正弦量的计算，有助于微分方程特解的求解。但相量是复数，请牢记复数运算原则。

这里也体现了相量法的基本思路，将已知正弦量转化成已知相量，用相量形式的 VCR 和 KCL、KVL 求未知相量。如果需要的话，再将求出的相量转化为正弦量。

【练习与思考】

4-1　已知复数 $A=-2+\mathrm{j}3$，$B=3+\mathrm{j}4$，试求 $A+B$、$A-B$、AB 和 A/B。

4-2　已知相量 $\dot{I}_1=(2+\mathrm{j}\sqrt{3})\mathrm{A}$、$\dot{I}_2=(-2+\mathrm{j}\sqrt{3})\mathrm{A}$、$\dot{I}_3=(-2-\mathrm{j}\sqrt{3})\mathrm{A}$、$\dot{I}_4=(2-\mathrm{j}\sqrt{3})\mathrm{A}$，并已知 ω，写出对应的正弦量 i_1、i_2、i_3 和 i_4。

4-3　写出下列正弦量的相量，并计算 $\dot{U}_1+\dot{U}_2+\dot{U}_3$。

(1) $u_1=220\sqrt{2}\sin(\omega t-30°)\mathrm{V}$。

(2) $u_2=220\sqrt{2}\sin(\omega t-150°)\mathrm{V}$。

(3) $u_3=220\sqrt{2}\sin(\omega t+90°)\mathrm{V}$。

4-4　电流 $i=50\sqrt{2}\sin\left(314t-\dfrac{\pi}{3}\right)\mathrm{mA}$。

(1) 试指出它的频率、周期、角频率、幅值、有效值以及初相位各是多少。

(2) 画出 i 波形图。

(3) 如果 i 的参考方向选得相反，再回答(1)。

4-5　已知 $i_1=5\sin(314t+45°)\mathrm{A}$，$i_2=10\sqrt{2}\cos(314t-30°)\mathrm{A}$，试问 i_1 和 i_2 的相位差是多少？哪个超前、哪个滞后？

4-6　指出下列各式的错误，并加以纠正。

(1) $i=5\sin(\omega t-30°)=5\mathrm{e}^{-\mathrm{j}30}\mathrm{A}$

(2) $\dot{U}=100\angle 45°=100\sqrt{2}\sin(\omega t+45°)\mathrm{V}$

(3) $\dot{I}=20\mathrm{e}^{20°}\mathrm{A}$

4-7　已知 $i_1=8\sqrt{2}\sin\left(\omega t+\dfrac{\pi}{3}\right)\mathrm{A}$ 和 $i_2=6\sqrt{2}\sin\left(\omega t-\dfrac{\pi}{4}\right)\mathrm{A}$，试用相量表达式计算 $i=i_1+i_2$，并画出相量图。

4.2 电阻、电感、电容元件的交流电路

在正弦交流电路中，电阻、电感、电容元件都是电路的基本元件，其电压和电流的相量关系，以及功率和能量情况，是正弦分析的基本依据。

4.2.1 电阻元件的交流电路

在图 4-5(a)所示的电路中，电压和电流采用关联参考方向。设电阻元件的电压和电流为标准正弦表达式，则

$$u = \sqrt{2}U\sin(\omega t + \psi_u)$$

$$i = \sqrt{2}I\sin(\omega t + \psi_i)$$

由欧姆定律可得

$$\begin{aligned} u = Ri &= \sqrt{2}RI\sin(\omega t + \psi_i) \\ &= \sqrt{2}U\sin(\omega t + \psi_u) \end{aligned}$$

对比上式可以看出，电压和电流不但同角频率且同初相位，其有效值之比为

$$\frac{U}{I} = R$$

说明电阻元件的电压有效值与电流有效值之比仍为电阻 R。

将其写成相量形式，即 $\dot{U} = U\angle\psi_u$，$\dot{I} = I\angle\psi_i$，则

$$\begin{cases} \dfrac{\dot{U}}{\dot{I}} = \dfrac{U\angle\psi_u}{I\angle\psi_i} = R \\ \dot{U} = R\dot{I} \end{cases} \tag{4-6}$$

式(4-6)为相量形式的欧姆定律，从变量角度看，它与 $u=Ri$ 和 $U=RI$ 相同，但其物理含义完全不同。

由复数乘法原则，式(4-6)的模关系即有效值关系；式(4-6)的幅角关系即初相关系。只需牢记相量关系式，并按复数运算原则计算就可得到模和幅角的关系。

根据元件功率定义式，可得出电阻元件的瞬时功率，用 p 表示，即

$$\begin{aligned} p = ui &= 2UI\sin^2(\omega t + \psi_i) \\ &= UI[1 - \cos2(\omega t + \psi_i)] \end{aligned}$$

上式中，p 由两部分组成，一部分是常数 UI，另一部分是幅值为 UI、并以 2ω 变化的正弦量，波形见图 4-5(d)。

由于电阻的 u 和 i 同相，它们同时为正，同时为负，所以瞬时功率始终大于或等于零。这表示电阻元件始终将电能转化为其他形式的能量。

将一个周期内电路所消耗的电能平均值定义为平均功率，用 P 表示，即

$$P = \frac{1}{T}\int_0^T p\,\mathrm{d}t = UI = RI^2 = \frac{U^2}{R} \tag{4-7}$$

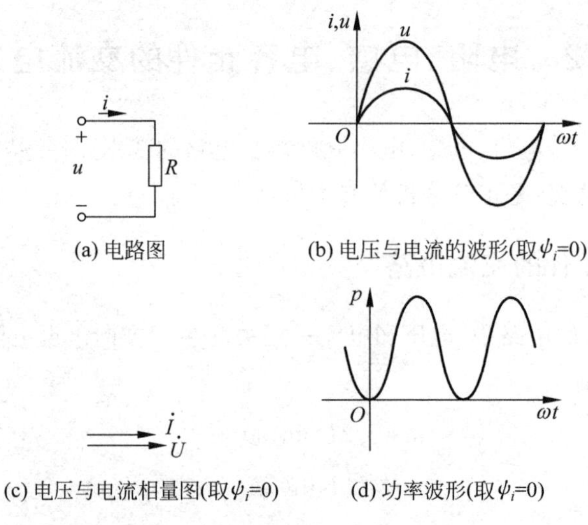

(a) 电路图　(b) 电压与电流的波形(取ψ_i=0)

(c) 电压与电流相量图(取ψ_i=0)　(d) 功率波形(取ψ_i=0)

图 4-5　电阻元件的交流电路

它是瞬时功率中的恒定分量，充分地反映了电阻元件所吸收的功率，也称为有功功率，其单位用 W(瓦)、kW(千瓦)表示。

4.2.2　电感元件的交流电路

在图 4-6(a)所示的电路中，设电感元件的电压和电流也为标准正弦表达式，则

$$u=\sqrt{2}U\sin(\omega t+\psi_u)$$

$$i=\sqrt{2}I\sin(\omega t+\psi_i)$$

由电感元件的电压与电流关系，有

$$\begin{aligned}u&=L\frac{\mathrm{d}i}{\mathrm{d}t}=L\frac{\mathrm{d}[\sqrt{2}I\sin(\omega t+\psi_i)]}{\mathrm{d}t}\\&=\sqrt{2}\omega L\ I\sin\left(\omega t+\psi_i+\frac{\pi}{2}\right)\\&=\sqrt{2}U\sin\left(\omega t+\psi_i+\frac{\pi}{2}\right)\end{aligned}$$

对比上式可以看出，电感元件的电压和电流的角频率相同，但相位上电压超前电流$\frac{\pi}{2}$，其有效值之比为

$$\frac{U}{I}=\omega L=X_L$$

由此可知，电感元件的电压有效值与电流有效值之比为 ωL，称为感抗，单位为 Ω。它表示电感元件对正弦交流电的阻碍能力，X_L 与频率 f 成正比。如果将恒定直流看成 $T=\infty$、$f=0$，则 $X_L=0$，这与电感在直流电路中相当于短路吻合。

将其写成相量形式 $\dot{U}=U\angle\psi_u$、$\dot{I}=I\angle\psi_i$，则

$$\frac{\dot{U}}{\dot{I}}=\frac{U\angle\psi_u}{I\angle\psi_u}=\mathrm{j}\omega L$$

或

$$\dot{U} = \mathrm{j}\omega L\,\dot{I} = \mathrm{j}X_L\,\dot{I} \tag{4-8}$$

式(4-8)既表示电压的有效值等于电流的有效值与感抗的乘积，也表示其电压较电流超前$\frac{\pi}{2}$。相量图见图4-6(c)。

电感元件的瞬时功率为

$$\begin{aligned} p = ui &= 2UI\sin(\omega t+\psi_i+90^\circ)\cdot\sin(\omega t+\psi_i) \\ &= UI\sin 2(\omega t+\psi_i) \end{aligned}$$

由此可见，仍是一个幅值为UI，并以2ω变化的正弦量，波形见图4-6(d)。将电压、电流的一个T分成4个$\frac{T}{4}$，第一个和第三个$\frac{T}{4}$内，$p>0$(u、i同正负)；在第二个和第四个$\frac{T}{4}$内，$p<0$(u和i一正一负)。当$p>0$时，电感元件从电源吸收电能并以磁场形式储存起来；当$p<0$时，电感元件放出它吸收的电能，把能量归还给电源。

分析电感的电流、功率和能量关系可得出以下结论：当$i=\pm I_m$时，其功率p必是从正半周到负半周的过零点，其储存的磁场能量最大；而当$i=0$时，其功率p必是从负半周到正半周的过零点，其储存的磁场能量为零。

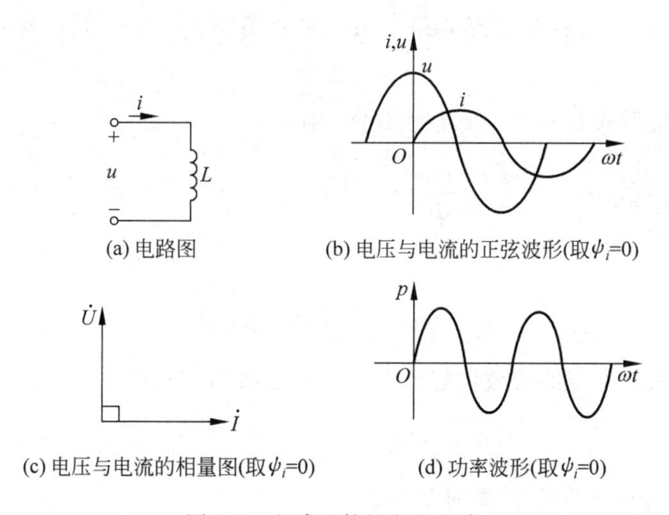

(a) 电路图　(b) 电压与电流的正弦波形(取$\psi_i=0$)

(c) 电压与电流的相量图(取$\psi_i=0$)　(d) 功率波形(取$\psi_i=0$)

图4-6　电感元件的交流电路

对于电感元件，平均功率为

$$P = \frac{1}{T}\int_0^T p\,\mathrm{d}t = \frac{1}{T}\int_0^T UI\sin 2(\omega t+\psi_i)\,\mathrm{d}t = 0 \tag{4-9}$$

对正弦函数而言，对其整数个周期内取定积分，其值一定为零。

电感元件在正弦交流电路中没有消耗电能，只是电感元件与其他元件(电阻除外)间不断地交换功率。用无功功率Q来衡量交换功率的最大值，即

$$Q_L = UI = X_L I^2 = \frac{U^2}{X_L} \tag{4-10}$$

无功功率的单位是乏(var)或千乏(kvar)。

4.2.3 电容元件的交流电路

图 4-7(a)是一个线性电容元件的正弦交流电路，电压和电流仍为关联参考方向。仍用标准正弦表达式，由电容元件的电压与电流关系，有

$$
\begin{aligned}
i &= C\frac{\mathrm{d}u}{\mathrm{d}t} = C\frac{\mathrm{d}[\sqrt{2}U\sin(\omega t+\psi_u)]}{\mathrm{d}t} \\
&= \sqrt{2}\omega CU\sin\left(\omega t+\psi_u+\frac{\pi}{2}\right) \\
&= \sqrt{2}I\sin(\omega t+\psi_i)
\end{aligned}
$$

由上式可知，电容元件的电压与电流角频率相同，但相位上 i 超前 u $\frac{\pi}{2}$，其有效值之比为

$$\frac{U}{I} = \frac{1}{\omega C} = X_C$$

由此可知，电容元件的电压有效值与电流有效值之比为$\frac{1}{\omega C}$，称为容抗，单位为 Ω。它表示电容元件对正弦交流电的阻碍能力，X_C 与频率 f 成反比，如果将恒定直流看成 $T=\infty$、$f=0$，则 $X_C=\infty$，这与电容在直流电路中相当于开路吻合。电容元件有隔直流、通交流的作用。

将其写成相量形式 $\dot{U}=U\angle\psi_u$、$\dot{I}=I\angle\psi_i$，则

$$\frac{\dot{U}}{\dot{I}} = \frac{U\angle\psi_u}{I\angle\psi_i} = -\mathrm{j}\frac{1}{\omega C}$$

或

$$\dot{U} = -\mathrm{j}\frac{1}{\omega C}\dot{I} = -\mathrm{j}X_C\dot{I} \tag{4-11}$$

式(4-11)既表示电压的有效值等于电流的有效值与容抗的乘积，也表示在相位上电压较电流滞后$\frac{\pi}{2}$。

根据元件功率的定义式，其瞬时功率为

$$
\begin{aligned}
p = ui &= 2UI\sin(\omega t+\psi_u)\cdot\sin\left(\omega t+\psi_u+\frac{\pi}{2}\right) \\
&= UI\sin2(\omega t+\psi_u) \\
&= -UI\sin2(\omega t+\psi_i)
\end{aligned}
$$

由上式可见，p 是一个以 2ω 为角频率随时间而变化的正弦量，其幅值为 UI，波形见图 4-7(d)。

在第一个和第三个$\frac{T}{4}$内，电压绝对值上升，电容从电源吸收电能并以电场形式储存起来，是充电。在第二个和第四个$\frac{T}{4}$内，电压绝对值下降，电容元件将吸收的电能释放出来，是放电。

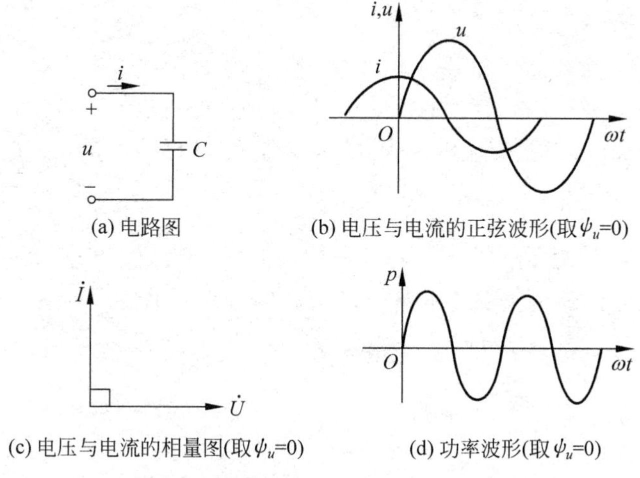

(a) 电路图　(b) 电压与电流的正弦波形(取ψ_u=0)

(c) 电压与电流的相量图(取ψ_u=0)　(d) 功率波形(取ψ_u=0)

图 4-7　电容元件的交流电路

分析电容的电压、功率和能量关系可得出以下结论：当 $u=\pm U_{\mathrm{m}}$ 时，其功率 p 必是从正半周到负半周的过零点，其储存的电场能量最大；而当 $u=0$ 时，其功率 p 必是从负半周到正半周的过零点，其储存的电场能量为零。

对电容元件而言，平均功率为

$$P=\frac{1}{T}\int_0^T p\mathrm{d}t=\frac{1}{T}\int_0^T UI\sin 2(\omega t+\psi_u)\mathrm{d}t=0 \tag{4-12}$$

这说明电容元件不消耗电能，它只是不停地与外界之间互相交换能量。无功功率是交换功率的最大值。

为了与电感元件的无功功率相一致，设 $i=\sqrt{2}I\sin(\omega t)$，则

$$u_L=\sqrt{2}U_L\cos(\omega t)$$

$$u_C=-\sqrt{2}U_C\cos(\omega t)$$

$$p_L=U_LI\sin(2\omega t),\quad p_C=-U_CI\sin(2\omega t)$$

所以

$$Q_C=-U_CI=-X_CI^2=-\frac{U_C^2}{X_C} \tag{4-13}$$

电容元件的无功功率为负，与电感元件正好相反。无功功率的正负表示了电容元件与电感元件交换功率的时刻正好相反，即电容吸收时电感正好放出、电容放出时电感正好吸收。两者之间可以相互交换功率，减少了与电源的功率交换。

【练习与思考】

4-8　指出下列各式哪些正确、哪些错误。

(1) $\dfrac{u_L}{i_L}=X_L$

(2) $\dfrac{u_C}{i_C}=\omega C$

(3) $\dot{I}_L=-\mathrm{j}\dfrac{\dot{U}}{\omega L}$

(4) $X_L = \mathrm{j}2\pi fL$

(5) $Q_C = X_C I_C^2$

(6) $P_L = U_L I_L$

4-9　在电容元件的正弦交流电路中，$C=1\mu\mathrm{F}$，$f=50\mathrm{Hz}$。

(1) 已知 $u=220\sqrt{2}\sin(\omega t+30°)\mathrm{V}$，求电流 i。

(2) 已知 $\dot{I}=0.2\angle(-60°)\mathrm{A}$，求 u。

4-10　在电感元件的正弦交流电路中，$L=0.2\mathrm{H}$，$f=50\mathrm{Hz}$。

(1) 已知 $i=5\sqrt{2}\sin(\omega t-30°)\mathrm{A}$，求电压 u。

(2) 已知 $\dot{U}=100\angle(-60°)\mathrm{V}$，求 i。

4.3　交流电路分析

比较电阻、电感和电容元件电压与电流的时域形式和相量形式，可以发现其时域形式有着较大的差别，但其相量关系式却有相似之处，可以用复阻抗来统一它们的电压与电流关系的相量形式。

4.3.1　阻抗

复阻抗(简称阻抗)定义电阻、电感和电容元件电压相量与元件电流相量之比，即

$$\begin{cases} Z = \dfrac{\dot{U}}{\dot{I}} \\ \dot{U} = Z\dot{I} \end{cases} \tag{4-14}$$

该表达式用阻抗来表示元件的电压和电流关系，电阻、电感、电容元件都是阻抗，分别为 $Z_R=R$、$Z_L=\mathrm{j}\omega L$、$Z_C=-\mathrm{j}\dfrac{1}{\omega C}$。$Z$ 是复数，但不是相量，更没有正弦量与之对应。若写成 $Z=|Z|\angle\varphi$，则 $|Z|$ 为阻抗的模、φ 为阻抗角；若写成 $Z=R+\mathrm{j}X$，则 R 为实部是电阻、X 为虚部是电抗。该定义式可推广到由电阻、电感和电容元件组成的无源二端网络。

4.3.2　基尔霍夫定律的相量形式

对于电路中任一结点，有

$$\sum i = 0$$

当式中的电流都是同频率的正弦量时，其相量形式为

$$\sum \dot{I} = 0 \tag{4-15}$$

即任一结点上同频正弦电流所对应相量的代数和为零。式(4-15)称为 KCL 的相量形式。

对于电路中任一回路，有

$$\sum u = 0$$

当式中的电压都是同频正弦量时，其相量形式为

$$\sum \dot{U} = 0 \tag{4-16}$$

即任一回路中同频正弦电压所对应相量的代数和为零。式(4-16)称为 KVL 的相量形式。

4.3.3　两组关系式的类比

现将电阻电路的时域表达式，与一般正弦电路的相量表达式重写如下，作一类比，即

$$\begin{cases} \text{电阻电路的时域表达式} \\ \sum i = 0 \\ \sum u = 0 \\ u = Ri \\ \begin{cases} u_s = f(t)\text{(已知时间函数)} \\ i \text{ 由 KCL 决定} \end{cases} \\ \begin{cases} i_s = f(t)\text{(已知时间函数)} \\ u \text{ 由 KVL 决定} \end{cases} \end{cases} \qquad \begin{cases} \text{正弦电路的相量表达式} \\ \sum \dot{I} = 0 \\ \sum \dot{U} = 0 \\ \dot{U} = Z\dot{I} \\ \begin{cases} \dot{U}_s\text{(已知相量)} \\ \dot{I} \text{ 由 KCL 决定} \end{cases} \\ \begin{cases} \dot{I}_s\text{(已知相量)} \\ \dot{U} \text{ 由 KVL 决定} \end{cases} \end{cases}$$

通过比较，两组关系式的数学关系形式完全相同，只需将电阻电路关系式中的 u、i、R 分别用$\dot{U}$、$\dot{I}$ 、Z 来替换，就可得出正弦电路分析中的相量关系式。

因此，可将电阻电路由上述关系式为基础的各种分析方法和定理照搬到正弦电路分析中来。只需将变量作对应替换，就可得到对应的电路和公式。但要注意，这种关系式的相同是数学形式上的，而不是物理含义上的，且电阻电路的计算属实数运算，而相量的计算则是复数运算。

元件 VCR 的相量形式是复数的乘除法形式，可以分别得出其模和幅角的关系，分别使用。但相量形式的 KCL 和 KVL 是复数的加、减形式，只有知道正弦量的初相，才能转换成复数的代数形式进行加、减法运算。如果电路中没有给定任何一个电压或电流的初相，则可设其中一个物理量的初相为 0°。该物理量应当很好地联系其他电压和电流，通常并联电路设并联电压的初相为 0°，而串联电路设串联电流的初相为 0°。

【例 4-2】 将两个电阻并联的电路与两阻抗并联的电路作一类比。

【解】 当两个电阻和两个阻抗并联时，其电路图 4-8 所示，其电路的基本关系式为

两个电阻并联关系式：

$$\begin{cases} i = i_1 + i_2 \\ u = R_1 i_1 \\ u = R_2 i_2 \\ R_{eq} = \dfrac{u}{i} \end{cases}$$

两个阻抗并联关系式：

$$\begin{cases} \dot{I} = \dot{I}_1 + \dot{I}_2 \\ \dot{U} = Z_1 \dot{I}_1 \\ \dot{U} = Z_2 \dot{I}_2 \\ Z_{eq} = \dfrac{\dot{U}}{\dot{I}} \end{cases}$$

由基本关系得出的并联相关公式为

两个电阻并联的公式：

$$\begin{cases} R_{eq} = \dfrac{R_1 R_2}{R_1 + R_2} \\ i = \dfrac{u}{R_{eq}} \\ i_1 = \dfrac{R_2}{R_1 + R_2} i \\ i_2 = \dfrac{R_1}{R_1 + R_2} i \end{cases}$$

两个阻抗并联的公式：

$$\begin{cases} Z_{eq} = \dfrac{Z_1 Z_2}{Z_1 + Z_2} \\ \dot{I} = \dfrac{\dot{U}}{Z_{eq}} \\ \dot{I}_1 = \dfrac{Z_2}{Z_1 + Z_2} \dot{I} \\ \dot{I}_2 = \dfrac{Z_1}{Z_1 + Z_2} \dot{I} \end{cases}$$

只需知道两个电阻并联的基本方程和相关公式，用$\dot{U}$、$\dot{I}$、$\dot{I}_1$、$\dot{I}_2$、Z_{eq}、Z_1、Z_2 来分别替代 u、i、i_1、i_2、R_{eq}、R_1、R_2，就可直接写出两阻抗并联时的基本方程和相关公式。

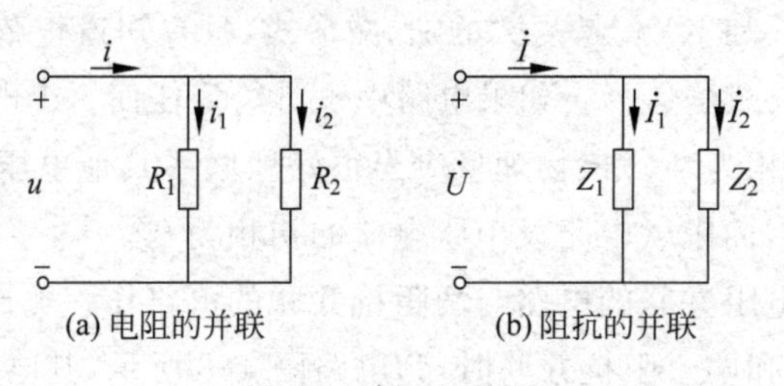

图 4-8　例 4-2 的图

注意 $i=i_1+i_2$ 与 $\dot{I}=\dot{I}_1+\dot{I}_2$ 表达式对应，但是$\dot{I}$、$\dot{I}_1$、$\dot{I}_2$ 为复数，一般而言，$I \neq I_1+I_2$，不可盲目套用电阻电路的结论。

【例 4-3】 在图 4-9 所示电路中，$X_L=X_C=R$，且已知电流表 A_1 的读数为 1A，试问 A_2 和 A_3 的读数为多少？

解题思路：一般情况下不计电表对电路的影响，即电流表相当于短路，电压表相当于开路。本电路是 RLC 的并联电路，电路中没有给定任何一个电压或电流的初相，可设并联电压的初相为 0°。

【解】 设$\dot{U}=U\underline{/0°}$，则

$$\dot{I}_L=-\mathrm{j}\frac{\dot{U}}{\omega L}=-\mathrm{j}\frac{\dot{U}}{R}$$

$$\dot{I}_R=\frac{\dot{U}}{R}$$

$$\dot{I}_3=\mathrm{j}\frac{\dot{U}}{X_C}=\mathrm{j}\frac{\dot{U}}{R}$$

由 KCL，有

$$\dot{I}_1=\dot{I}_L+\dot{I}_3+\dot{I}_R$$

A_1 测 I_1 为 1A，所以$\dot{I}_L=-\mathrm{j}1\mathrm{A}$，$\dot{I}_3=\mathrm{j}1\mathrm{A}$，$\dot{I}_R=1\mathrm{A}$，也可以由三元件的 VCR 幅角的关系直接得出 A_3 的读数为 1A。

$$\dot{I}_2=\dot{I}_3+\dot{I}_R=\sqrt{2}\underline{/45°}\mathrm{A}$$

A_2 的读数为 1.41A。

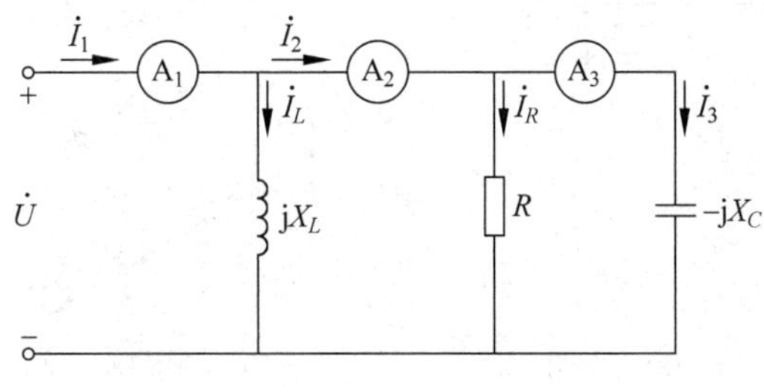

图 4-9　例 4-3 的图

【例 4-4】 在图 4-10(a)所示 RLC 串联电路中，$\omega=314\mathrm{rad/s}$，$R=40\Omega$，$L=127\mathrm{mH}$，$C=40\mu\mathrm{F}$。设 $u=220\sqrt{2}\sin(\omega t+30°)\mathrm{V}$：(1)求电流 i 及 u_R、u_L、u_C；(2)作相量图；(3)对任意参数的 RLC 串联电路，是否有 U_R、U_L、$U_C\geqslant U$？

【解】 电阻、电感、电容都是阻抗，其串联就是阻抗的串联。

(1)

$$X_L=\omega L=40\Omega$$

$$X_C=\frac{1}{\omega C}=80\Omega$$

$$\begin{aligned}Z&=Z_R+Z_L+Z_C\\&=R+\mathrm{j}(X_L-X_C)\\&=40\sqrt{2}\underline{/(-45°)}\Omega\end{aligned}$$

等效阻抗 $Z=R+\mathrm{j}X$，如果 $X<0$，则为容性负载；如果 $X>0$，则为感性负载。

$$\dot{I}=\frac{\dot{U}}{Z}=\frac{220\underline{/30°}}{40\sqrt{2}\underline{/(-45°)}}=2.75\sqrt{2}\underline{/75°}\mathrm{A}$$

$$\dot{U}_R=R\dot{I}=40\times2.75\sqrt{2}\underline{/75°}=110\sqrt{2}\underline{/75°}\mathrm{V}$$

$$\dot{U}_L=\mathrm{j}X_L\dot{I}=\mathrm{j}40\times2.75\sqrt{2}\underline{/75°}=110\sqrt{2}\angle165°\mathrm{V}$$

$$\dot{U}_C = -\mathrm{j}X_C\dot{I} = -\mathrm{j}80 \times 2.75\underline{/75^\circ} = 220\sqrt{2}\underline{/(-15^\circ)}\,\mathrm{V}$$

于是

$$i = 5.5\sin(314t + 75^\circ)\,\mathrm{A}$$
$$u_R = 220\sin(314t + 75^\circ)\,\mathrm{V}$$
$$u_L = 220\sin(314t + 165^\circ)\,\mathrm{V}$$
$$u_C = 440\sin(314t - 15^\circ)\,\mathrm{V}$$

注意$\dot{U}=\dot{U}_R+\dot{U}_L+\dot{U}_C$，但$U\neq U_R+U_L+U_C$。

(2) 电压和电流的相量图如图4-10(b)所示，电压相量即KVL的相量形式。

(3) 设串联电流的初相为0°，由元件相量的VCR幅角的关系，有

$$\dot{U}_R = U_R,\quad \dot{U}_L = \mathrm{j}U_L,\quad \dot{U}_C = -\mathrm{j}U_C$$
$$\dot{U} = \dot{U}_R + \dot{U}_L + \dot{U}_C = U_R + \mathrm{j}(U_L - U_C)$$
$$U = \sqrt{U_R^2 + (U_L - U_C)^2}$$

$U_R\leqslant U$，$|U_L-U_C|\leqslant U$，所以U_L、U_C可以大于或小于U。

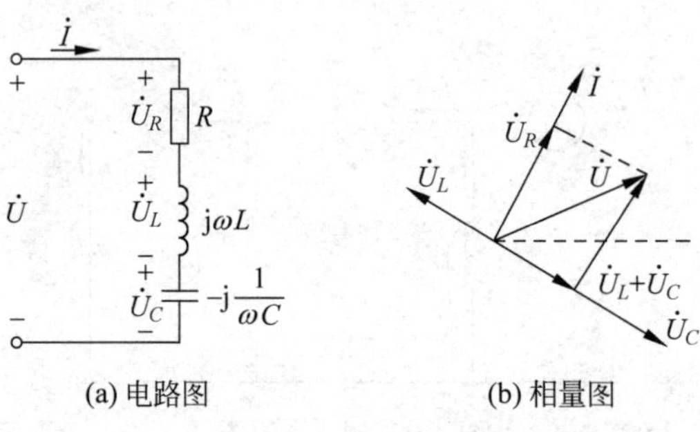

(a) 电路图　　(b) 相量图

图4-10　例4-4的图

【例4-5】 在图4-11中，试：(1)求等效阻抗Z；(2)若$\dot{I}_S=1\underline{/0^\circ}\mathrm{A}$，求电路中的$\dot{U}$、$\dot{I}_1$、$\dot{I}_2$；(3)若$I_2=1\mathrm{A}$，求$I_1$、$I_S$、$U$。

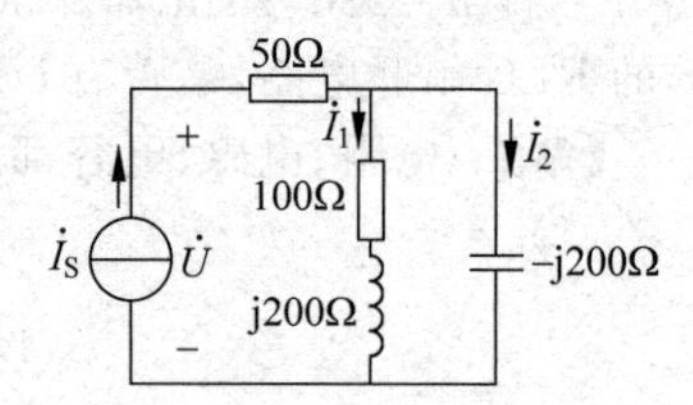

图4-11　例4-5的图

【解】 阻抗串、并联与电阻串、并联公式相仿。

(1) 等效阻抗为

$$Z = 50 + \frac{(100+\mathrm{j}200)(-\mathrm{j}200)}{100+\mathrm{j}200-\mathrm{j}200} = 492.4\underline{/(-24^\circ)}\,\Omega$$

(2) $\dot{I}_1 = \dfrac{-\mathrm{j}200}{100+\mathrm{j}200-\mathrm{j}200}\dot{I}_S = 2\underline{/(-90^\circ)}\,\mathrm{A}$

$$\dot{I}_2 = \frac{100+\mathrm{j}200}{100+\mathrm{j}200-\mathrm{j}200}\dot{I}_S = \sqrt{5}\underline{/63.4^\circ}\,\mathrm{A}$$

$$\dot{U} = Z\dot{I}_S = 50\dot{I}_S + (-\mathrm{j}200)\dot{I}_2 = 50\dot{I}_S + (100+\mathrm{j}200)\dot{I}_1 = 492.4\underline{/(-24^\circ)}\,\mathrm{V}$$

(3) 设$\dot{I}_2 = 1\underline{/0^\circ}\mathrm{A}$，则

$$\dot{I}_1 = \frac{-\mathrm{j}200}{100+\mathrm{j}200}\dot{I}_2 = 0.894\underline{/(-153.4^\circ)}\,\mathrm{A}$$

$$\dot{I}_S = \frac{100}{100+\mathrm{j}200}\dot{I}_2 = 0.447\underline{/(-63.4^\circ)}\,\mathrm{A}$$

$$\dot{U} = Z\dot{I}_S = 220.2\angle(-87.4°)\text{V}$$

设基准相量后，由相量关系式求其他电压和电流相量。基准相量的幅角不同，则其他电压、电流的幅角也不同，但是这不影响这些电压、电流的有效值。即 $I_1 = 0.894\text{A}$、$I_S = 0.477\text{A}$、$U = 220.2\text{V}$。

(4) 用取模法再计算(3)，得

$$I_1 = \frac{200}{\sqrt{100^2 + 200^2}} I_2 = 0.894\text{A}$$

$$I_S = \frac{100}{\sqrt{100^2 + 200^2}} I_2 = 0.477\text{A}$$

$$U = |Z| I_S = 220.2\text{V}$$

取模法只适用于复数的乘除运算，不适用于复数的加减运算，相量形式的 KCL、KVL 不能直接使用。

【练习与思考】

4-11　无源二端网络中，端电压和端电流采用关联参考方向，计算下列各题，并说明负载的性质。

(1) $\dot{U} = 100\angle 60°\text{V}, Z = (5 - \text{j}5)\Omega, \dot{I} = ?$

(2) $\dot{U} = -50\text{e}^{\text{j}30°}\text{V}, \dot{I} = 5\angle(-60°)\text{A}, R = ?X = ?$

4-12　RLC 并联电路中，是否会出现 $I_R \geqslant I$？I_L、$I_C \geqslant I$？

4-13　在图 4-12 所示电路中，判断电路图中的电压、电流和电路的阻抗模的答案是否正确？

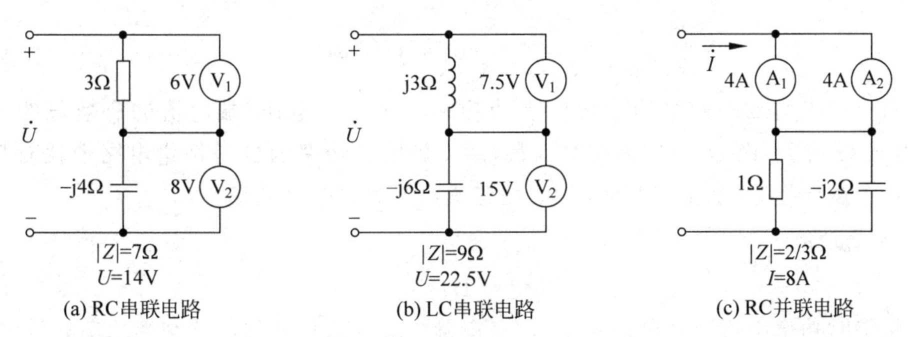

图 4-12　练习与思考 4-13 的图

4-14　在图 4-13 所示电路中，试求各电路的阻抗，并问电压 u 是超前还是滞后于 i？

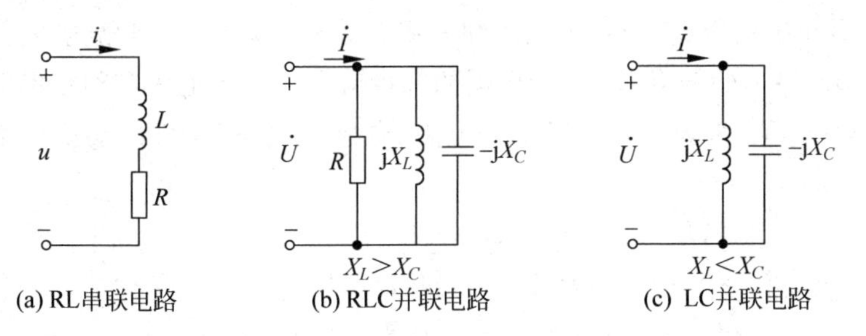

图 4-13　练习与思考 4-14 的图

4.4 功率与功率因数的提高

前面介绍了单一元件的瞬时功率、有功功率和无功功率，现将其推广到一般的二端网络。

4.4.1 功率的定义

图 4-14 所示为二端网络，为方便起见，设 $i=\sqrt{2}I\sin\omega t$，$u=\sqrt{2}U\sin(\omega t+\varphi)$。其中 φ 为 u 超前 i 的角度，当 N 为无源二端网络时，φ 为阻抗角。其瞬时功率为

$$\begin{aligned} p &= ui \\ &= 2UI\sin(\omega t+\varphi)\cdot\sin\omega t \\ &= UI[\cos\varphi-\cos(2\omega t+\varphi)] \\ &= UI\cos\varphi(1-\cos2\omega t)+UI\sin\varphi\cdot\sin2\omega t \end{aligned}$$

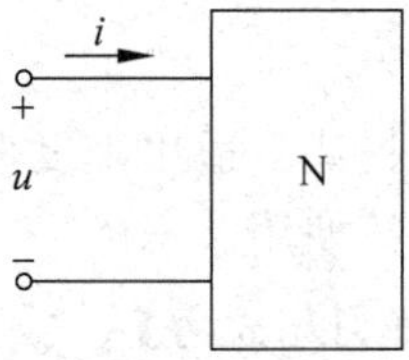

图 4-14 二端网络

它是一个 2ω 频率的正弦周期函数和直流组成的非正弦周期函数。当 N 为无源二端网络时，其中第一项始终大于或等于零，代表等效电阻消耗的功率；第二项是可逆的，代表等效电抗与外电路交换的功率。在电压、电流的一个周期内，它的均值为零。

为全面、确切地反映正弦电路的功率特点，将功率具体分为有功功率和功率因数、无功功率及视在功率几种。

1. 有功功率(平均功率)和功率因数

$$P=\frac{1}{T}\int_0^T p\mathrm{d}t=UI\cos\varphi \tag{4-17}$$

式(4-17)表明二端网络所消耗的有功功率不仅与端电压、端电流的有效值的乘积有关，还与 $\cos\varphi$ 有关，而 $\cos\varphi$ 称为功率因数，用 λ 表示。功率因数是衡量电路消耗有功功率效率的一个重要指标，功率因数越高，消耗有功功率的效率就越高。

2. 无功功率

$$Q=UI\sin\varphi \tag{4-18}$$

它是瞬时功率中可逆部分的振幅，用来衡量二端网络与外部电路交换功率的最大值。

3. 视在功率

$$S=UI=|Z|I^2 \tag{4-19}$$

类似于瞬时功率的定义，规定为电压和电流有效值的乘积，可理解为看起来像功率。其单位用 VA(伏安)，kVA(千伏安)。变压器的容量就是以额定电压和额定电流的乘积，即额定视在功率 $S_N=U_NI_N$ 来表示的。以下是电阻、电感、电容三元件的功率因数和有功功率、无功功率、视在功率。

电阻元件：$\cos0°=1$，$P=UI=RI^2$，$Q=0$，$S=UI$。

电感元件：$\cos90°=0$，$P=0$，$Q=UI=X_LI^2$，$S=UI$。

电容元件：$\cos(-90°)=0$，$P=0$，$Q=-UI=-X_CI^2$，$S=UI$。

当 RLC 串联时，由图 4-10(b)所示的相量图可知 $U\cos\varphi=U_R$，$P=UI\cos\varphi=U_RI=RI^2$，

仍只有电阻元件消耗有功功率；同理 $U\sin\varphi=U_L-U_C$，$Q=UI\sin\varphi=U_LI-U_CI$，仍只有电感和电容元件消耗无功功率。本来无功功率只反映交换功率的最大值，无正负之分，但还是借用有功的说法，说电感消耗无功，电容发出无功。进一步推广为，由电阻、电感和电容元件组成的无源二端网络消耗的有功功率就是网络内每个电阻消耗的有功功率之和，也是等效阻抗中等效电阻消耗的有功功率；消耗的无功功率就是整个网络内每个电感和每个电容所消耗的无功功率之和，也是等效阻抗中等效电抗消耗的无功功率。通常无源二端网络消耗的功率又称为电路消耗的功率。

4.4.2 功率的测量与计算

图 4-15 是电动式功率表的接线。图中固定线圈的匝数较少，导线较粗，与负载串联，作为电流线圈。可动线圈的匝数较多，导线较细，与负载并联，作为电压线圈。

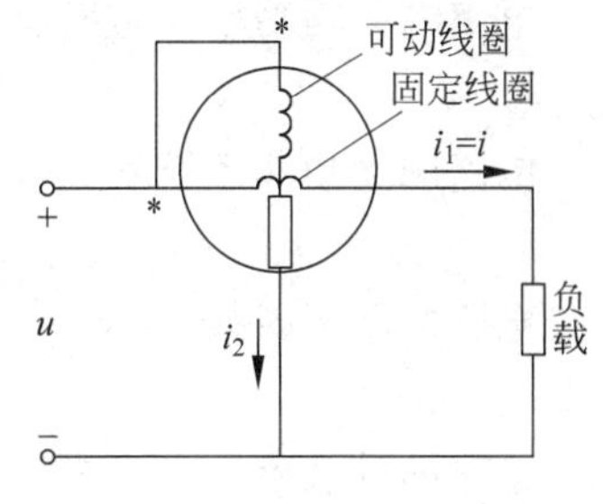

图 4-15 功率表的接线

由于并联线圈用于测负载电压，所以串有高阻值的倍压器，可忽略其感抗，认为电流 i_2 与 u 同相。当测量交流功率时，其功率表指针的偏转角 α 表示为

$$\alpha = I_2I_1\cos\varphi = KUI\cos\varphi = KP$$

可见，电动式功率表指针的偏转角 α 与电路的有功功率 P 成正比。

如果将电动式功率表的两个线圈中的一个反接，则指针反向偏转，不能读出功率的数值。因此，为保证功率表正确连接，在两个线圈的始端标以“*”号，这两端均连在电源的同一端。

功率表的电压线圈和电流线圈各有其量程。改变电压量程的方法和电压表一样，即改变倍压器的电阻值。电流线圈常常由两个相同的线圈组成，当两个线圈并联时，电流量程要比串联时大一倍。同理，电动式功率表也可测量直流功率。

现在的智能功率表不仅测量功率 P，还测量功率因数 λ，并判断负载的性质。λ：L 表示感性负载，即 $\cos\varphi$、φ、$\sin\varphi$ 都是正；λ：C 表示容性负载，即 $\cos\varphi$ 是正，但 φ、$\sin\varphi$ 都是负。

【例 4-6】 以 RLC 串联电路为例，说明无功功率正负的合理性。

【解】 为方便起见，设 $i_L=\sqrt{2}I_L\sin(\omega t)$，则 $u_C=\sqrt{2}U_C\sin\left(\omega t-\frac{\pi}{2}\right)$，如图 4-16 所示，将一个周期分成 4 个 $\frac{T}{4}$，在 $0\sim\frac{T}{4}$ 内，$|i_L|\uparrow$，$|u_C|\downarrow$，所以 $W_L\uparrow$，$W_C\downarrow$，说明电容放出电能，而电感吸收电能。在第二个 $\frac{T}{4}$ 内，$|i_L|\downarrow$，$|u_C|\uparrow$，所以 $W_L\downarrow$，$W_C\uparrow$，说明电容吸收电能，而电感放出电能。第三个 $\frac{T}{4}$ 与第一个 $\frac{T}{4}$ 相同，第四个 $\frac{T}{4}$ 与第二个 $\frac{T}{4}$ 相同。

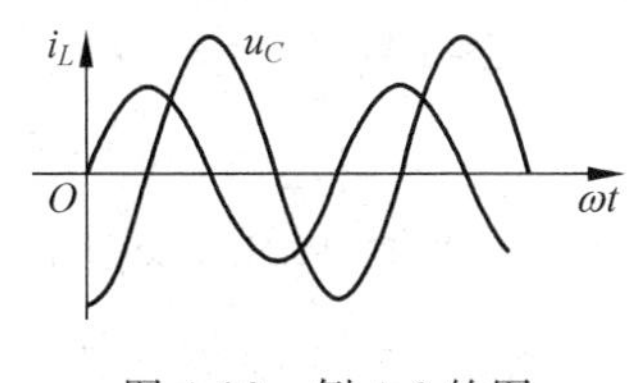

图 4-16 例 4-6 的图

在任何时刻，当电感吸收电能时，电容就放出电能；而电感放出电能时，电容一定吸收电能。当电路既有电感元件又有电容元件时，它们可以相互交换电能，这样就减少与外电路的能量交换。当电感的无功功率规定为正时，电容的无功功率

就应规定为负。

【例 4-7】 求例 4-5 电路的有功功率、无功功率和功率因数。

【解】 电路有功功率的一般表达式为

$$P = UI_S\cos\varphi = 492.4 \times 1 \times \cos(-24^\circ) = 449.8\text{W}$$

电路的有功功率就是所有电阻元件消耗有功功率的和，即

$$P = 50I_S^2 + 100I_1^2 = 450\text{W}$$

电路的有功功率就是等效阻抗中电阻消耗的有功功率，即

$$P = 450I_S^2 = 450\text{W}$$

电路的无功功率的一般表达式为

$$Q = UI_S\sin\varphi = 492.4 \times 1 \times \sin(-24^\circ) = -200.3\text{var}$$

电路的无功功率就是所有电感元件和电容元件消耗无功功率的和，即

$$Q = 200I_1^2 - 200I_2^2 = -200\text{var}$$

电路的无功功率就是等效阻抗中电抗消耗的无功功率，即

$$Q = -200I_S^2 = -200\text{var}$$

电路的功率因数为

$$\cos\varphi = \cos(-24^\circ) = 0.91$$

电路的等效阻抗为

$$Z = 450 - \text{j}200 = 492.4\left(\frac{450}{\sqrt{450^2 + (-200)^2}} - \text{j}\frac{200}{\sqrt{450^2 + (-200)^2}}\right)\Omega$$

即

$$\cos\varphi = \frac{450}{\sqrt{450^2 + (-200)^2}} = 0.91$$

$$\sin\varphi = -\frac{200}{\sqrt{450^2 + (-200)^2}} = -0.41$$

以上关系在功率计算中经常使用，要熟练掌握。

【例 4-8】 图 4-17 所示电路是用三表法（交流电压表、电流表及功率表）参数的实验电路。电源电压保持 100V，工频电源：①被测量对象是一只 4.3μF 的电容器时，电流为 0.15A，功率表的功率为 0.16W，功率因数为 0.01；②被测量对象为一只 40W、220V 的灯泡，电流为 0.084A，功率表的功率为 7.36W，功率因数为 1；③①和②串联时，电流为 0.081A，功率表的功率为 5.95W，功率因数为 0.85。

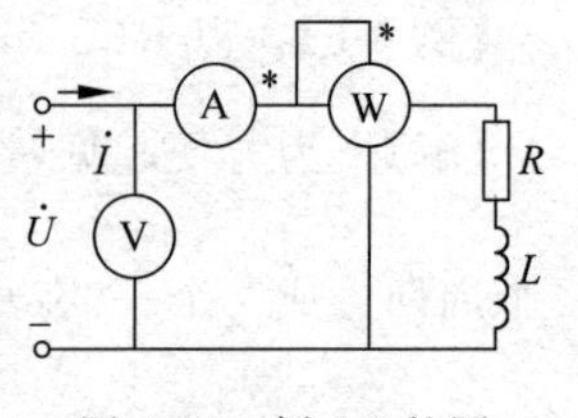

图 4-17 例 4-8 的图

【解】 有以下两种方法计算参数。

(1) $Z=R+\text{j}X, |Z|=\dfrac{U}{I}=\sqrt{R^2+X^2}$，则 $Z=|Z|\angle\varphi$ 即可求出，当功率因数为 L 时，$\cos\varphi$ 为正，φ 也是正；否则，当功率因数为 C 时，$\cos\varphi$ 为正，φ 取负；此时用功率表的 λ 值，不用 P。

(2) $Z=R+\text{j}X, |Z|=\dfrac{U}{I}=\sqrt{R^2+X^2}, R=\dfrac{P}{I^2}, X=\pm\sqrt{|Z|^2-R^2}$，$X$ 的正负号由功率因数的性质来确定，即功率因数 L 时，X 取正号；否则，X 取负号。只用功率表的 P 和 λ 的负

载性质，不用λ的大小。

当负载是①时，$Z=|Z|\angle\varphi=666.67\angle(-89.4°)=(6.67-\mathrm{j}666.6)\Omega$，$|X|=\frac{1}{314C}=666.6\Omega$，$C=4.7\mu F$，$R=6.67\Omega$，或者$R=\frac{P}{I^2}=7.11\Omega$，$X=-\sqrt{|Z|^2-R^2}=-666.6\Omega$，基本相同。等效为一个电阻和电容元件的串联。

当负载是②时，$Z=|Z|\angle\varphi=1190.5\angle 0°=1190.5\Omega$或者$R=\frac{P}{I^2}=1043\Omega$，就等效为一电阻元件。

当负载是③时，$Z=|Z|\angle\varphi=1234.6\angle(-31.78°)=(1049.4-\mathrm{j}650.4)\Omega$，$|X|=\frac{1}{314C}=650.4\Omega$，$C=4.9\mu F$，$R=1049.4\Omega$，或者$R=\frac{P}{I^2}=906.9\Omega$，$|X|=\sqrt{|Z|^2-R^2}=837.7\Omega$，$C=3.8\mu F$，误差较大，这是因为灯泡的非线性原因以及测量误差等造成的。

理论上，负载③的电容与负载②的电容相同，负载③的电阻是负载①电阻和负载②的电阻之和。

【例4-9】 在图4-18中，当S闭合时，电流表读数为10A，功率表读数为1000W；当S打开后电流表的读数$I'=12A$，功率表读数为$P'=1600W$，试求Z_1和Z_2。

【解】 因$\varphi_1>0$，所以Z_1为感性，设$Z_1=R_1+\mathrm{j}X_1=|Z_1|\angle\varphi_1(X_1>0)$；而$Z_2$可以是感性也可以是容性，设$Z_2=R_2\pm\mathrm{j}X_2=|Z_2|\angle\varphi_2(X_2>0)$。当S闭合时，$Z_1$被短路，有

$$|Z_2|=\frac{U}{I}=22\Omega,\quad R_2=\frac{P}{I^2}=10\Omega,\quad X_2=\sqrt{|Z_2|^2-R_2^2}=19.6\Omega$$

当S打开时，Z_1和Z_2串联，则

$$Z=Z_1+Z_2=(R_1+R_2)+\mathrm{j}(X_1\pm X_2)=|Z|\angle\varphi$$

$$|Z|=\frac{U}{I'}=18.33\Omega,\quad P'=(R_1+R_2)I'^2$$

$$R_1=\frac{P'}{I'^2}-R_2=1.11\Omega,\quad X=\sqrt{|Z|^2-(R_1+R_2)^2}=14.58\Omega$$

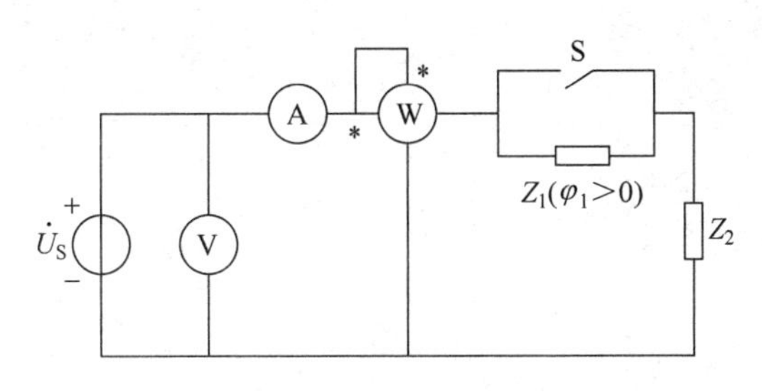

图4-18　例4-9的图

由于在U相同情况下，$I'>I$，说明$|Z|<|Z_2|$，而Z_1为感性，则Z_2必须为容性。但X_1-X_2仍可能是感性或容性，$\pm X$分别表示感性或容性。

$$\pm X=X_1-X_2,\quad 即\ X_1=\pm X+X_2$$

$$X_1=X+X_2=34.18\Omega$$

$$X_1 = -X + X_2 = 5.02\Omega$$

则

$Z_1 = R_1 + jX_1 = (1.11 + j34.18)\Omega$ 或 $Z_1 = R_1 + jX_1 = (1.11 + j5.02)\Omega$

$Z_2 = R_2 + jX_2 = (10 - j19.6)\Omega$

注意：要全面考虑问题，没有依据不要轻率下结论。

4.4.3 功率因数提高

在正弦交流电路中，电路消耗的有功功率 $P=UI\cos\varphi$，而 φ 与电路参数和电源频率有关。功率因数低会带来两方面的影响。

1. 使线路损耗增大

由 $P=UI\cos\varphi$ 知，当 P 与 U 一定时，I 与 $\cos\varphi$ 成反比。设线路电阻为 r，则线路有功损耗为 I^2r，所以功率因数低，则线路损耗增大。线路损耗（简称线损）是电网重要的经济指标。

2. 使电源利用率低

发电设备输出功率 $P=U_N I_N\cos\varphi$，其中 U_N 和 I_N 是额定电压和额定电流，不允许超过，$\cos\varphi$ 为负载的功率因数。如果功率因数低，就降低了发电设备的利用率。例如，容量为 1000kVA 的变压器，如果 $\cos\varphi=1$，能提供 1000kW 的有功功率，而 $\cos\varphi=0.6$ 时，只提供 600kW 的有功功率。因此，希望提高功率因数。当电源频率一定时，功率因数取决于负载，大量感性负载的电流按正弦规律变化，其储能也周期地变化，就需要与外界交换电能。例如，工业生产中大量使用的异步电动机在额定负载时的功率因数为 0.7～0.9，其空载时最低可到 0.2～0.3。从技术经济观点出发，既要保证感性负载所需的无功功率，又要减小电源与负载之间的能量互换。

按照供电规则，高压供电的工业企业的平均功率因数不低于 0.95，其他单位不低于 0.9。

提高功率因数常见的方法就是在电感性负载两端并联静电电容器（设置在用户或变电所内），其电路图和相量图如图 4-19 所示。

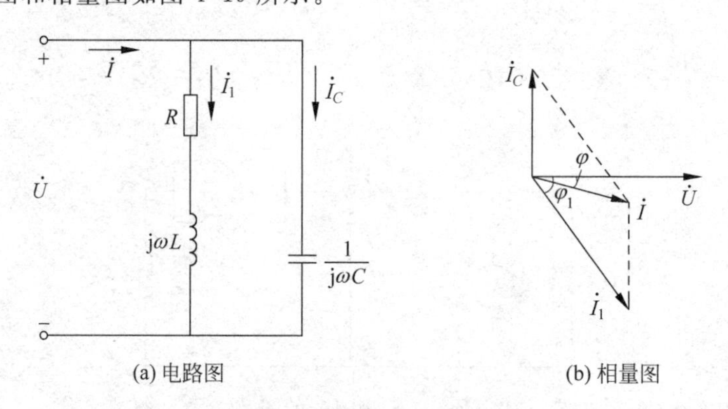

(a) 电路图　　(b) 相量图

图 4-19　电容器与电感性负载并联来提高功率因数

并联电容器后，电源的电压和感性负载的参数不变，$I_1 = \dfrac{U}{\sqrt{R^2+X_L^2}}$ 和 $\cos\varphi_1 = \dfrac{R}{\sqrt{R^2+X_L^2}}$ 不变。但随着电容 C 的增大，I_C 也增大，电压 u 与电流 i 之间的相位差角 φ 不

断减小，即电路的 $\cos\varphi$ 不断增大。当电压 u 与电流 i 之间的相位差角 $\varphi=0$ 时，$\cos\varphi=1$，达到最高，并联电容器后的整个负载由感性变成纯电阻。如果继续增大电容 C，电流 i 就超前电压 u，变成容性负载，$\cos\varphi$ 又会下降。

功率因数提高是指电源的功率因数，或是并联电容器后的整个负载（包括电容器）的功率因数提高了，而原先的电感性负载的功率因数不变。

并联电容器后，电感所需无功功率大部分或全部由电容器来提供，从而大大减少与发电设备的能量交换，提高了发电设备的利用率。

同时，并联电容器以后的线路电流也减少了，从而减少了线路的有功损耗。而且电容器本身并不消耗有功功率，所以整个负载的有功功率不变。

【例 4-10】 有一电感性负载，其功率 $P=20\text{kW}$，功率因数 $\cos\varphi_1=0.6$，接在 220V、50Hz 的工频电源上。试求：①如果将功率因数提高到 $\cos\varphi=0.9$，并联电容量和电容器并联前后的线路电流；②如果功率因数从 0.9 再提高到 1，试问并联电容器还需增加多少？

【解】 由图 4-19(b)所示的相量图得出以下公式，即

$$I_1\sin\varphi_1 = I\sin\varphi + I_C$$
$$I_1\cos\varphi_1 = I\cos\varphi$$

且有功功率

$$P = UI_1\cos\varphi_1 = UI\cos\varphi$$

电容电流

$$I_C = \omega CU$$

由此得

$$C = \frac{P}{\omega U^2}(\tan\varphi_1 - \tan\varphi) \tag{4-20}$$

直接用相量关系式，设 $\dot{U} = U\underline{/0^\circ}\text{V}$，则

$$\dot{I}_1 = I_1\angle(-\varphi_1)\text{（}\varphi_1\text{ 是感性负载的阻抗角），}\quad \dot{I} = I\angle(-\varphi),\quad \dot{I}_C = \text{j}\omega CU$$

由 KCL 得

$$\dot{I} = \dot{I}_1 + \dot{I}_C$$
$$I\angle(-\varphi) = I_1\angle(-\varphi_1) + \text{j}\omega CU$$

所以

$$I\cos\varphi = I_1\cos\varphi_1$$
$$-I\sin\varphi = -I_1\sin\varphi_1 + \omega CU$$

① $\cos\varphi_1=0.6\varphi_1=53^\circ$

$\cos\varphi=0.9$，$\varphi=\pm25.8^\circ$，+表示并联电容后为感性负载，−表示并联电容后为容性负载。通常取+即可。

所需电容值为

$$C = \frac{20\times10^3}{2\pi\times50\times220^2}(\tan53^\circ - \tan25.8^\circ) = 1109.6\mu\text{F}$$

并联电容前的线路电流（即负载电流）为

$$I_1 = \frac{P}{U\cos\varphi_1} = 151.4\text{A}$$

并联电容后的线路电流为

$$I=\frac{P}{U\cos\varphi}=100.8\text{A}$$

② 如果将 $\cos\varphi$ 由 0.9 再提高到 1,则需要增加的电容值为

$$C=\frac{20\times 10^3}{2\pi\times 50\times 220^2}(\tan 25.8^\circ-\tan 0^\circ)=635.4\mu\text{F}$$

可见,当功率因数已接近 1 时再继续提高,则所需电容量很大,因此一般不要求提高到 1。

【练习与思考】

4-15　在正弦稳态电路中,电感元件和电容元件不仅阻抗相差一个负号,而且无功功率也一正一负,但在电阻电路中却没有类似的情况,为什么?

4-16　一个无源二端网络由若干个电阻和一个电容元件组成,能判断无功功率的正负吗?

4-17　为什么不用串联电容器来提高功率因数?

4-18　功率因数提高后,线路电流减小了,瓦时计会走得慢些(省电)吗?

4-19　试用相量图说明并联电容过大、功率因数下降的原因。

4.5 谐振电路

在电阻电路中,无源二端网络可以等效为一电阻;类似地,由电阻、电感、电容元件组成的无源二端网络,在正弦电路分析中可以等效为一个阻抗。二端网络的端电压与端电流一般而言是不同相的,如果调节电路的参数或电源频率而使它们同相,这时电路就发生谐振现象。典型的谐振电路有两种,即串联谐振电路和并联谐振电路。下面先讨论串联谐振电路的谐振条件及谐振特征。

4.5.1 串联谐振

由电阻、电感、电容元件串联的电路中,当

$$X_L=X_C \quad 或 \quad 2\pi fL=\frac{1}{2\pi fC}$$

时,有

$$Z=R+\text{j}(X_L-X_C)=R$$

即 Z 为纯电阻,此时电源电压 u 和串联电流 i 同相。这时电路发生串联谐振。

由上式可得谐振频率为

$$f_0=\frac{1}{2\pi\sqrt{LC}} \tag{4-21}$$

当电源频率 f 与电路参数 L 和 C 满足上述关系时,则发生谐振。调节 L、C 或 f 都能使电路发生谐振。

当电路发生谐振时,其特征如下。

(1) 电路的阻抗 $Z_0=R$,其模较不发生谐振时的模 $\sqrt{R^2+(X_L-X_C)^2}$ 要小。

(2) 电路中的电流与电压同相,当 U 一定时,$I_0=\dfrac{U}{R}$最大。

(3) 由于$\omega_0 L=\frac{1}{\omega_0 C}$，所以$U_{L0}=U_{C0}$，但$\dot{U}_{L0}+\dot{U}_{C0}=\mathrm{j}\left(\omega_0 L-\frac{1}{\omega_0 C}\right)\dot{I}_0=0$，此时$\dot{U}=\dot{U}_{R0}$，见图4-20。$X_{L0}=X_{C0}>R$时，$U_{C0}$和$U_{L0}$都大于电源电压$U$，这样在电力工程中就可能发生击穿线圈和电容器的绝缘现象，所以应加以避免。但在无线电工程中，则恰好利用谐振来获得高电压，使电感或电容元件上的电压为电源电压的几十倍或更高。

通常用品质因数Q来表示谐振时电容或电感的电压是电源电压的倍数。

$$Q=\frac{U_{C0}}{U}=\frac{U_{L0}}{U}=\frac{1}{\omega_0 CR}=\frac{\omega_0 L}{R}=\frac{1}{R}\sqrt{\frac{L}{C}} \tag{4-22}$$

例如，$Q=100$，$U=6\mathrm{mV}$，则$U_{C0}=U_{L0}=600\mathrm{mV}$。

(4) 谐振时，阻抗等效为纯电阻，所以该电路只消耗有功功率，不消耗无功功率。此时$Q=(X_{L0}-X_{C0})I_0^2=0$，表明电感放出多少电能，电容就吸收多少电能；而电容放出多少电能，电感也全部吸收。根据功率和能量的关系，此时电感和电容元件上的总储能一直保持不变。

串联谐振在无线电中的应用较多，图4-21(a)是接收机里典型的输入电路，它的作用是将需要收听的信号从天线所收到的许多频率不同的信号中选出来，而将其他信号尽量加以抑制。如果a和b两端不接入其他元件，则输入电路的主要部分是天线线圈L_1和电感线圈L与可变电容器C组成的串联谐振电路。天线所接收的各种频率不同的信号都会在LC谐振电路中感应出相应的电动势e_1、e_2、e_3、…，如图4-21(b)所示，图中R是线圈的电阻。设各种频率的电动势有效值相同，则改变电容C将所需信号频率调到串联谐振，那么在LC回路中该频率电流最大，在可变电容器两端该频率的电压也较高。而其他频率的信号虽然也在接收机里出现，但由于没有发生谐振，其电路的电流较小，在电容上的电压也较小，因此能起到选择信号和抑制干扰的作用。

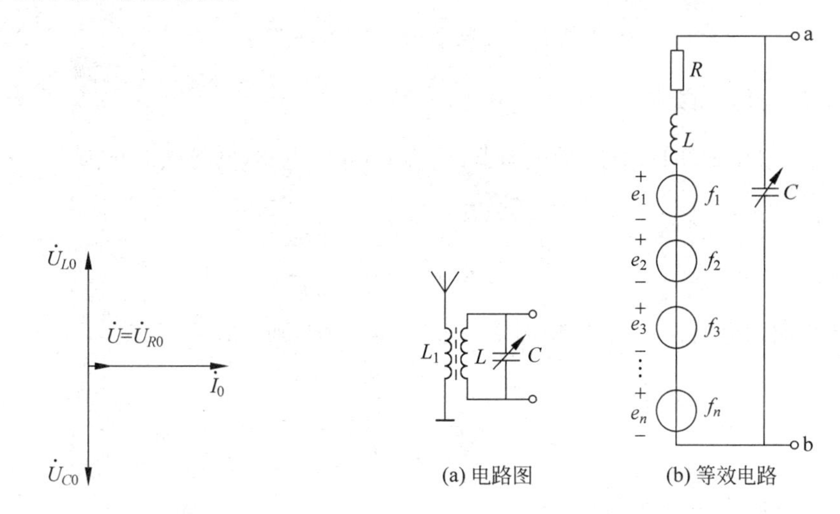

图4-20　串联谐振时的相量图

图4-21　接收机的输入电路

【例4-11】 说明RLC串联谐振电路中的电感和电容元件上的总储能恒定。

【解】 为方便起见，设$i_L=\sqrt{2}I_L\sin(\omega t)$，则

$$u_C=-\sqrt{2}U_C\cos(\omega t)$$

$$w = w_L + w_C = \frac{1}{2}Li_L^2 + \frac{1}{2}Cu_C^2 = LI_L^2\{\sin(\omega t)\}^2 + CU_C^2\{\cos(\omega t)\}^2$$
$$= LI_L^2\{\sin(\omega t)\}^2 + CQ^2U^2\{\cos(\omega t)\}^2$$
$$= LI_L^2\{\sin(\omega t)\}^2 + LI_L^2\{\cos(\omega t)\}^2$$
$$= LI_L^2 = CU_C^2$$

【例 4-12】 有一线圈($L=4\text{mH}$、$R=50\Omega$)与电容器($C=160\text{pF}$)串联,接入 220mV 的电源。(1)求谐振频率和谐振时电容上的电压和电流;(2)当频率减少 10%时,求电流与电容器上的电压。

【解】 (1)

$$f_0 = \frac{1}{2\pi\sqrt{LC}} = 200\text{kHz}$$
$$X_{L0} = 2\pi f_0 L = 5000\Omega$$
$$X_{C0} = \frac{1}{2\pi f_0 C} = 5000\Omega$$
$$I_0 = \frac{U}{R} = 4.4\text{mA}$$
$$U_{C0} = X_{C0}I_0 = 22\text{V}$$

(2) 频率减少 10%时,有

$$X_L = 4500\Omega$$
$$X_C = 5500\Omega$$
$$|Z| = \sqrt{50^2 + (5500 - 4500)^2} = 1000\Omega$$
$$I = \frac{U}{|Z|} = 0.22\text{mA},\quad U_C = X_C I = 1.21\text{V}$$

可见,偏离 10%的谐振频率,I 和 U_C 就较谐振值大大减少。

4.5.2 并联谐振

图 4-22 是线圈(RL 串联)和电容器(电容 C)并联电路,其等效阻抗为

$$Z = \frac{(R + \text{j}\omega L)\left(-\text{j}\frac{1}{\omega C}\right)}{R + \text{j}\left(\omega L - \frac{1}{\omega C}\right)}$$

通常线圈的电阻很小,在谐振频率附近时,$\omega L \gg R$,则上式可写成

$$Z \approx \frac{\frac{L}{C}}{R + \text{j}\left(\omega L - \frac{1}{\omega C}\right)}$$

当电源角频率 ω 调到 ω_0 时,有

$$\omega_0 L = \frac{1}{\omega_0 C},\quad \omega_0 = \frac{1}{\sqrt{LC}}$$

或

$$f_0 = \frac{1}{2\pi\sqrt{LC}} \tag{4-23}$$

时，发生并联谐振。有下列特征。

(1) 由式(4-23)知，谐振时电路的阻抗

$$Z_0 = \frac{L}{RC} \tag{4-24}$$

为纯电阻，其模较不发生谐振时大。

(2) 电源电压与电路中干路上的电流同相。当 U 一定时，$I_0=\frac{U}{Z_0}$为最小值。

(3) 谐振时，$\omega_0 L\approx\frac{1}{\omega_0 C}\gg R$，并联支路上的电流为

$$I_{10} = \frac{U}{\sqrt{R^2+(\omega_0 L)^2}} \approx \frac{U}{\omega_0 L} = \omega_0 CU = I_{C0}$$

而

$$Z_0 = \frac{L}{RC} = \left(\frac{\omega_0 L}{R}\right)\cdot \omega_0 L \gg \omega_0 L$$

$$I_0 = \frac{U}{Z_0} \ll I_{C0}(I_{10})$$

相量图可见图 4-23。

类似地，规定 I_{C0} 或 I_{10} 与 I_0 的比值为电路的品质因数，即

$$Q = \frac{I_{10}}{I_0} = \frac{1}{\omega_0 CR} = \frac{\omega_0 L}{R} = \frac{1}{R}\sqrt{\frac{L}{C}} \tag{4-25}$$

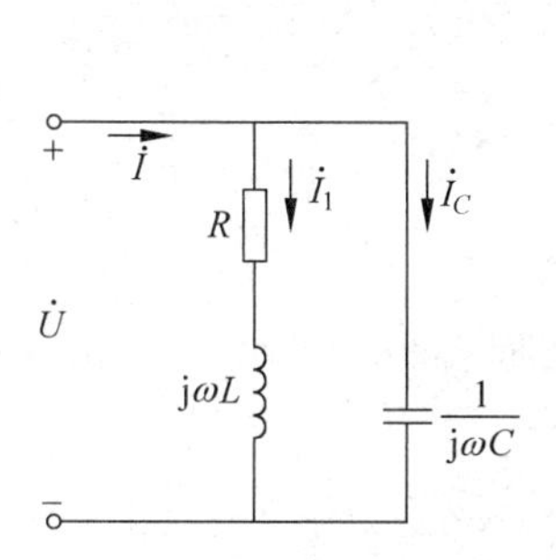

图 4-22 并联谐振电路

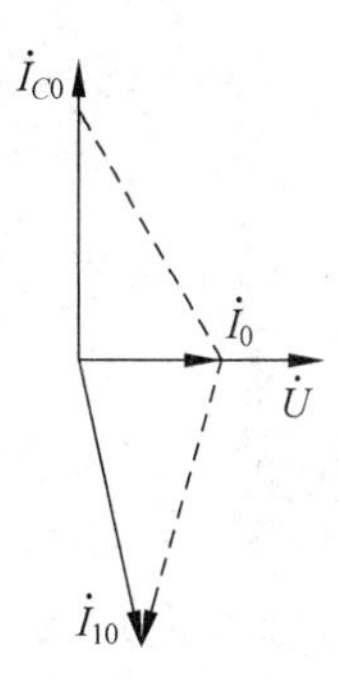

图 4-23 并联谐振的相量图

并联谐振在天线工程和工业电子技术中也常应用，如利用并联谐振组成正弦波振荡电路中的选频电路。

【例 4-13】 在图 4-22 所示的并联电路中，$L=0.25\text{mH}$，$R=25\Omega$，$C=85\text{pF}$。试求谐振角频率 ω_0、品质因数 Q 和谐振时电路的阻抗 Z_0。

【解】

$$\omega_0 = \sqrt{\frac{1}{LC}} = 6.86\times10^6\,\text{rad/s}$$

$$f_0 = \frac{\omega_0}{2\pi} = 1100\text{kHz}$$

$$Q = \frac{\omega_0 L}{R} = 68.6$$

$$Z_0 = \frac{L}{RC} = 117\text{k}\Omega$$

【练习与思考】

4-20　在 RLC 串联电路中，试说明频率低于和高于谐振频率时等效阻抗的性质（感性或容性）。

本 章 小 结

本章用相量法作为分析正弦电路响应的基本方法，将电阻电路分析与正弦电路分析的类比作为基本思路，这样正弦电路分析就可以复制电阻电路的分析。注意复数和实数运算原则的区别，关注正弦电路分析中的特色问题（各种功率和谐振现象）。

习　　题

4-1　已知工频正弦量的相量式如下：$\dot{I}_1=(6+\mathrm{j}6)\mathrm{A}$，$\dot{I}_2=(6-\mathrm{j}6)\mathrm{A}$，$\dot{I}_3=(-6-\mathrm{j}6)\mathrm{A}$，$\dot{I}_4=(-6+\mathrm{j}6)\mathrm{A}$。试求各正弦量的瞬时值表达式并画出相量图。

4-2　已知两同频（$f=1000\mathrm{Hz}$）正弦量的相量分别为 $\dot{U}_1=220\angle 60^\circ\mathrm{V}$，$\dot{U}_2=-220\angle(-150^\circ)\mathrm{V}$，求：(1) u_1 和 u_2 的瞬时值表达式；(2) u_1 和 u_2 的相位差。

4-3　已知 3 个同频正弦电压分别为 $u_1=220\sqrt{2}\sin(\omega t+10^\circ)\mathrm{V}$，$u_2=220\sqrt{2}\sin(\omega t-110^\circ)\mathrm{V}$，$u_3=220\sqrt{2}\sin(\omega t+130^\circ)\mathrm{V}$，求：

(1) $\dot{U}_1+\dot{U}_2+\dot{U}_3$；(2) $u_1+u_2+u_3$。

4-4　在电感元件的正弦交流电路中，$L=50\mathrm{mH}$，$f=1000\mathrm{Hz}$。

(1) 当 $i_L=30\sqrt{2}\sin(\omega t+30^\circ)\mathrm{A}$ 时，求 $\dot{U}_L$。(2) 当 $\dot{U}_L=100\angle(-70^\circ)\mathrm{V}$ 时，求 i_L。

4-5　交流接触器的线圈为 RL 串联电路，其数据为 380V、30mA、50Hz 的线圈电阻为 1.2kΩ，求线圈电感 L。

4-6　有 RLC 串联的正弦交流电路，已知 $X_L=2X_C=3R=3\Omega$，$I=2\mathrm{A}$。试求 U_R、U_L、U_C、U。

4-7　在图 4-24 所示电路中，$i_s=5\sqrt{2}\sin(314t+30^\circ)\mathrm{A}$，$R=30\Omega$，$L=0.1\mathrm{H}$，$C=10\mu\mathrm{F}$，求 u_{ad} 和 u_{bd}。

4-8　在图 4-25 所示电路中，$I_1=I_2=10\mathrm{A}$，求 $\frac{1}{\omega C}$、I 和 U_S。

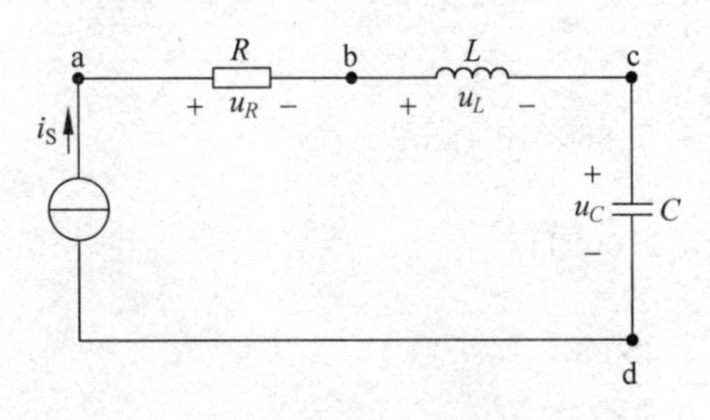

图 4-24　习题 4-7 的图

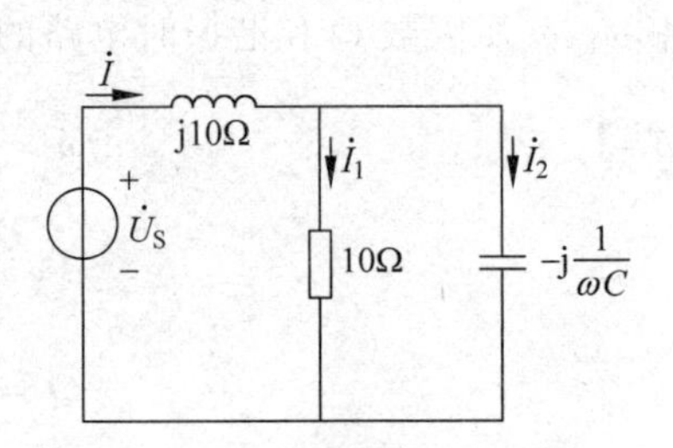

图 4-25　习题 4-8 的图

4-9　同频电源作用下，在图4-26(a)中，已知$I=10\text{A}$，$R=10\Omega$，且图4-26(a)、(b)、(c)中的L和C参数相同，求图4-26(b)所示电路中的I_1和图4-26(c)所示电路中的I_2和U_C。

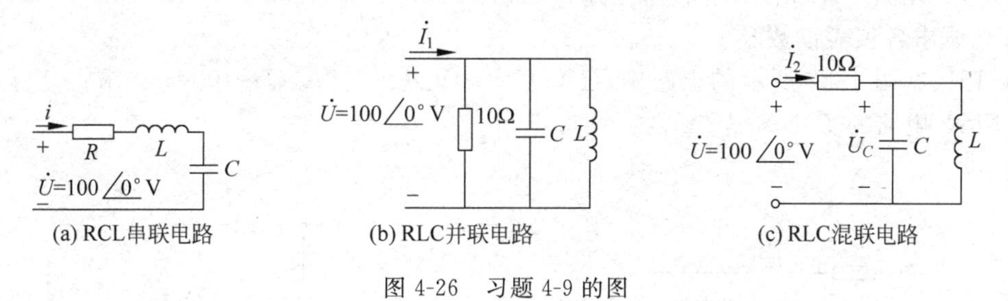

图4-26　习题4-9的图

4-10　在图4-27所示的电路中，$X_L=X_C=2R$，且已知电流表A_2的读数为5A，求A_1和A_3的读数。

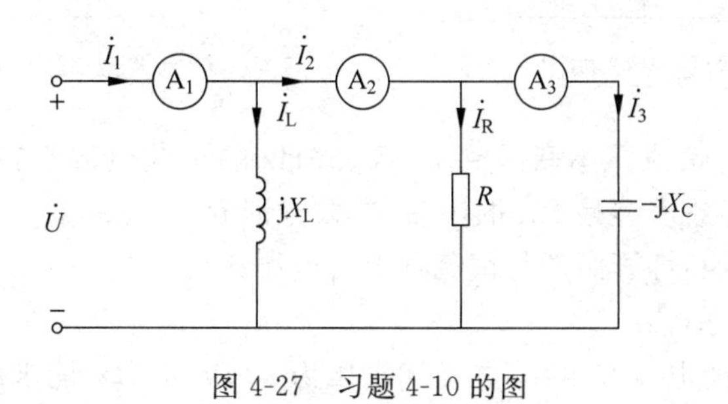

图4-27　习题4-10的图

4-11　计算图4-28(a)所示电路中的$\dot{U}_1$和$\dot{U}_2$，并作相量图；计算图4-4(b)所示电路中$\dot{I}_1$和$\dot{I}_2$，并作相量图。

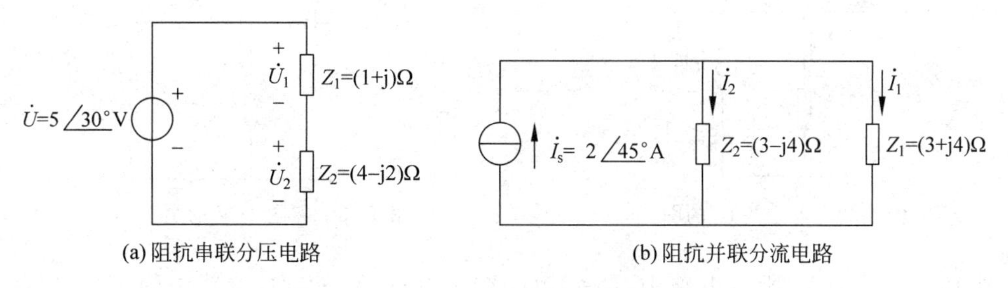

图4-28　习题4-11的图

4-12　计算图4-29(a)所示电路中的电流$\dot{I}$；计算图4-29(b)所示电路中的$\dot{I}$和$\dot{U}$。

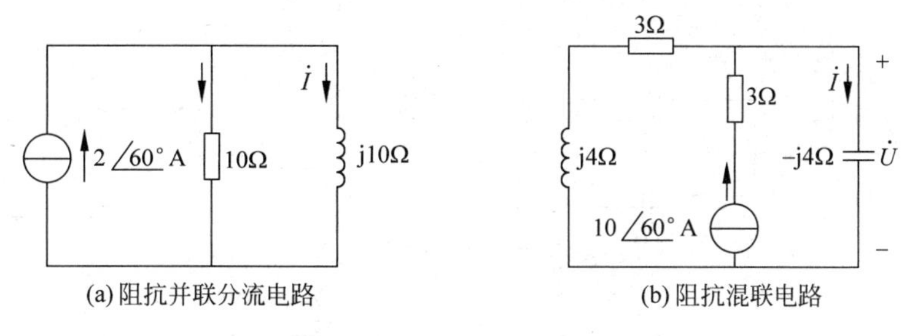

图4-29　习题4-12的图

4-13　在图4-30所示电路中，求$\dot{I}$、$\dot{I}_1$、$\dot{I}_2$和$\dot{U}_C$。

4-14　在图4-31所示电路中，已知$u=220\sqrt{2}\sin(314t)\text{V}$，$R=10\Omega$，$L=31.84\text{mH}$，$C=100\mu\text{F}$。试求各仪表读数及$i$、$i_1$、$i_2$。

4-15　在图4-32所示的电路中，已知$U=50\text{V}$、$I=2.5\text{A}$、$Q=100\text{var}$。求：(1)I_1、I_2；(2)电阻R、电路的P、$\cos\varphi$。

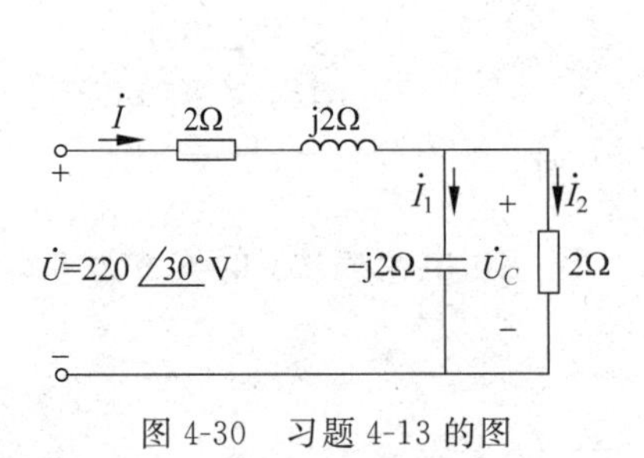

图4-30　习题4-13的图

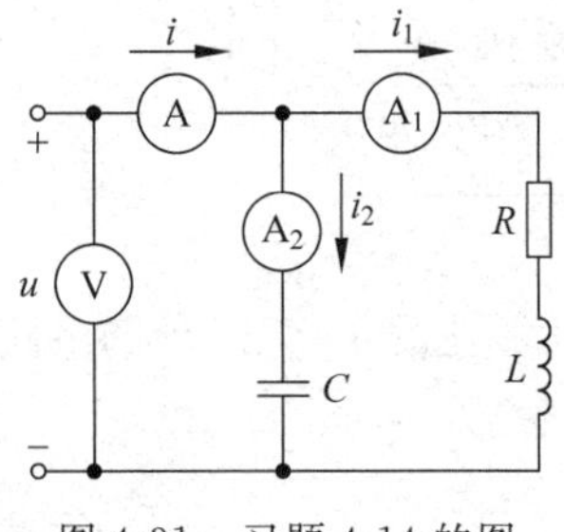

图4-31　习题4-14的图

4-16　日光灯管与镇流器串联接到220V、50Hz的正弦电源上，日光灯管看成纯电阻$R_1=280\Omega$，镇流器的等效模型是RL的串联，参数分别$R_2=20\Omega$和$L=1.6\text{H}$，试求：

(1) 电路中的电流和灯管两端与镇流器上的电压；

(2) 求电路的P、Q、$\cos\varphi$。

(3) 根据(1)求出的电流和电压，并已知电压为220V、50Hz，能求出R_1、R_2和L吗？

4-17　正弦稳态电路如图4-33所示，已知$i_s=10\sqrt{2}\sin(100t)\text{A}$，$R_1=R_2=1\Omega$，$C_1=C_2=0.01\text{F}$，$L=0.02\text{H}$。求电路的$P$、$Q$、$\cos\varphi$。

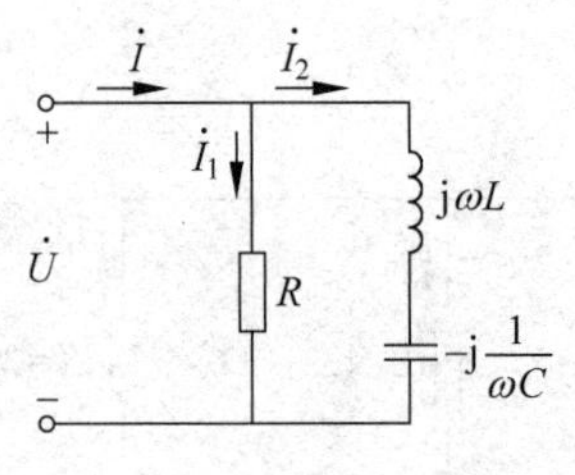

图4-32　习题4-15的图

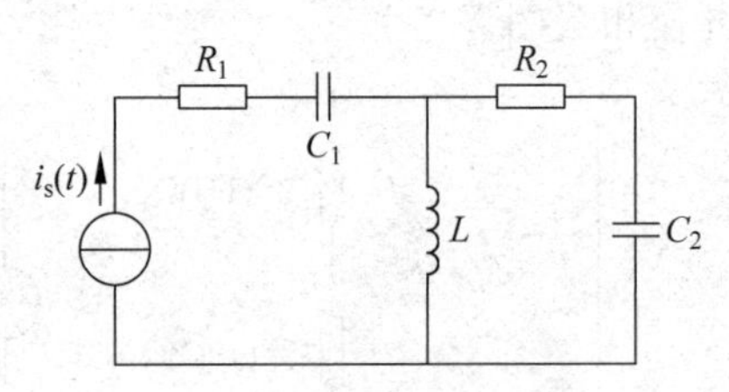

图4-33　习题4-17的图

4-18　在图4-34所示电路中，$R=10\Omega$，$X_L=10\Omega$，$X_C=5\Omega$，电路中的$P=40\text{W}$，求：Z_{eq}、U、I、I_1、I_2和电路的Q。

4-19　在图4-35所示电路中，$I_1=I_C=10\text{A}$，$R=5\Omega$，$R_1=5\Omega$，求Z_{eq}、I、X_C、U、电路的P、Q、$\cos\varphi$。

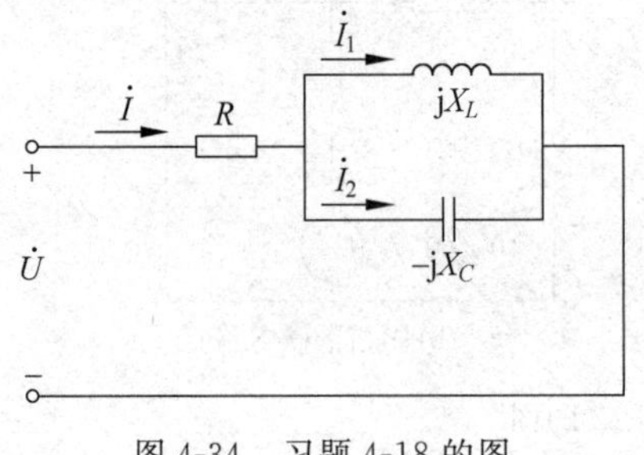

图4-34　习题4-18的图

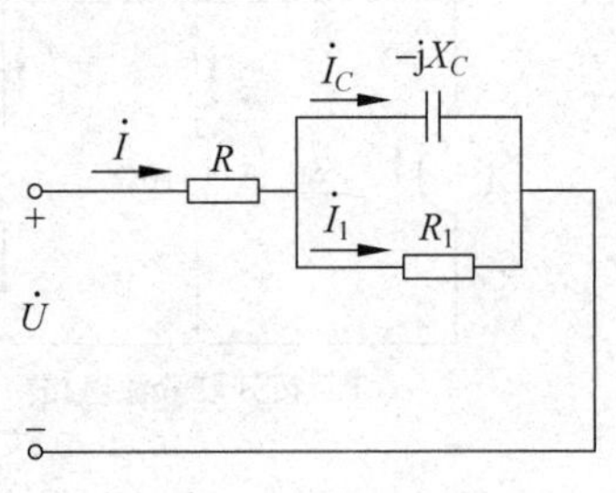

图4-35　习题4-19的图

4-20 在图4-36所示电路中，$f=50\text{Hz}$，电流表A_1、A_2的读数分别3A和4A。(1)求电流表A的读数、电容C；(2)如果$\dot{U}_S$和$\dot{I}$同相，再求电感L、U_S。

4-21 在图4-37所示电路中，$\dot{U}=220\underline{/30°}\text{V}$，$R_1=R_2=10\Omega$，$X_L=X_C=10\sqrt{3}\Omega$，求$\dot{U}_{ab}$、电路$P$、$Q$和$\cos\varphi$。

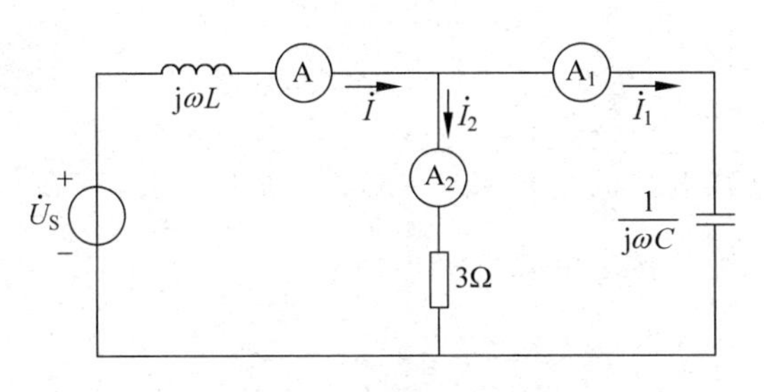

图4-36 习题4-20的图

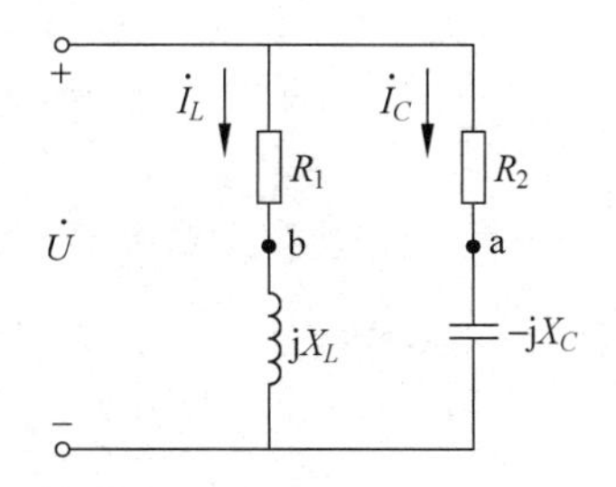

图4-37 习题4-21的图

4-22 感性负载的有功功率为40W，现接在220V、50Hz的正弦电源上，已知其等效分量电阻的电压为110V，试求等效电抗分量和感性负载的功率因数。若将功率因数提高到0.9，应并联多大电容？

4-23 在图4-38中，$U=220\text{V}$，$f=50\text{Hz}$，$R_1=10\Omega$，$R_2=5\Omega$，电感L_1的$X_1=10\sqrt{3}\Omega$电感L_2的$X_2=5\sqrt{3}\Omega$。求：(1)电流表的读数I和电路的功率因数$\cos\varphi_1$；(2)使电路的功率因数提高到0.866，需并联多大电容？(3)并联电容后电流表的读数为多少？

4-24 在图4-39中，$U=100\text{V}$，$I_1=10\text{A}$，λ_1(感性)$=0.8$。$I_2=20\text{A}$，λ_2(感性)$=0.6$。(1)求电流表、功率表的读数及电路的功率因数；(2)若负载供电变压器额定容量5.0kVA，那么还能再并联多大电阻？求并联电阻后的功率表的读数和电路的功率因数。

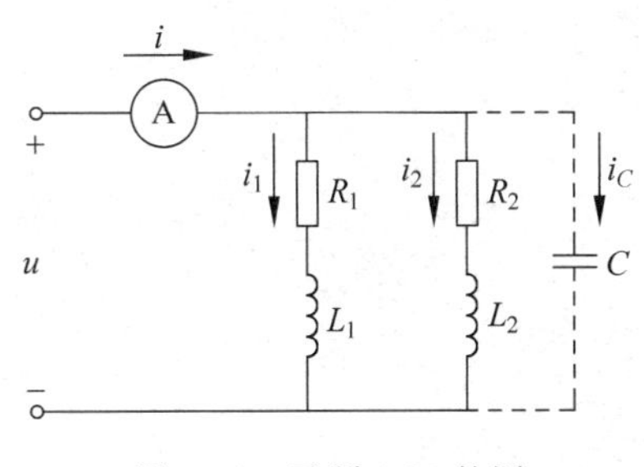

图4-38 习题4-23的图

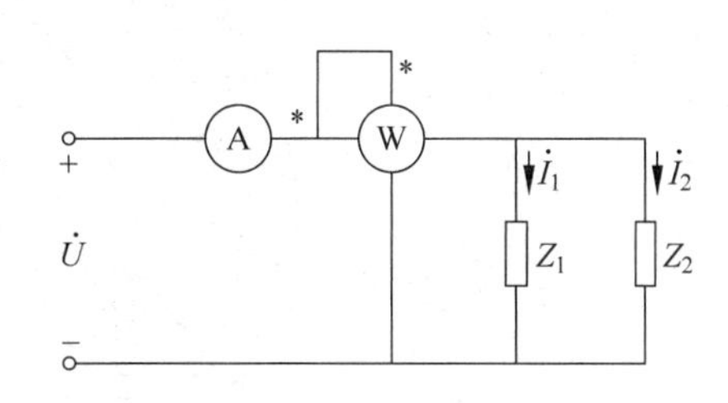

图4-39 习题4-24的图

4-25 在图4-40所示正弦电路中，$R=1\Omega$，$L=10^{-4}\text{H}$，$i_S=\sqrt{2}\sin(10000t)\text{A}$，调节电容$C$，使得开关S断开和接通时电压表的读数不变，求此时的C值和电压表的读数。

4-26 在图4-41所示的正弦电路中，一感性负载与一电阻性负载并连接于$u=220\sqrt{2}\sin 314t\text{V}$的交流电源上，已知感性负载的电阻$R_1=10\Omega$，其功率因数为0.5；电阻性负载的电阻$R_2=20\Omega$。求：(1)电感$L_1$；(2)电流$\dot{I}_1$、$\dot{I}_2$和$\dot{I}$；(3)电路的$P$、$Q$和$\cos\varphi$。

4-27 某收音机输入电路的电感为0.3mH，可变电容器的调节范围为25～360pF，试问是否满足中波段535～1605kHz的要求？

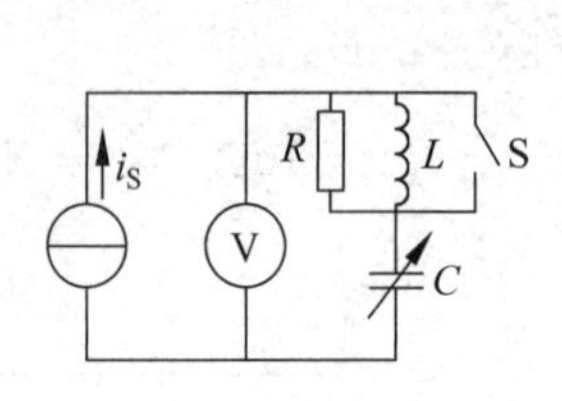

图 4-40　习题 4-25 的图

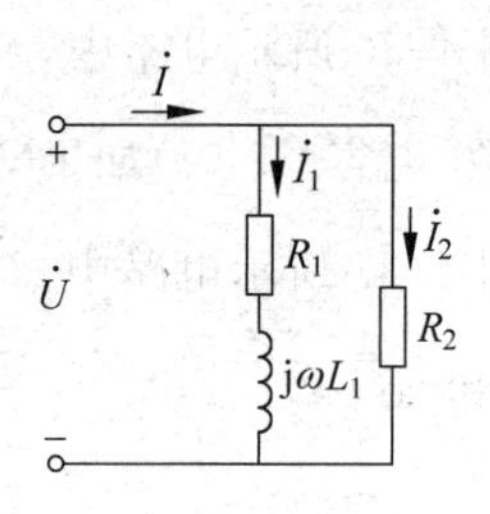

图 4-41　习题 4-26 的图

4-28　在 RLC 串联电路中，C 可调，已知电源的角频率 $\omega=5\times10^6$ rad/s，当 $C=200$pF 和 500pF 时，电流 I 的值皆为最大电流的 $\frac{1}{\sqrt{10}}$。试求电感 L 和电阻 R。

第 5 章　三相交流电路

现代电力系统的发电、输电及配电大多采用三相制，在用电方面最主要的负载是交流电动机，而交流电动机多数也是三相的，所以讨论三相电路具有实际意义。三相电路通常由 3 个单相电路组成，需要计算 3 次，但如果是对称三相电路，就可以只计算其中一相。可以认为三相电路是(单相)正弦电路的延续和发展。

5.1　三相对称电源

三相电路由三相电源、三相负载和输电线组成。但是在电工电子学课程中，一般不计输电线的阻抗，认为是理想导线。

三相交流发电机如图 5-1 所示，它的主要组成部分是电枢和磁极。电枢是固定的，也称定子。定子铁芯的内圆周表面中有槽，用以放置三相电枢绕组。每相绕组完全相同，如图 5-2 所示。它们的始端标以 U_1、V_1、W_1，末端标以 U_2、V_2、W_2。将三相绕组均匀地分布在铁芯槽内，使绕组的始端与始端之间、末端与末端之间都相隔 120°。

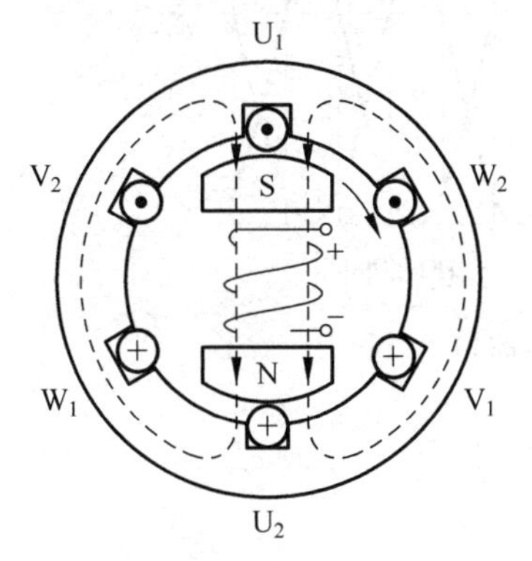

图 5-1　三相交流发电机的原理

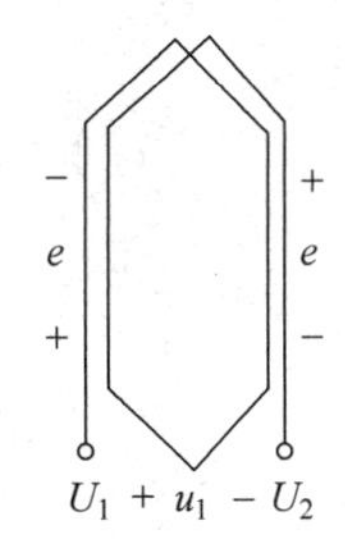

图 5-2　电枢绕组

磁极是转动的，也称转子。转子铁芯上绕有励磁绕组，用直流电产生磁场。选择合适的极面形状和励磁绕组的布置情况，可使空气隙中的磁感应强度按正弦规律分布。

当转子由原动机带动，并以顺时针方向匀速转动时，则每相绕组依次切割磁通，产生电动势；因而在 U_1U_2、V_1V_2、W_1W_2 三相绕组上得到频率相同、幅值相同、相位差也相同(相位差为 120°)的三相对称正弦电压，它们分别用 u_1、u_2、u_3 表示，并取 u_1 的初相为 0°，则

$$\begin{cases} u_1 = U_m \sin\omega t \\ u_2 = U_m \sin(\omega t - 120°) \\ u_3 = U_m \sin(\omega t - 240°) = U_m \sin(\omega t + 120°) \end{cases} \tag{5-1}$$

由于是同频正弦量，可用相量表示为

$$\begin{cases} \dot{U}_1 = U\underline{/0°} = U \\ \dot{U}_2 = U\underline{/(-120°)} = U\left(-\dfrac{1}{2} - \mathrm{j}\dfrac{\sqrt{3}}{2}\right) \\ \dot{U}_3 = U\underline{/120°} = U\left(-\dfrac{1}{2} + \mathrm{j}\dfrac{\sqrt{3}}{2}\right) \end{cases} \tag{5-2}$$

显然，三相对称正弦电压的瞬时值或相量之和为零，即

$$\begin{cases} u_1 + u_2 + u_3 = 0 \\ \dot{U}_1 + \dot{U}_2 + \dot{U}_3 = 0 \end{cases} \tag{5-3}$$

如果用相量图和正弦波形来表示，如图 5-3 所示。三相对称电压过幅值(或过零值)的顺序称为相序。现在的相序是 $u_1 \to u_2 \to u_3$。如果已知三相对称电压中的任意一个，就可以写出其他两个，称为“知其一，就知其二”。发电机(或变压器)三相绕组的接法通常如图 5-4 所示，即将 3 个末端连接在一起，这一连接点称为中性点或零点，用 N 表示。这种连接方法称为星形连接。从中性点引出的导线称为中性线或零线，从始端 U_1、V_1、W_1 引出的 3 根导线 L_1、L_2、L_3 称为相线或端线，俗称火线。

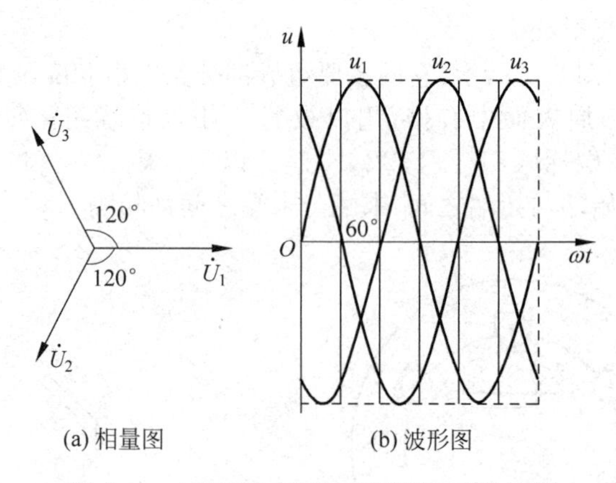

(a) 相量图　　(b) 波形图

图 5-3　三相对称电压的相量图和正弦波形

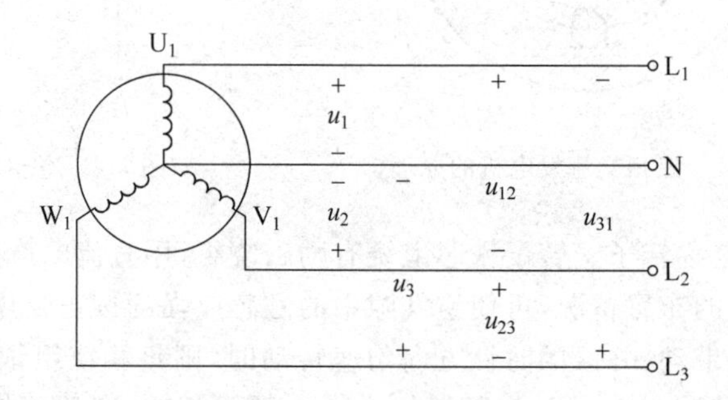

图 5-4　发电机三相绕组的星形连接

在图 5-4 中，每相始端与末端间的电压，即相线与中性线间的电压，称为相电压，其有效值为 U_1、U_2、U_3 或一般用 U_P 表示。而任意两始端间的电压，也称两相线间的电压，称为线电压，用 U_{12}、U_{23}、U_{31} 或一般用 U_L 表示。3 个相电压和 3 个线电压的参考方向如图 5-4 所示。

由图 5-4 所示的线电压与相电压的参考方向，可得

$$\begin{cases} u_{12} = u_1 - u_2 \\ u_{23} = u_2 - u_3 \\ u_{31} = u_3 - u_1 \end{cases} \tag{5-4}$$

或用相量表示为

$$\begin{cases}\dot{U}_{12}=\dot{U}_1-\dot{U}_2\\ \dot{U}_{23}=\dot{U}_2-\dot{U}_3\\ \dot{U}_{31}=\dot{U}_3-\dot{U}_1\end{cases} \tag{5-5}$$

图 5-5 是它们的相量图。由相量图可知，线电压也是频率相同、有效值相同、相位互差 120°的三相对称电压。相序为 $u_{12}\rightarrow u_{23}\rightarrow u_{31}$。

同时，可获知线电压与相电压两组对称相量的关系：①线电压是相电压的$\sqrt{3}$倍；②线电压超前对应的相电压 30°（u_{12} 超前 u_1、u_{23} 超前 u_2、u_{31} 超前 u_3），称为"知其一，就知其五"。该关系也可推广到对称星形负载的线电压与相电压关系，即

$$U_{\mathrm{L}}=\sqrt{3}U_{\mathrm{P}} \tag{5-6}$$

在图 5-6 所示的三相电路图中，侧重于负载的情况。图 5-6(a)是三相四线制，有一根中性线，3 个相线，此时负载可直接获得线电压和相电压两种电压，它的电源是星形连接的；图 5-6(b)是三相三线制，只引出 3 根相线，负载只能直接获得线电压，至于电源如何连接并不重要。常用的低压配电系统中相电压为 220V，线电压为 380V。

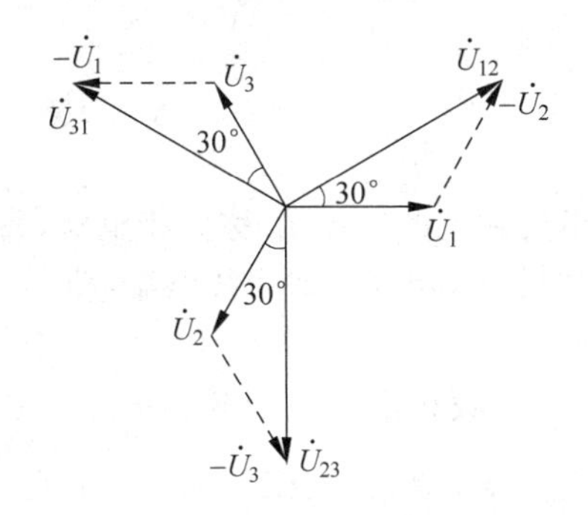

图 5-5　发电机绕组星形连接时相电压与线电压的相量图

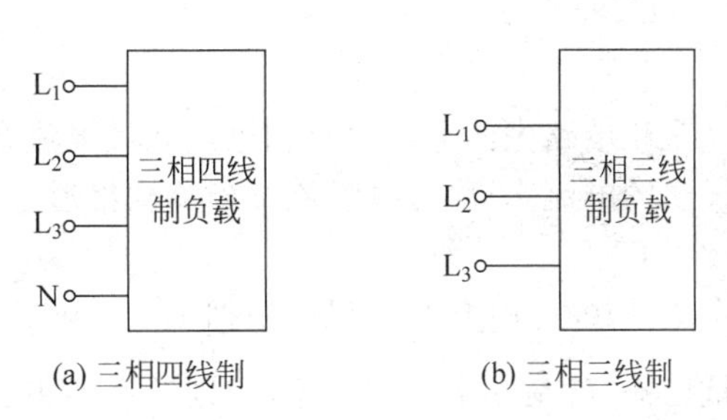

图 5-6　两种常见的三相电路

【例 5-1】 对称三相星形电源，已知 $\dot{U}_{12}=380\angle 0^\circ\mathrm{V}$，写出其他相电压、线电压。

【解】 $\dot{U}_{12}=380\angle 0^\circ\mathrm{V}$，其他两个线电压分别为

$$\dot{U}_{23}=380\angle(-120^\circ)\mathrm{V},\quad \dot{U}_{31}=380\angle 120^\circ\mathrm{V}$$

3 个相电压分别为

$$\dot{U}_1=220\angle(-30^\circ)\mathrm{V},\quad \dot{U}_2=220\angle(-150^\circ)\mathrm{V},\quad \dot{U}_3=220\angle 90^\circ\mathrm{V}$$

知道任意 1 个就能写出其他 5 个相、线电压。

【练习与思考】

5-1　将发电机的三相绕组连成星形时，如果误将 U_2、V_2、W_1 连成一点（中点），用相量图分析是否可获三相对称电压？

5-2　当发电机的三相绕组连成星形时，如果 $u_{12}=380\sqrt{2}\sin(\omega t+30^\circ)\mathrm{V}$，试写出其余线电压和 3 个相电压的相量。

5.2 负载星形连接的三相电路

图 5-7 是一个由电灯与电动机组成的星形连接的三相电路。在民用电中，线电压为 380V、相电压为 220V。电灯接在相线与中线之间，其负载电压是 220V，三相异步电动机接在相线与相线之间，其绕组电压是 380V。负载接在三相电源上，首先要满足电压要求。

负载星形连接的三相四线制电路一般可用图 5-8 所示电路表示。每相负载的阻抗分别为 Z_1、Z_2 和 Z_3。电流的参考方向已在图中标出。

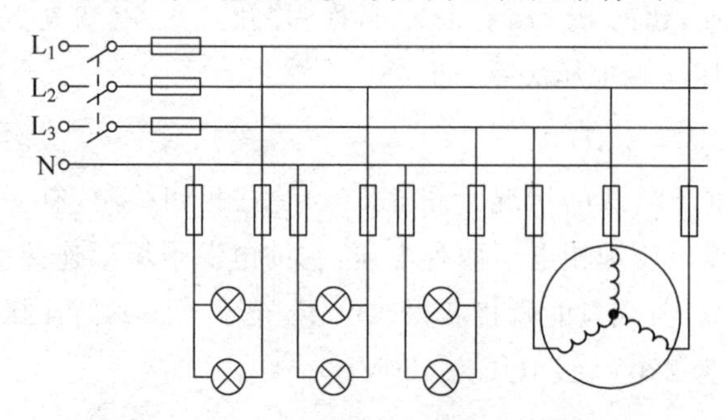

图 5-7 电灯与电动机的星形连接

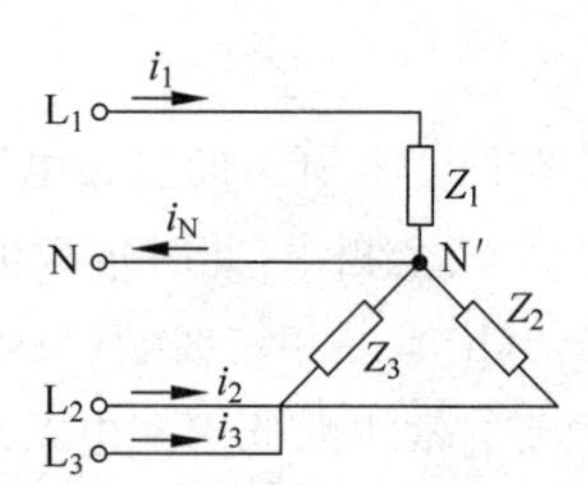

图 5-8 负载星形连接的三相四线制电路

三相电路中的电流也有相电流和线电流之分。每相负载上的电流 I_P 称为相电流，每根相线上的电流 I_L 称为线电流。当负载星形连接时，根据 KCL，相电流即为线电流，即

$$I_P = I_L \tag{5-7}$$

不计相线和中性线阻抗，根据 KVL，电源相电压即为负载相电压。电源相电压和负载阻抗已知，就是 3 个单相电路，分别计算各相的负载电流。设电源相电压$\dot{U}_1$ 为参考正弦量，则得

$$\dot{U}_1 = U\angle 0°, \quad \dot{U}_2 = U\angle(-120°), \quad \dot{U}_3 = U\angle 120°$$

$$\begin{cases} \dot{I}_1 = \dfrac{\dot{U}_1}{Z_1} = \dfrac{U\angle 0°}{|Z_1|\angle\varphi_1} = I_1\angle(-\varphi_1) \\ \dot{I}_2 = \dfrac{\dot{U}_2}{Z_2} = \dfrac{U\angle(-120°)}{|Z_2|\angle\varphi_2} = I_2\angle(-120° - \varphi_2) \\ \dot{I}_3 = \dfrac{\dot{U}_3}{Z_3} = \dfrac{U\angle 120°}{|Z_3|\angle\varphi_3} = I_3\angle(120° - \varphi_3) \end{cases} \tag{5-8}$$

$$\dot{I}_N = \dot{I}_1 + \dot{I}_2 + \dot{I}_3 \tag{5-9}$$

如果负载也对称，各相阻抗也相等，有 $Z_1 = Z_2 = Z_3$，阻抗的模和相位角都相等，即

$$|Z_1| = |Z_2| = |Z_3| \quad 且 \quad \varphi_1 = \varphi_2 = \varphi_3$$

由式(5-9)，因为相电压对称，所以负载相电流也是对称的，由对称电流的特征，中性线的电流等于零，即

$$\dot{I}_1 + \dot{I}_2 + \dot{I}_3 = 0$$

其电压和电流的相量图如图 5-9 所示。作相量图时，先以$\dot{U}_1$为参考相量作出$\dot{I}_1$，而后由对称性，分别作出$\dot{U}_2$和$\dot{U}_3$以及$\dot{I}_2$和$\dot{I}_3$。

既然中性线上没有电流通过，就可以将中性线断开。因此图 5-8 所示三相四线制电路变成图 5-10 所示的电路，这就是三相三线制电路。也就是说，当负载对称时三相三线制电路与三相四线制电路完全相同，可以用三相四线制来求解且可以只求一相，另外两相电流根据对称性直接写出。通常生产上的三相负载是对称负载，所以三相三线制电路在生产上应用极为广泛。而三相四线制电路应用于有单相负载的电路中，如民用电路。

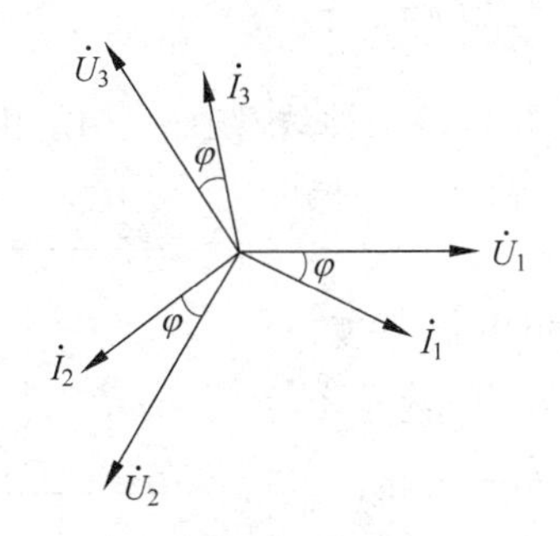

图 5-9　对称负载(感性)星形连接时相电压和相电流的相量图

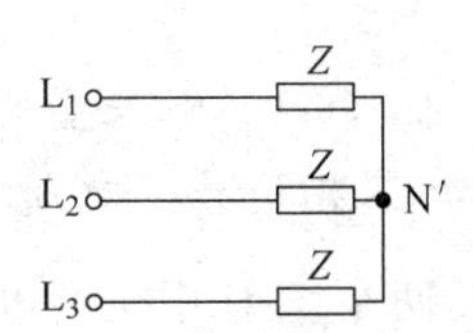

图 5-10　对称负载星形连接的三相三线制电路

【例 5-2】　有一星形连接的三相对称负载，负载阻抗 $Z=(6+\mathrm{j}8)\Omega$。设三相电源提供对称电压，且 $u_{12}=380\sqrt{2}\sin(\omega t+30°)\mathrm{V}$。试求各相电流。

【解】　因为负载对称，只算一相即可。

$$\dot{U}_{12}=380\underline{/30°}\mathrm{V},\quad \dot{U}_1=220\underline{/0°}\mathrm{V}$$

$$\dot{I}_1=\frac{\dot{U}_1}{Z}=22\underline{/(-53°)}\mathrm{A}$$

所以，有

$$\dot{I}_2=22\underline{/(-173°)}\mathrm{A}$$

$$\dot{I}_3=22\underline{/67°}\mathrm{A}$$

【例 5-3】　在图 5-8 中，电源电压对称，每相电压 $U_P=220\mathrm{V}$。L_1 相接入 40W、220V 白炽灯一只，L_2 相接入 40W、220V 白炽灯两只(并联)，L_3 相接入 40W、220V、$\cos\varphi=0.5$ 的日光灯一只。试求负载相电压、相电流及中性线电流。

【解】　L_1 相接入 40W、220V 的白炽灯，则

$$P_1=U_1I_1,\quad I_1=\frac{P_1}{U_1}=0.18\mathrm{A}$$

$$\dot{U}_1=220\underline{/0°}\mathrm{V},\quad \dot{I}_1=0.18\underline{/0°}\mathrm{A}$$

L_2 相接入 40W、220V 的白炽灯两只，则

$$P_2=U_2I_2,\quad I_2=\frac{P_2}{U_2}=0.36\mathrm{A}$$

$$\dot{U}_2=220\underline{/(-120°)}\mathrm{V},\quad \dot{I}_2=0.36\underline{/(-120°)}\mathrm{A}$$

L_3 相接入 40W、220V、$\cos\varphi=0.5$ 的日光灯一只，为感性负载 $\varphi=60°$，则

$$P_3=U_3I_3\cos\varphi,\quad I_3=\frac{P_3}{U_3\cos\varphi}=0.36\text{A}$$

$$\dot{U}_3=220\underline{/120°}\text{V}$$

$$\dot{I}_3=0.36\underline{/(120°-60°)}=0.36\underline{/60°}\text{A}$$

$$\dot{I}_N=\dot{I}_1+\dot{I}_2+\dot{I}_3=0.18+0.36\underline{/(-120°)}+0.36\underline{/60°}=0.18\text{A}$$

如果已知负载的 P、U、$\cos\varphi$，则负载的阻抗 $Z=\dfrac{U^2\cos\varphi}{P}\underline{/\varphi}$。

【例 5-4】 在图 5-11 中，①L_3 相断开（开关断开），但中性线存在；②L_3 相断开而中性线也断开时，试求各相负载上的电压、中点电压、L_3 相开关处的电压。

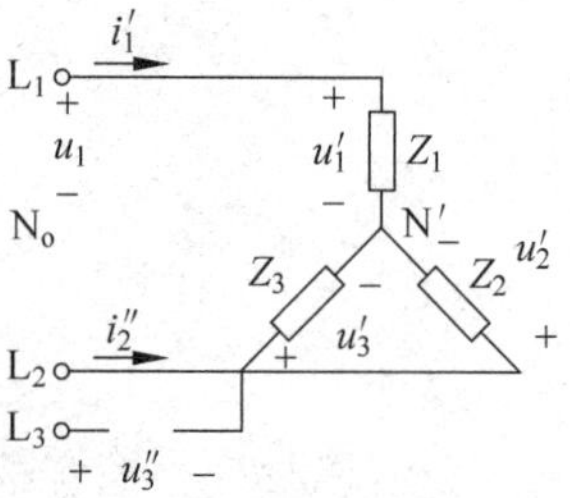

图 5-11 例 5-4 的电路图

【解】 ① L_1 和 L_2 相未受影响，相电压和相电流不变。②这时 L_1 相与 L_2 相负载的电流相同，为单相串联电路，一个灯泡电阻是 R，两个灯泡并联的电阻为 $0.5R$，接在线电压 $\dot{U}_{12}$ 上。负载相电压为

$$\dot{U}_1'=\frac{R}{R+0.5R}\dot{U}_{12}=253.3\underline{/30°}\text{V}$$

$$\dot{U}_2'=-\frac{0.5R}{R+0.5R}\dot{U}_{12}=126.7\underline{/(-150°)}\text{V}$$

中点电压 $\dot{U}_{N'N}$ 通过 KVL 得到

$$\dot{U}_{N'N}=\dot{U}_1-\dot{U}_1'=0.64-\text{j}126.7=126.7\underline{/(-89.7°)}\text{V}$$

L_3 相断开，此相负载电压 $\dot{U}_3'=0$，L_3 相开关处的电压 $\dot{U}_3''$ 由 KVL 知

$$\dot{U}_3''=\dot{U}_1'+\dot{U}_{31}=253.3\underline{/30°}+380\underline{/150°}=335.1\underline{/109.1°}\text{V}$$

在实验中，测量的 L_3 相负载的相电压实际上是 U_3''，因为开关包括在负载中。

此时 L_1 相相电压大于额定值，而 L_2 相相电压低于额定值。这也是不允许的。对于三相三线制不对称电路，只分析特殊电路，不作一般要求。

从上面所举的几个例题可以看出以下几点。

(1) 负载不对称且无中性线时，尽管电压相电压仍对称，但负载的相电压却不对称，而且各相之间相互影响。有的负载相电压高于负载额定值，有的负载相电压低于负载额定电压，这是不允许的。要保证三相负载的相电压对称，使负载相电压等于其额定电压。

(2) 中性线的作用就是使星形连接的不对称负载的相电压对称。要保证负载相电压对称，就不应让中性线断开。在中性线的干线内不接入熔断器或闸刀开关。

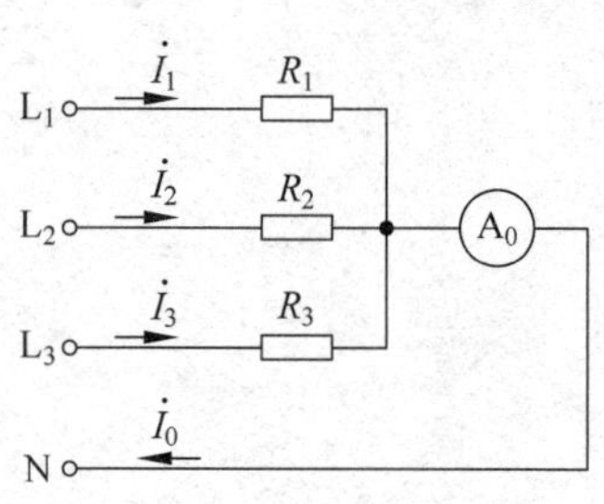

图 5-12 例 5-5 的电路图

【例 5-5】 已知电源相电压加在电阻 R 上的电流为 I，在图 5-12 所示三相电路中，求电流表的读数。(1) 当 $R_1=R_2=\dfrac{R}{2}$，$R_3=R$ 时；(2) 当 $R_1=R$，$R_2=\dfrac{R}{2}$，$R_3=\dfrac{R}{3}$ 时。

【解】 电路为三相四线制电路，用电流表测中线电流。

(1)
$$\begin{aligned}\dot{I}_0 &= \dot{I}_1+\dot{I}_2+\dot{I}_3\\ &= 2I\angle 0^\circ + 2I\angle(-120^\circ) + I\angle 120^\circ\\ &= -I\angle 120^\circ\end{aligned}$$

所以电流表读数为 I。

(2)
$$\begin{aligned}\dot{I}_0 &= \dot{I}_1+\dot{I}_2+\dot{I}_3\\ &= I\angle 0^\circ + 2I\angle(-120^\circ) + 3I\angle 120^\circ\\ &= I\left(-1.5+\mathrm{j}\frac{\sqrt{3}}{2}\right)\end{aligned}$$

所以电流表读数为$\sqrt{3}I$。

利用三相对称电流的相量和为零，是分析此类问题的关键。

【练习与思考】

5-3　在图 5-7 所示的电路中，为什么中性线不接开关，也不接入熔断器？

5-4　为什么电灯开关要接在相线上？

5-5　三相电路中的对称电压(电流)中的对称与对称负载中的对称含义相同吗？

5.3　负载三角形连接的三相电路

负载三角形连接的三相电路可用图 5-13 所示电路来表示。

不考虑线路阻抗时，负载的线电压等于电源的线电压。各相负载都直接在相线上，负载的相电压等于负载的线电压，而与负载无关，是三角形连接电路的基本特征，即

$$U_{12}=U_{23}=U_{31}=U_{\mathrm{L}}=U_{\mathrm{P}} \tag{5-10}$$

负载的相电流分别为

$$\begin{cases}\dot{I}_{12}=\dfrac{\dot{U}_{12}}{Z_{12}}\\[2ex] \dot{I}_{23}=\dfrac{\dot{U}_{23}}{Z_{23}}\\[2ex] \dot{I}_{31}=\dfrac{\dot{U}_{31}}{Z_{31}}\end{cases} \tag{5-11}$$

负载的相电流与线电流是不同的，由 KCL 得出

$$\begin{cases}\dot{I}_1=\dot{I}_{12}-\dot{I}_{31}\\ \dot{I}_2=\dot{I}_{23}-\dot{I}_{12}\\ \dot{I}_3=\dot{I}_{31}-\dot{I}_{23}\end{cases} \tag{5-12}$$

如果负载对称，即

$$Z_{12}=Z_{21}=Z_{31}$$

则负载的相电流也对称，只需求出$\dot{I}_{12}$，可直接写出$\dot{I}_{23}$和$\dot{I}_{31}$。

此时负载对称时线电流与相电流的关系，可从式(5-12)作出的相量图(图 5-14)看出线

电流也是对称的。(1)在相位上较相电流滞后 30°($\dot{I}_1$ 滞后于$\dot{I}_{12}$,$\dot{I}_2$ 滞后于$\dot{I}_{23}$,$\dot{I}_3$ 滞后于$\dot{I}_{31}$);(2)线电流也是相电流有效值的$\sqrt{3}$倍,即

$$I_L = \sqrt{3} I_P \tag{5-13}$$

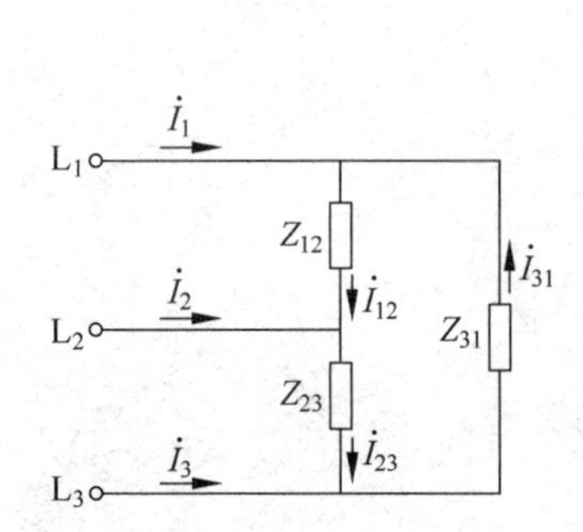

图 5-13　负载三角形连接的三相电路

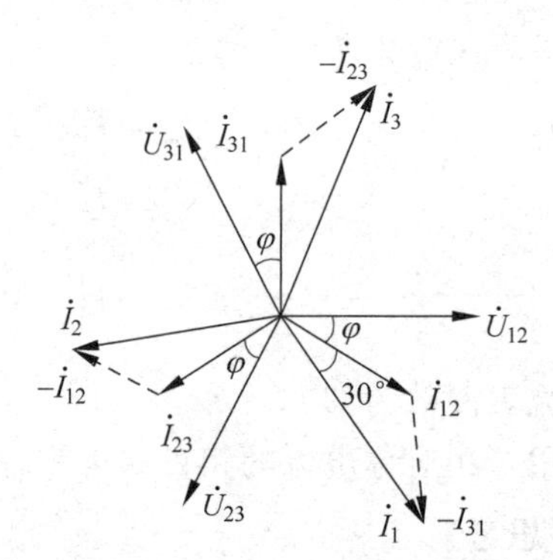

图 5-14　对称三角形负载电压与电流的相量图

【例 5-6】　有一台三相异步电机(三相对称负载),当电源线电压为 220V 时,采用三角形连接,电机额定电流为 11.18A;电源线电压为 380V 时,采用星形连接,电机额定电流为 6.47A。请解释为何电压大时电流小,而电压小时电流大。

【解】　对于三相负载而言,其额定电压或额定电流为线电压或线电流。因为线电压或线电流较相电压或相电流便于测量。但计算三相电路时,不论是星形连接还是三角形连接,都要从相上开始,因为只有相电流、相电压与阻抗间才满足欧姆定律,而线电流、线电压与阻抗间不满足欧姆定律,即$\dot{U}=Z\dot{I}$ 中的$\dot{U}$、$\dot{I}$ 只能是相电压和相电流。线电压为 220V 三角形连接时,相电压也是 220V,虽然线电流为 11.8A,但相电流为 $11.18/\sqrt{3}=6.47$A;线电压为 380V 星形连接时,其相电压也是 220V,相电流是 6.47A,线电流也是 6.47A。也就是说,相电压都是 220V,相电流都是 6.47A,完全一致。

【例 5-7】　线电压为 380V 的三相电源上接有两组对称负载:一组三角形连接的负载阻抗 $Z_\Delta = \mathrm{j}38\Omega$;另一组星形连接的负载阻抗 $R_Y = 22\Omega$,如图 5-15 所示。试求:(1)各组负载的相电流;(2)电路线电流。

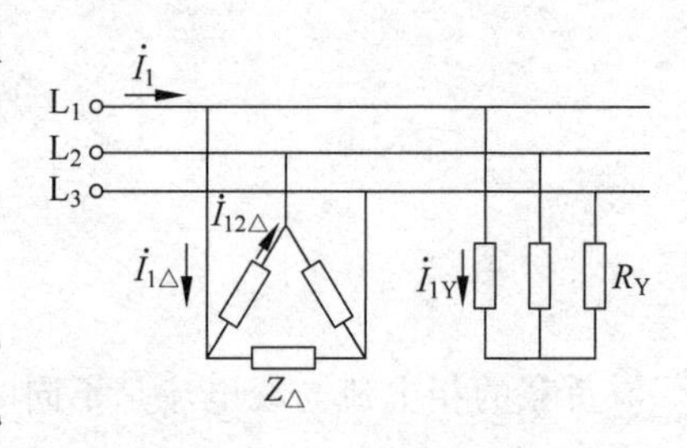

图 5-15　例 5-7 的电路

【解】　设线电压 $\dot{U}_{12} = 380\angle 30^\circ$V,则$\dot{U}_1 = 220\angle 0^\circ$ V。

(1) 由于两组负载对称,计算一相即可得其他两相。

三角形负载的相电流为

$$\dot{I}_{12\Delta} = \frac{\dot{U}_{12}}{Z_\Delta} = \frac{380\angle 30^\circ}{\mathrm{j}38} = 10\angle(-60^\circ)\mathrm{A}$$

星形负载的相电流即为线电流,即

$$\dot{I}_{1Y} = \frac{\dot{U}_1}{R_Y} = \frac{220\angle 0^\circ}{22} = 10\angle 0^\circ \mathrm{A}$$

(2) 先求三角形负载的线电流 $\dot{I}_{1\Delta} = 10\sqrt{3}\angle(-90°)\text{A}$，由 KCL 得

$$\dot{I}_1 = \dot{I}_{1\Delta} + \dot{I}_{1Y} = 10\sqrt{3}\angle(-90°) + 10 = 20\angle(-60°)\text{A}$$

电路的线电流也对称，得

$$\dot{I}_2 = 20\angle(-180°)\text{A}$$

$$\dot{I}_3 = 20\angle 60°\text{A}$$

【练习与思考】

5-6　负载三角形连接的三相电路一定是三相三线制吗？

5-7　请说出对称负载三角形连接和对称负载星形连接三相电路中的$\sqrt{3}$倍、30°角的关系。

5.4　三相功率

将正弦交流电路的功率应用到三相电路即可。不论负载如何连接，三相电路的有功功率等于各相的有功功率之和，三相电路的无功功率等于各相的无功功率之和，即

$$\begin{cases} P = P_1 + P_2 + P_3 \\ Q = Q_1 + Q_2 + Q_3 \end{cases} \tag{5-14}$$

如果负载是对称的，则每相有功功率都相等。因此，三相有功功率是各相有功功率的 3 倍，即

$$P = 3U_P I_P \cos\varphi \tag{5-15}$$

式中，φ 是某相相电压超前该相相电流的角度，即阻抗的阻抗角。

当对称负载星形连接时，有

$$U_L = \sqrt{3}U_P, \quad I_L = I_P$$

当对称负载三角形连接时，有

$$U_L = U_P, \quad I_L = \sqrt{3}I_P$$

将上述关系代入式(5-14)中，有

$$P = \sqrt{3}U_L I_L \cos\varphi \tag{5-16}$$

但是，φ 仍与式(5-15)中相同。

式(5-15)和式(5-16)都可用来计算对称负载的三相有功，但多用式(5-16)，因为线电压和线电流的数值较相电压和相电流容易测量出。

同理，可得出三相无功功率和视在功率为

$$Q = 3U_P I_P \sin\varphi = \sqrt{3}U_L I_L \sin\varphi \tag{5-17}$$

$$S = 3U_P I_P = \sqrt{3}U_L I_L \tag{5-18}$$

【例 5-8】　有一三相电动机，每相等效阻抗 $Z = (29 + \text{j}21.8)\Omega$，绕组为星形连接于线电压 $U_L = 380\text{V}$ 的三相电源上。试求电动机的相电流、线电流，以及从电源吸收的有功功率和无功功率。

【解】 $I_P=\dfrac{U_P}{|Z|}=6.1\text{A}$

$$I_L=I_P=6.1\text{A}$$

$$P=\sqrt{3}U_LI_L\cos\varphi=\sqrt{3}\times380\times6.1\times\frac{29}{\sqrt{29^2+21.8^2}}=3.21\text{kW}$$

$$Q=\sqrt{3}U_LI_L\sin\varphi=\sqrt{3}\times380\times6.1\times\frac{21.8}{\sqrt{29^2+21.8^2}}=2.41\text{kvar}$$

【例 5-9】 求例 5-7 中电路的三相有功功率、三相无功功率。

【解】 例 5-4 电路由两组对称三相电路组成,不能直接使用式(5-15)、式(5-16)和式(5-17)求整个三相电路的功率。可以将两组对称三相电路合并为一组对称三相电路后再使用公式,也分别计算两组负载的功率后再求和,即三相电路的有功功率等于星形连接负载消耗有功功率和三角形负载消耗有功功率之和,三相电路的无功功率等于星形连接负载消耗无功功率和三角形电路消耗无功功率之和。

$$P=P_Y=\sqrt{3}\times380\times10=3\times22\times10^2=6.6\text{kW}$$

$$Q=Q_\Delta=\sqrt{3}\times380\times10\sqrt{3}=3\times38\times10^2=11.4\text{kvar}$$

【例 5-10】 在图 5-16 所示的电路中,$U_L=380\text{V}$,设三相对称负载为星形和三角形连接,分别求负载每相阻抗 Z。

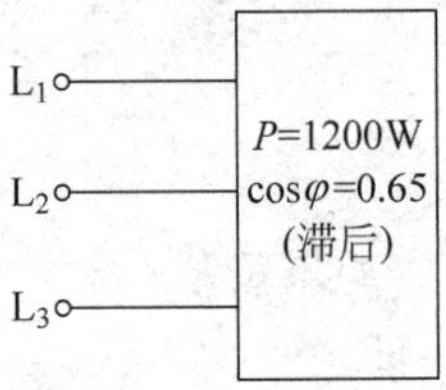

L_1
L_2
L_3
P=1200W
$\cos\varphi$=0.65
(滞后)

图 5-16 例 5-10 的图

【解】

$$I_L=\frac{P}{\sqrt{3}U_L\cos\varphi}=2.80\text{A}$$

(1) 三相星形对称负载时,则

$$I_P=I_L=2.80\text{A}$$

$$U_P=\frac{U_L}{\sqrt{3}}=220\text{V}$$

$\cos\varphi$ 滞后就是电流滞后电压,负载是感性的,有

$$\cos\varphi=0.65,\quad \varphi=49.5^\circ$$

$$Z=|Z|\angle\varphi=\frac{U_P}{I_P}\angle\varphi=78.6\angle49.5^\circ\Omega$$

(2) 三相三角形对称负载时,则

$$U_L=U_P=380\text{V}$$

$$I_P=\frac{I_L}{\sqrt{3}}=1.62\text{A}$$

$$Z=|Z|\angle\varphi=\frac{U_P}{I_P}\angle\varphi=235.8\angle49.5^\circ\Omega$$

【练习与思考】

5-8 不对称负载能否用 $P=\sqrt{3}U_LI_L\cos\varphi$、$Q=\sqrt{3}U_LI_L\sin\varphi$ 和 $S=\sqrt{3}U_LI_L$ 来计算三相有功功率、三相无功功率和视在功率?如果已知各相电路的有功功率分别为 P_1、P_2 和 P_3,求三相有功功率。

5-9 $P=3U_PI_P\cos\varphi$ 中的 φ 可认为是某相电压超前对应相电流的角度,那么 $P=\sqrt{3}U_LI_L\cos\varphi$ 中可以认为是某线电压超前对应线电流的角度吗?

本章小结

在三相对称电源的基础上，分析了负载星形和三角形连接三相电路的电压、电流和各种功率。重点掌握对称星形和三角形的三相电路以及不对称的三相四线制电路的分析，了解其他不对称三相电路的分析。

习　题

5-1　有一三相对称负载，其每相的阻抗 $Z=(4+\mathrm{j}3)\Omega$，如果将负载连成星形和三角形接于线电压 $U_L=380\mathrm{V}$ 的三相电源上，试求相电压、相电流及线电流。

5-2　三相四线制电路中，电源线电压 $U_L=380\mathrm{V}$，$Z_1=11\Omega$，$Z_2=\mathrm{j}22\Omega$，$Z_3=-\mathrm{j}22\Omega$。(1)试求负载相电压、相电流及中性线电流，并作出它们的相量图；(2)如有中性线，当 L_1 相短路时求其他两相电压和电流；(3)如无中性线，当 L_3 相断开时求另外两相的电压和电流。

5-3　图 5-17 所示的三相四线制电路中，设 $\dot{U}_1=220\angle 0°\mathrm{V}$，接有对称星形连接的白炽灯负载，其总功率为 180W。此外，在 L_3 相上接有额定电压为 220V，功率 30W，功率因数 $\cos\varphi=0.5$ 的日光灯一只。试求电流 $\dot{I}_N$、$\dot{I}_1$、$\dot{I}_2$、$\dot{I}_3$。

5-4　在线电压为 380V 的三相电源上，接有两组对称负载，如图 5-18 所示，试求线路电流 I 及三相有功功率。

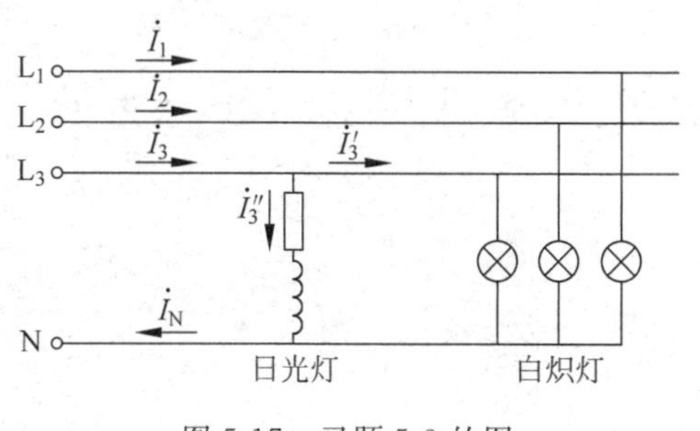

图 5-17　习题 5-3 的图

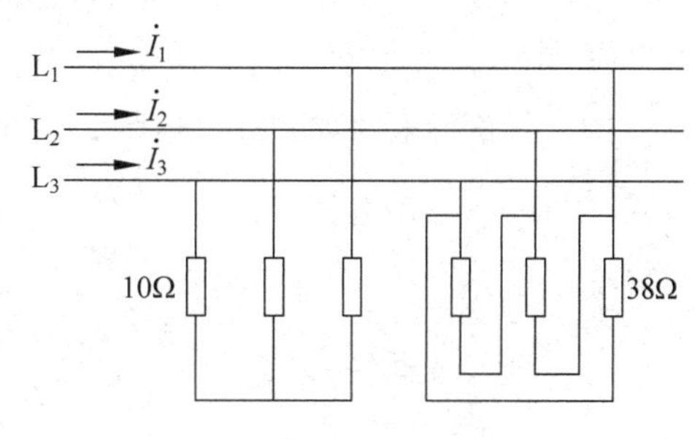

图 5-18　习题 5-4 的图

5-5　三相四线制电路中，电源线电压 $U_L=380\mathrm{V}$，现有 220V、60W 的白炽灯和 220V、功率 30W、功率因数 $\cos\varphi=0.5$ 的日光灯两种负载，按以下要求接入在电路中，分别求各相电流和中线电流，并画出电路图：(1)每相都接入白炽灯和日光灯各一只；(2)L_1 相接入白炽灯两只，L_2 相接入日光灯两只，L_3 接入白炽灯和日光灯各一只；(3)L_1 相负载开关断开，L_2 相接入日光灯一只，L_3 接入白炽灯和日光灯各一只。

5-6　在图 5-19 所示电路中，假定三相电动机是星形对称负载，$U_{1'2'}=380\mathrm{V}$，三相电动机吸收的功率为 5.28kW，其功率因数 $\cos\varphi'=0.8$，$Z_L=(0.4+\mathrm{j}2.8)\Omega$。求负载的阻抗 Z、电源线电压 U_{12} 和电源端的功率因数 $\cos\varphi$、电源输出的有功功率、无功功率。

5-7　在图 5-20 所示的三相电路中，已知 $Z=(1+\mathrm{j}6\sqrt{10})\Omega$。

(1) 当开关 S_1 和 S_2 都闭合，且 S_3 和 S_0 都断开时，电流表 A_1 读数为 10A，求电源线电压。

(2) 当 S_1、S_2 和 S_3 只有一个开关闭合，而 S_0 闭合时，求电流表 A_0 读数。

(3) S_1、S_2 和 S_3 这 3 个开关中有一个断开，其他开关都闭合时，求电流表 A_0 的读数。

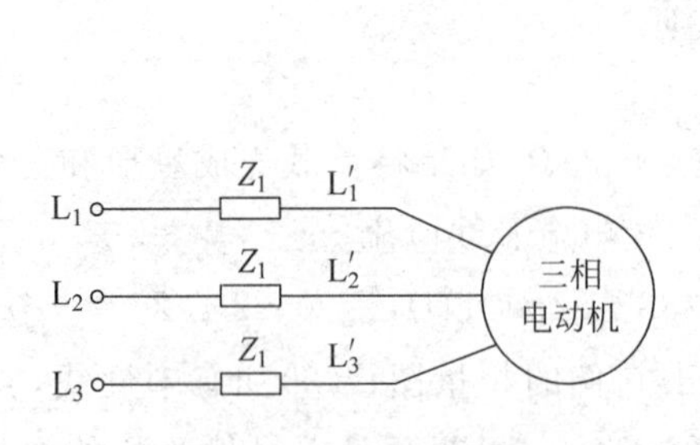

图 5-19　习题 5-6 的图

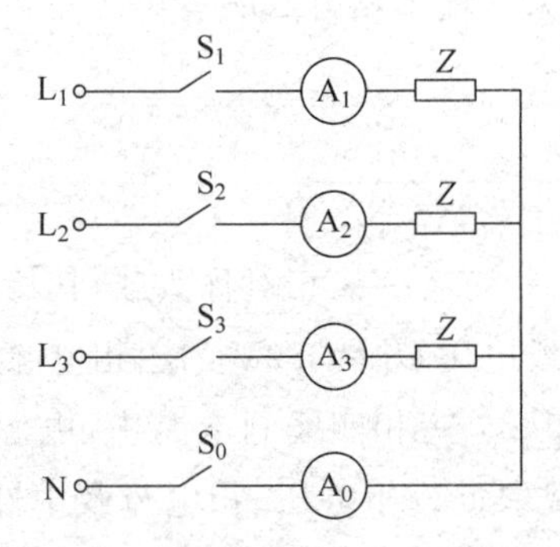

图 5-20　习题 5-7、5-9 图

5-8　图 5-21 所示的电路中，电源线电压 $U_L=220\text{V}$，线电流 $I_L=17.32\text{A}$，三相无功功率 $Q=3\text{kvar}$。求：(1)每相负载的阻抗、三相有功功率 P；(2)当 L_1L_2 相断开时，图中各线电流和三相有功功率 P；(3)当 L_1 线断开时，图中各线电流和三相有功功率 P。

5-9　在图 5-20 所示的电路中，$U_L=380\text{V}$，当开关 S_1、S_2、S_3 都闭合时，$I_L=10\text{A}$，三相无功功率 $Q=3300\sqrt{2}\,\text{var}$。求：(1)对称负载 Z；(2)S_1 断开，其他仍然闭合时的各相电流、中线电流、相电压、三相有功、三相无功；(3)S_1 和 S_0 都断开，其他仍然闭合时的各相电流、中线电流、相电压、三相有功、三相无功。

5-10　三角形电路如图 5-22 所示，$\dot{U}_{12}=220\underline{/0^\circ}\text{V}$，$R=X_L=X_C=22\Omega$，求相电流、线电流、三相有功、三相无功。

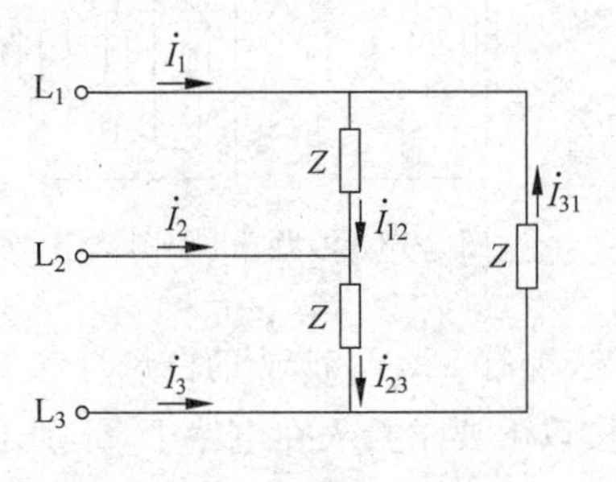

图 5-21　习题 5-8 的图

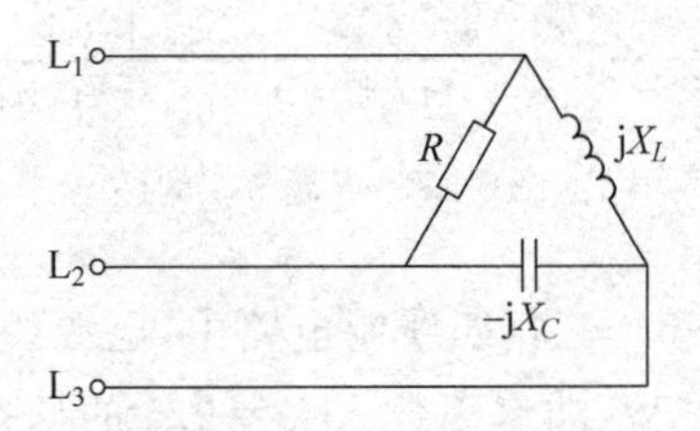

图 5-22　习题 5-10 的图

5-11　三相对称电路三角形中，$\dot{U}_{12}=380\underline{/0^\circ}\text{V}$，$\dot{I}_3=5\sqrt{3}\underline{/60^\circ}\text{A}$。求：(1) 电路的 P 和 Q；(2) 负载阻抗 Z。

5-12　在图 5-23 所示电路中，S 闭合时三相电路的有功功率是 P，无功功率是 Q。当 S 断开时，求电路的有功功率和无功功率。

5-13　在图5-24所示电路中，$U_L=380V$，当$Z_1=Z$时，L_1相消耗有功功率是P，求$Z_1=2Z$时L_1相消耗有功功率。

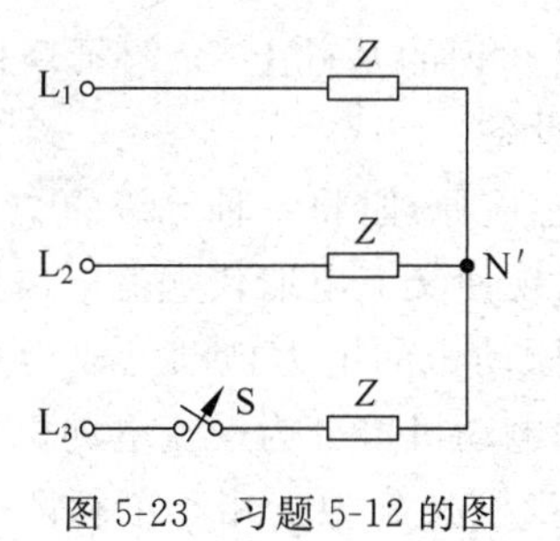

图5-23　习题5-12的图

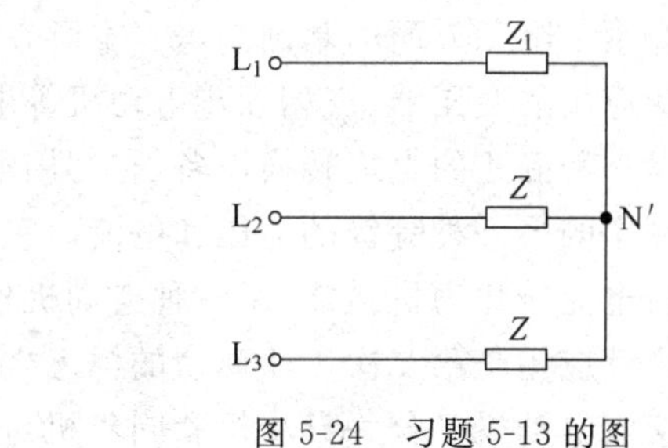

图5-24　习题5-13的图

第6章　变压器和三相异步电动机

前几章介绍了电工方面的基础知识。本章在磁路知识的基础上，介绍了现代生产和生活中得到广泛应用的变压器、三相异步电动机等电工设备。

变压器是一种静止的电能转换设备，它利用电磁感应原理，将一种等级的交流电压和电流变换成同频率的另一种等级的电压和电流。它的出现使交流电取代直流电成为可能。

电动机将电能转化为机械能，用各种电动机作为原动机的电力拖动已成为主要的拖动形式。它的广泛应用是第二次工业革命的标志之一。电动机可分为交流电动机和直流电动机两大类。交流电动机又分为异步机和同步机，而异步机又分为三相和单相两类。本章只介绍三相异步电动机。

6.1　磁路的分析方法

变压器和电动机都是利用电磁感应定律工作的，借助磁场这个介质，实现电能与电能或是电能与机械能的转换。为简化起见，工程中常用磁路来描述和分析磁场及电磁关系。

除了天然磁体会产生磁场外，更多的是用电流来产生磁场，该电流称为励磁电流。为了用较小的电流产生足够强的磁场，在电工设备中采用以铁磁材料做成一定形状的铁芯（有时铁芯中会有气隙），铁芯的高导磁性可以使绝大部分磁通经过铁芯而闭合，这种人为的磁通路径称为主磁路（简称磁路），用 Φ 表示主磁通的大小；也有少量磁通不全部经过铁芯而闭合，成为漏磁通（图中未标示），用 Φ_σ 表示。图 6-1 和图 6-2 是两种典型情况。

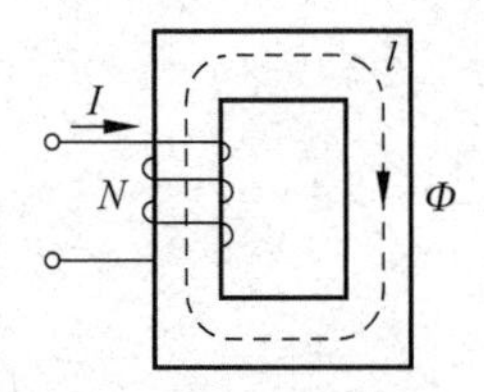

图 6-1　封闭铁芯组成的磁路

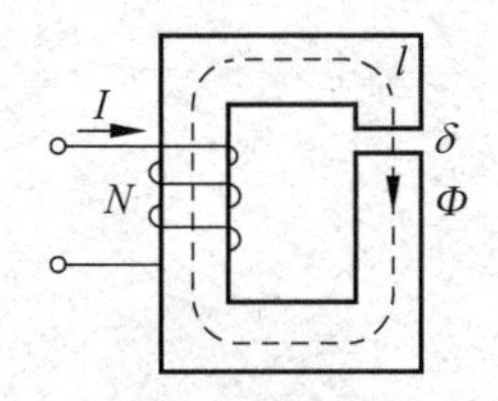

图 6-2　有气隙的磁路

在图 6-1 所示的磁路中，假定铁芯截面积为 S，平均长度为 l，有 N 匝线圈，忽略漏磁通，则由安培环流定律（理想情况下）可得出

$$NI = Hl = \frac{B}{\mu}l = \frac{\Phi}{\mu S}l$$

或

$$\Phi = \frac{NI}{\frac{l}{\mu S}} = \frac{F}{R_m} \tag{6-1}$$

式中，$F=NI$ 是磁通势，它代表通电线圈产生磁场的能力；R_m 为磁阻，它代表磁路对磁通的阻碍作用。

式(6-1)与电路的欧姆定律形式上相同，称为磁路的欧姆定律。

虽然磁路和电路有许多相似之处，但磁路的分析和计算较电路困难。主要区别如下。

(1) 在处理电路时一般不涉及电场问题，而在处理磁路时离不开磁场的概念。

(2) 一般电路中可以不考虑漏电现象，但在磁路中要考虑漏磁通。因为漏磁相对于漏电更为严重，需要考虑。

(3) 磁路的欧姆定律通常不能用定量计算（μ 不是常数），相当是非线性电阻，只适合定性分析；而电路中更多讨论线性电阻，适合定量计算。

在图 6-1 所示磁路中，磁通 Φ 已知，同一材料的截面积 S 相同，则 $B=\dfrac{\Phi}{S}$，再由铁芯材料的磁化曲线 $B=f(H)$ 找铁芯中 H，则磁通势 $F=NI=Hl$ 可得。

对图 6-2 所示的有气隙的磁路，磁通 Φ 已知，则认为铁芯和气隙的截面积均为 S，铁芯的平均长度为 l，气隙的长度为 δ，则铁芯和气隙的 B 也相同。由铁芯材料的磁化曲线 $B=f(H)$ 找出铁芯中的磁场强度 H；而气隙的磁场强度 $H_0=\dfrac{B}{\mu_0}=\dfrac{B}{4\pi\times10^{-7}}\mathrm{A/m}$，磁通势等于两段磁压降之和，$NI=Hl+H_0\delta$（相当于磁路的 KVL）。

图 6-3 是 3 种最常用的电工材料（铸铁、铸钢、硅钢片）的磁化曲线，以备使用。

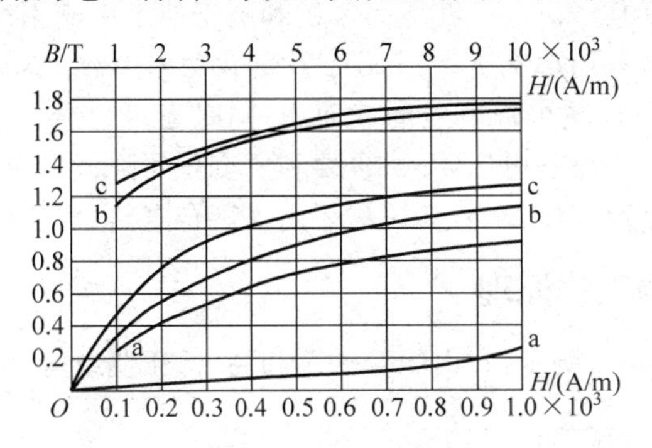

图 6-3　磁化曲线

a—铸铁；b—铸钢；c—硅钢片

【例 6-1】 图 6-1 所示的铁芯线圈为 100 匝，铁芯中的磁感应强度 B 为 0.9T，磁路的平均长度为 10cm。试求：(1)铁芯材料为铸铁时的励磁电流；(2)铁芯材料为硅钢片时的励磁电流。

【解】 当 $B=0.9\mathrm{T}$ 时，查出两种材料的 H 值，再计算 I。

(1) $H_1=9000\mathrm{A/m}, I_1=\dfrac{H_1 l}{N}=9\mathrm{A}$

(2) $H_2=260\mathrm{A/m}, I_2=\dfrac{H_2 l}{N}=0.26\mathrm{A}$

所用铁芯材料不同，要得同样的磁感应强度 B 值，则磁通势 F 或励磁电流 I 相差很大。铁芯材料的磁导率 μ 越高，可以在励磁电流 I 不变的情况下减少线圈的匝数，从而减少用铜量。

如果在上面(1)、(2)两种情况下，线圈中都流过 0.26A 的电流，则铁芯中的 H 都是 260A/m。分别查铸铁和硅钢片的磁化曲线可得

$$B_1=0.05\mathrm{T},\quad B_2=0.9\mathrm{T}$$

两者相差 17 倍，磁通也相差 17 倍。如果得到相同的磁通，那么铸铁的截面积就增加 17 倍。因此，采用磁导率高的材料，可减少铁芯的截面积，从而减少用铁量。

【例 6-2】 图 6-2 所示的磁路中，其 B 值为 0.9T，用硅钢片作为材料，铁芯长度为 9.8cm，气隙长为 0.2cm。设 N 为 100，求 I 值。

【解】 当 $B=0.9\text{T}$ 时，由图得 $H=260\text{A/m}$，空气隙中的 $H_0=\dfrac{B_0}{\mu_0}=7.2\times10^5\text{A/m}$，则

$$NI = Hl + H_0\delta = 1465.48\text{A}$$

$$I = \frac{NI}{N} = 14.65\text{A}$$

可见，在磁路中有气隙时，由于其磁导率 μ 低，磁通势差不多都用在空气隙上面，从而大大增加了励磁电流 I。如果可能，磁路应全部通过铁芯（变压器）；如果磁路中必须有气隙（电动机的定子与转子之间），也应减少气隙的长度。

6.2 变 压 器

变压器是一种常用的电气设备，在电力系统和电子技术中应用广泛。

在输电方面，当输送有功功率 $P=UI\cos\varphi$ 及负载功率因数 $\cos\varphi$ 一定时，提高电压 U 可减少线路电流 I。这样可以减少输电线的截面积，同时还可以减少线路的功率损耗。而当用电时，为保证用电安全和设备电压要求，也要利用变压器降低电压。

在电子技术中，除电源变压器外，变压器还用来耦合电路、传递信号、实现阻抗匹配。

6.2.1 变压器的工作原理

变压器的结构如图 6-4 所示，它由闭合铁芯和高、低压绕组等几个主要部件构成。

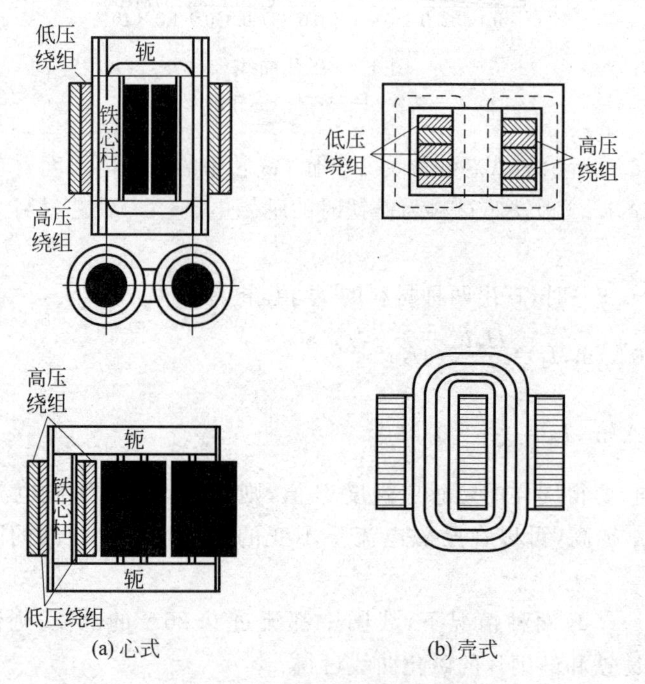

图 6-4 变压器的结构

图 6-5 所示为变压器的原理图，与电源相连的称为原绕组（或称初级绕组、一次绕组），与负载相连的为副绕组（或称为次级绕组、二级绕组），其匝数分别为 N_1 和 N_2。

原绕组上接有交流电压 u_1 时，则有电流 i_1 产生。原绕组的磁通势 $N_1 i_1$ 在铁芯产生主磁通 Φ，从而在原、副绕组中产生感应电动势 e_1、e_2。如果副绕组是闭合的，则 $N_2 i_2$ 也会在铁芯中产生磁通。此时铁芯 Φ 是由 $N_1 i_1 + N_2 i_2$ 产生的。此外，原、副绕组的磁通势还分别产生漏磁通 $\Phi_{\sigma 1}$ 和 $\Phi_{\sigma 2}$，从而产生漏磁电动势 $e_{\sigma 1}$ 和 $e_{\sigma 2}$。

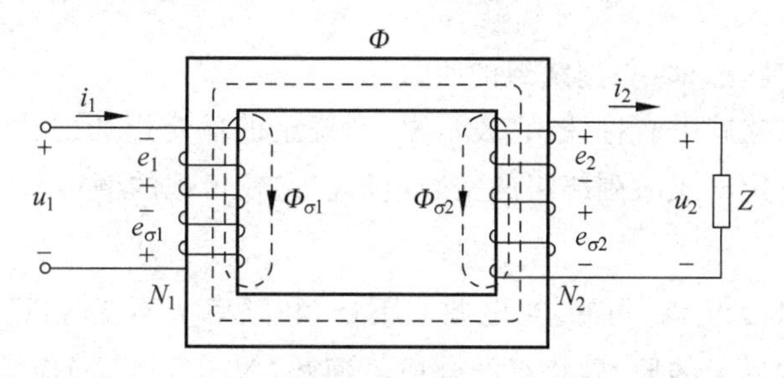

图 6-5 变压器的原理图

下面讨论变压器的电压变换、电流变换及阻抗变换。

1. 电压变换

对原绕组电路列写 KVL 方程，即

$$u_1 = R_1 i_1 - e_{\sigma 1} - e_1 = R_1 i_1 + L_{\sigma 1}\frac{\mathrm{d}i_1}{\mathrm{d}t} - e_1$$

通常认为漏磁通不全部经过铁芯而闭合，是线性电感；而主磁通全部经过铁芯，是非线性电感，只能用电磁感应定律来表示。在正弦电压作用时，可写成相量关系式，即

$$\dot{U}_1 = R_1\dot{I}_1 - \dot{E}_{\sigma 1} - \dot{E}_1 = (R_1 + \mathrm{j}X_1)\dot{I}_1 - \dot{E}_1 \tag{6-2}$$

式中，R_1 和 $X_1 = \omega L\sigma_1$ 代表原绕组的电阻和漏感抗。

与主磁通产生的 E_1 相比，可以忽略原绕组的电阻和漏抗压降，于是

$$\dot{U}_1 \approx -\dot{E}_1$$

设 $\Phi = \Phi_{\mathrm{m}}\sin\omega t$，则根据电磁感应定律，主磁通在原绕组产生电动势

$$e_1 = -N_1\frac{\mathrm{d}\Phi}{\mathrm{d}t} = -N_1\omega\Phi_{\mathrm{m}}\cos\omega t = 2\pi f N_1\Phi_{\mathrm{m}}\sin\left(\omega t - \frac{\pi}{2}\right) = E_{1\mathrm{m}}\sin\left(\omega t - \frac{\pi}{2}\right)$$

于是

$$E_1 = \frac{2\pi f N_1}{\sqrt{2}}\Phi_{\mathrm{m}} = 4.44 f N_1\Phi_{\mathrm{m}} \approx U_1 \tag{6-3}$$

同理，对副绕组电路也可列写 KVL 方程，即

$$e_2 = R_2 i_2 - e_{\sigma 2} + u_2 = R_2 i_2 + L_{\sigma 2}\frac{\mathrm{d}i_2}{\mathrm{d}t} + u_2$$

如用相量形式，则

$$\dot{E}_2 = R_2\dot{I}_2 - \dot{E}_{\sigma 2} + \dot{U}_2 = (R_2 + \mathrm{j}X_2)\dot{I}_2 + \dot{U}_2 \tag{6-4}$$

式中，R_2 和 $X_2 = \omega L_{\sigma 2}$ 为副绕组的电阻和漏感抗；$\dot{U}_2$ 为副绕组的端电压。

同理，在副绕组产生电动势 e_2 的有效值为

$$E_2 = 4.44 f N_2\Phi_{\mathrm{m}} \tag{6-5}$$

当变压器空载时，有

$$I_2 = 0 \quad E_2 = U_{20} \tag{6-6}$$

式中，U_{20}为空载时副绕组的端电压。

由式(6-3)、式(6-5)、式(6-6)可得，原、副绕组的电压之比为

$$\frac{U_1}{U_{20}} \approx \frac{E_1}{E_2} = \frac{N_1}{N_2} = K \tag{6-7}$$

式中，K 为变压器的变比，即原、副绕组的匝数比。

变比在变压器的铭牌上有标注，它表示原、副绕组的额定电压之比，其中副绕组的额定电压是原绕组上加额定电压时副绕组的空载电压。它较负载的额定电压高 5%～10%。

2. **电流变换**

由 $U_1 \approx E_1 = 4.44 f N_1 \Phi_m$ 可知，当电源电压 U_1 和频率 f 不变时，E_1 和 Φ_m 也近似不变。所以带负载时产生主磁通的原、副绕组的合成磁通势（$N_1 i_1 + N_2 i_2$）应该与空载时的原绕组的磁通势 $N_1 i_0$ 相差无几，即

$$N_1 i_1 + N_2 i_2 \approx N_1 i_0$$

其相量关系式，则

$$N_1 \dot{I}_1 + N_2 \dot{I}_2 \approx N_1 \dot{I}_0 \tag{6-8}$$

空载电流 I_0 基本上是励磁电流。由于变压器的主磁路中无气隙，所以它很小。I_0 一般在原绕组额定电流 I_{1N}的 10%之内。只要 $I_1 \gg I_0$，可忽略 I_0。式(6-8)可写成

$$N_1 \dot{I}_1 \approx - N_2 \dot{I}_2 \tag{6-9}$$

其原、副绕组电流有效值关系为

$$\frac{I_1}{I_2} \approx \frac{N_2}{N_1} = \frac{1}{K} \tag{6-10}$$

式(6-10)表示原、副绕组的电流之比近似等于其匝数比的倒数。式(6-9)表示原、副绕组电流反相，副绕组的磁通势对原绕组的磁通势实际上是去磁作用。当负载增大时，为维持主磁通最大值保持不变，$I_1(N_1 I_1)$也随之增大，原、副绕组的电流比值几乎不变。

I_{1N}和 I_{2N}是指规定工作方式运行时，原、副绕组允许通过的最大电流，它根据绝缘材料允许温度确定。

变压器的额定容量用视在功率表示，通常设计时让原、副绕组的额定容量相等，即

$$S_N = U_{1N} I_{1N} = U_{2N} I_{2N} \tag{6-11}$$

3. **阻抗变换**

借助电压和电流变换，可实现阻抗变换。

在图 6-6(a)所示电路中，负载阻抗模$|Z|$接于变压器的副边，将图中的虚线框部分用一个阻抗模$|Z'|$来等效，要保证折算前后电路原、副边的电压、电流和功率不变。

由式(6-7)和式(6-10)可得出

$$|Z'| = \frac{U_1}{I_1} = \frac{\dfrac{N_1}{N_2} U_2}{\dfrac{N_2}{N_1} I_2} = \left(\frac{N_1}{N_2}\right)^2 \frac{U_2}{I_2} = K^2 |Z| \tag{6-12}$$

通过不同的匝数比，把负载阻抗变成合适的数值，实现阻抗匹配。

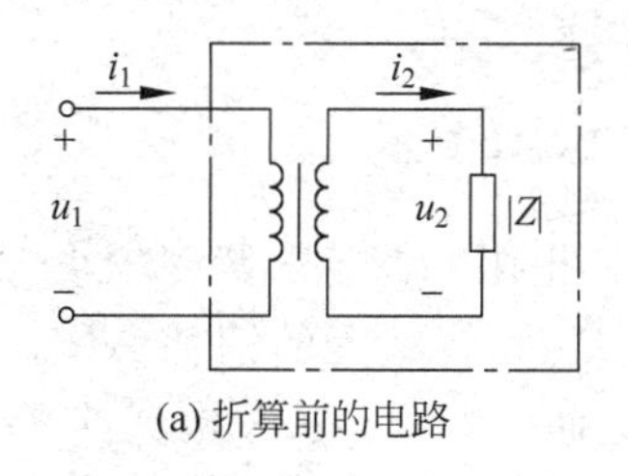

(a) 折算前的电路

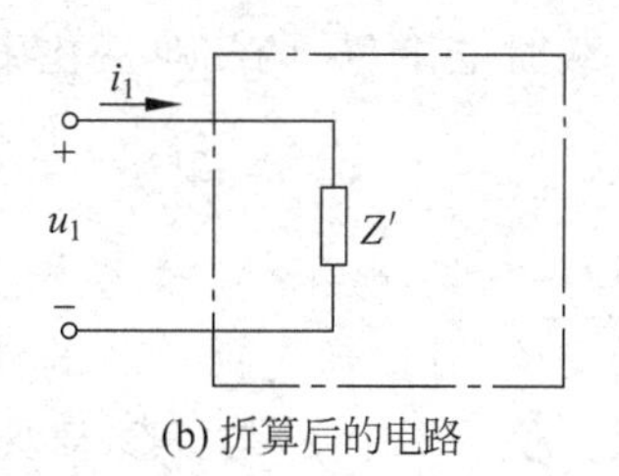

(b) 折算后的电路

图 6-6　负载阻抗的等效变换

【例 6-3】　在图 6-7 所示变压器的原边上接交流信号源，其电动势 $E=100\text{V}$，内阻 $R_0=100\Omega$，负载电阻 $R_L=4\Omega$。(1)当 R_L 折算到原边的等效电阻 $R_L'=R_0$ 时，求变压器的匝数比和信号源输出功率；(2)当负载直接与信号源连接时，信号源输出多大功率？

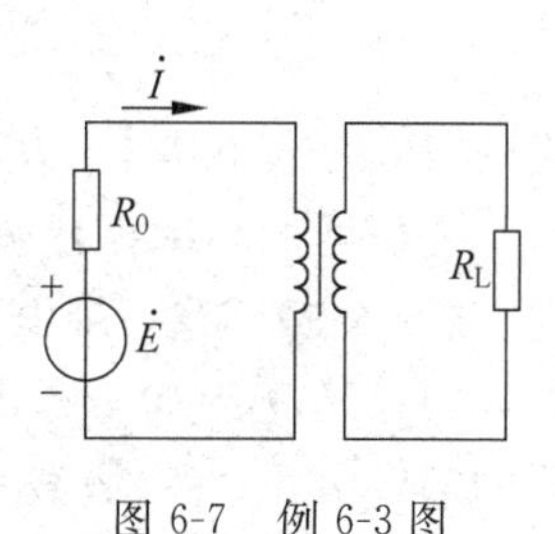

图 6-7　例 6-3 图

【解】　(1) 变压器的匝数比应为

$$\frac{N_1}{N_2}=\sqrt{\frac{R_L'}{R_L}}=\sqrt{\frac{100}{4}}=5$$

信号源输出功率为

$$P=\left(\frac{E}{R_0+R_L'}\right)^2R_L'=25\text{W}$$

(2) 当负载直接接在信号源上时，有

$$P=\left(\frac{E}{R_0+R_L}\right)^2R_L=3.7\text{W}$$

【例 6-4】　一个 $P_N=40\text{kW}$、$U_N=380\text{V}$、$\cos\varphi=0.4$ 的感性负载，能否直接在 380V、50Hz、$S_N=50\text{kvar}$ 的变压器上？如果不能直接接入，你有解决办法吗？

【解】　尽管负载的 $P_N=40\text{kW}$，但是现在的 $S=\dfrac{P_N}{\cos\varphi}=125\text{kvar}$ 大于变压器的 S_N，所以不能直接接入。但是负载的 $P_N=40\text{kW}$ 小于变压器的 S_N，可以通过并联电容器来提高功率因数，只要 $\cos\varphi\geqslant\dfrac{P_N}{S_N}=0.8$ 即可。由式(4-20)求并联电容器的电容量为

$$C=\frac{P}{\omega U^2}(\tan\varphi_1-\tan\varphi)$$
$$=1358.1\mu\text{F}$$

注意：变压器工作在正弦交流电路上，仍需使用相量法分析。

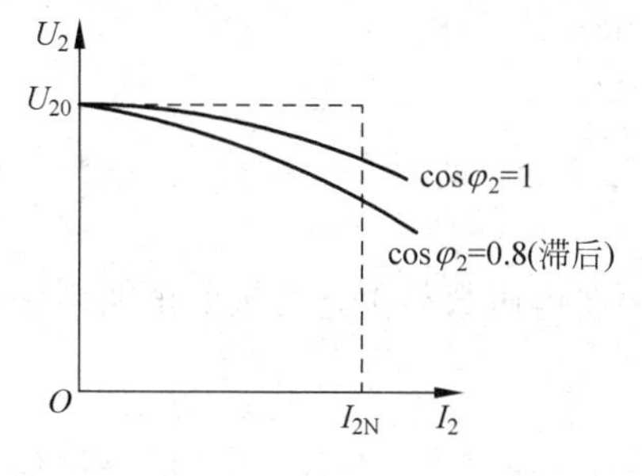

图 6-8　变压器的外特性曲线

6.2.2　变压器的运行特性

对于负载而言，变压器就是一个有内阻抗的实际电压源。当电源电压 U_1 不变时，随着副边电流 I_2 的变化，副边电压 U_2 也随之变化。当电源电压 U_1 和负载的功率因数 $\cos\varphi_2$ 一定时，$U_2=f(I_2)$称为外特性曲线，见图 6-8。对电阻性和感性负载而言，电压 U_2 随 I_2 的增加而下降。通常用电压变化率 ΔU 来表示当变压器

从空载到额定负载时电压 U_2 的相对变化率，即

$$\Delta U = \frac{U_{20} - U_2}{U_{20}} \times 100\% \tag{6-13}$$

式中，U_{20} 为空载时的副边电压。一般变压器中，其电阻和漏抗压降都较小，ΔU 不超过 5%。

变压器变换交流，其损耗包括铁芯的铁损 ΔP_{Fe} 和绕组上的铜耗 ΔP_{Cu}。前者与铁芯内磁感应强度的最大值 B_m 有关，与负载大小无关；而后者则与负载电流的平方成正比。

变压器的效率常用式(6-14)确定，即

$$\eta = \frac{P_2}{P_1} = \frac{P_2}{P_2 + \Delta P_{Fe} + \Delta P_{Cu}} \tag{6-14}$$

式中，P_2 为输出功率；P_1 为输入功率。

变压器的功率损耗很小，效率高，大型变压器的效率可达 95%以上。

【例 6-5】 有一带电阻负载的单相变压器，其额定数据如下：$S_N = 1\text{kVA}$，$U_{1N} = 220\text{V}$，$U_{2N} = 115\text{V}$，$f_N = 50\text{Hz}$，由试验测得：$\Delta P_{Fe} = 40\text{W}$，额定负载时 $\Delta P_{Cu} = 60\text{W}$。求：(1)变压器的额定电流；(2)满载和半载时的效率。

【解】 (1) 用额定容量求额定电流，由式(6-11)有

$$I_{2N} = \frac{S_N}{U_{2N}} = 8.69\text{A}$$

$$I_{1N} = \frac{S_N}{U_{1N}} = 4.55\text{A}$$

(2) 满载和半载时的效率分别为

$$\eta_1 = \frac{P_2}{P_2 + \Delta P_{Fe} + \Delta P_{Cu}} = \frac{1 \times 10^3}{1 \times 10^3 + 40 + 60} = 90.9\%$$

$$\eta_2 = \frac{P_2}{P_2 + \Delta P_{Fe} + \Delta P_{Cu}} = \frac{\frac{1}{2} \times 10^3}{\frac{1}{2} \times 10^3 + 40 + \left(\frac{1}{2}\right)^2 \times 60} = 90.1\%$$

6.2.3 特殊变压器

下面介绍两种特殊变压器。

1. 自耦变压器

图 6-9 所示的自耦变压器中，其副绕组是原绕组的一部分。这种变压器的原、副绕组除了磁的联系外，还有电的直接联系。该种变压器的电压、电流关系与普通变压器无差别，当变比 $K<2$ 时，它可以减少尺寸和节省材料，且可提高变压器的效率。

2. 电流互感器

电流互感器根据变压器的原理制作，主要用来扩大交流电表的量程。同时它将测量仪表与高压电路隔开，保证人身与设备的安全。

电流互感器的接线及其符号如图 6-10 所示。它的原绕组匝数很少且与被测电路串联；而副绕组的匝数较多，直接接电流表或其他电流线圈。

$$I_1 = \frac{N_2}{N_1} I_2 = K_i I_2 \tag{6-15}$$

式中，K_i 为电流互感器的变换系数，是一般变压器的 K 的倒数。

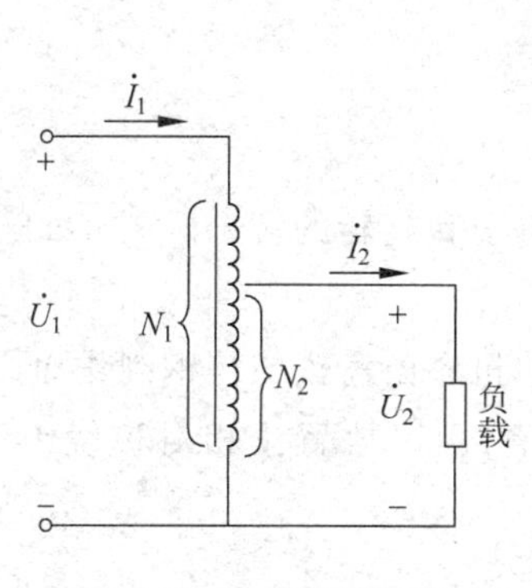

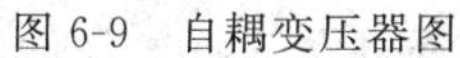
图 6-9　自耦变压器图

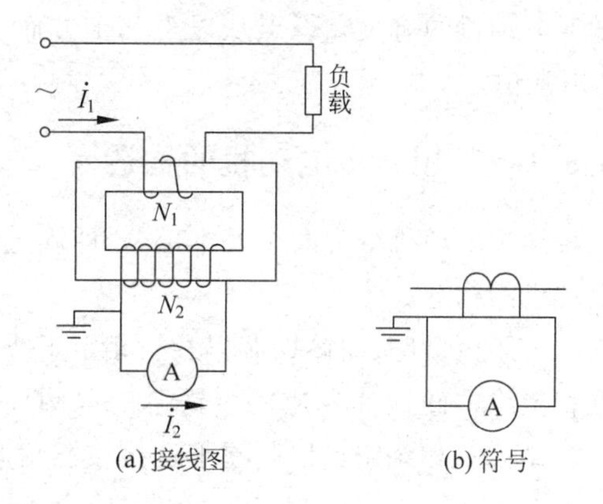

图 6-10　电流互感器的接线图及其符号

通常所接电流表或其他电流线圈的额定值均是 5A，更换电流互感器就可以测量不同电流，而电流表可直接标出被测电流值。

由于电流互感器副绕组上的负载阻抗很小，所以折合到原绕组侧的阻抗也很小，对被测电流的影响也很小，不允许将副绕组开路，否则被测量电流全部成为励磁电流，在副绕组中产生非常高的电压，产生极大的危险。为安全起见，电流互感器的铁芯和副绕组的一端应该接地。

【练习与思考】

6-1　如果变压器的一次绕组的匝数减少 1/3，而原边仍加额定电压，励磁电流有何变化？如果一次绕组的匝数增大 2 倍，条件相同，此时励磁电流有何变化？

6-2　有一台 220V/110V 的变压器，$N_1=2000$ 匝，$N_2=1000$ 匝，现将匝数减少为 200 匝和 100 匝是否也可以？

6-3　有一台 220V/110V 的变压器：(1)如果低压侧加 110V 电压，高压侧带 220V 的负载可以吗？(2)如果将低压侧接在 220V 电源上，高压侧会输出 440V 吗？

6-4　某变压器的额定频率为 50Hz：(1)如果用 60Hz 的交流电路能否带额定负载？(2)能否在 20Hz 的交流电路中带少量负载？

6.3　三相异步电动机

电动机的作用是将电能转换为机械能。现代生产机械都广泛应用电动机来拖动。既有简单的单电机拖动，也有相对复杂的多电机拖动系统。如常用的桥式起重机中就有 3 台电动机。

生产机械由电动机拖动有许多优点：简化生产机械的结构；提高生产效率和产品质量；能实现自动控制和远距离操作；减轻繁重的体力劳动。

本节介绍的异步电动机，广泛用于驱动各种金属切削机床、起重机、锻压机、传送带和铸造机械等。

学习电动机的有关知识点从以下几个方面着手：构造；工作原理；机械特性；运行特性；使用常识。

6.3.1 三相异步电动机的构造

三相异步电动机分为两个基本部分，即固定不动的定子和旋转的转子。图6-11是三相异步电动机的构造。

它的定子由机座、圆筒铁芯以及三相定子绕组组成。机座由铸铁或铸钢制作而成，铁芯是由互相绝缘的硅钢片叠成的。铁芯的内圆周上冲有槽，用以放置三相对称绕组 U_1U_2、V_1V_2、W_1W_2，三相绕组可以是星形连接或三角形连接。

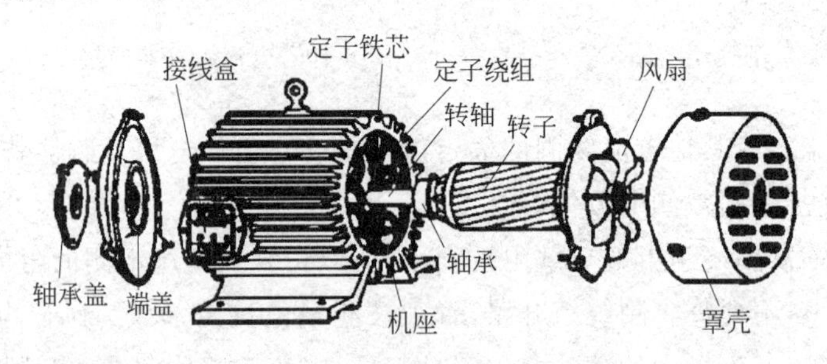

图 6-11　三相异步电动机的构造

三相异步电动机的转子可分为笼型和绕线型两种。在图6-12中，笼型的转子绕组做成鼠笼状，或在槽中浇铸铝液，铸成鼠笼，这种结构在中小型笼式电动机中得到广泛应用。

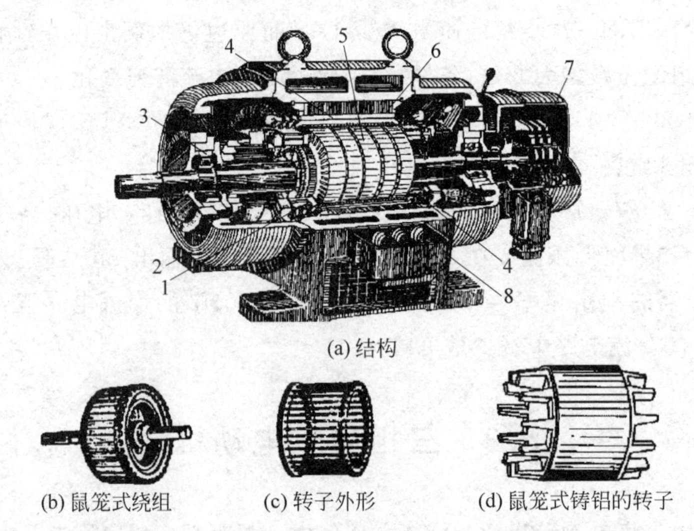

(a) 结构

(b) 鼠笼式绕组　(c) 转子外形　(d) 鼠笼式铸铝的转子

图 6-12　笼型转子三相异步电动机的结构

1—转子绕组；2—端盖；3—轴承；4—定子绕组；5—转子；6—定子；7—集电环；8—出线盒

绕线型异步电动机的构造如图6-13所示，它的转子绕组同定子绕组的结构相同，也为三相星形。每相的始端接在3个铜制的滑环上，滑环固定在转轴上。借助弹簧的压力，碳质电刷压在环上将转子绕组引出。

两种电机在转子上构造不同，但它们的工作原理是相同的。

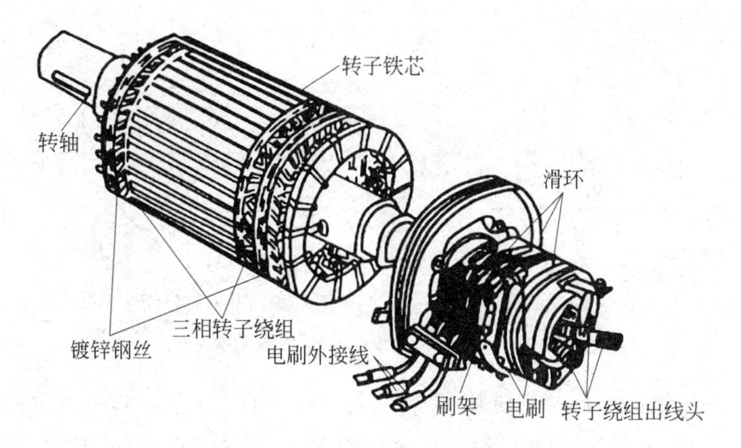

图 6-13　绕线型异步电动机的构造

6.3.2　三相异步电动机的工作原理

图 6-14 就是三相异步电动机转动原理的演示。转动磁极时，发现转子跟着磁极一起转动。摇得快，转子转得也快；反摇，转子马上反转。

由此得出以下两点结论：①产生了一个旋转的磁场；②转子跟着磁场转动。那么，先分析转子是如何转动的，再分析旋转磁场的产生。

在图 6-15 所示的异步电动机转动原理图中，图中 N、S 表示两极旋转磁场的磁极，转子中只表示出两个导条。当旋转磁场顺时针方向旋转时，其磁力线切割转子导条，导条中感应出电动势。电动势的方向由右手定则确定。在电动势作用下，闭合的导条中就有电流，从而转子导条受到电磁力 F 作用。电磁力的方向由左手定则来确定。电磁力产生电磁转矩，转子就转动起来。从图 6-15 中可见转子的转动方向与旋转磁场相同；当旋转磁场反转时，电动机也反转。

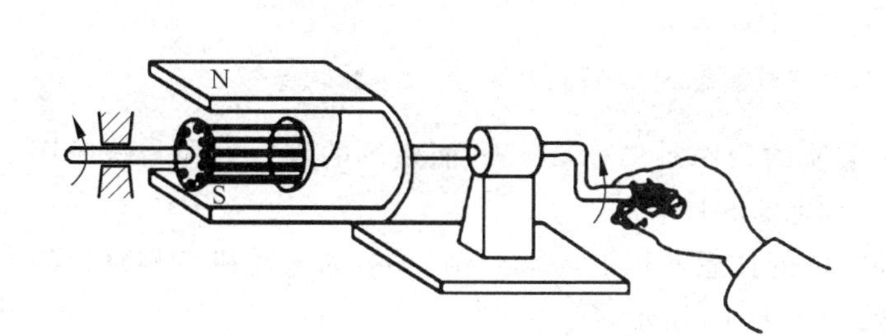

图 6-14　异步电动机转动的演示图

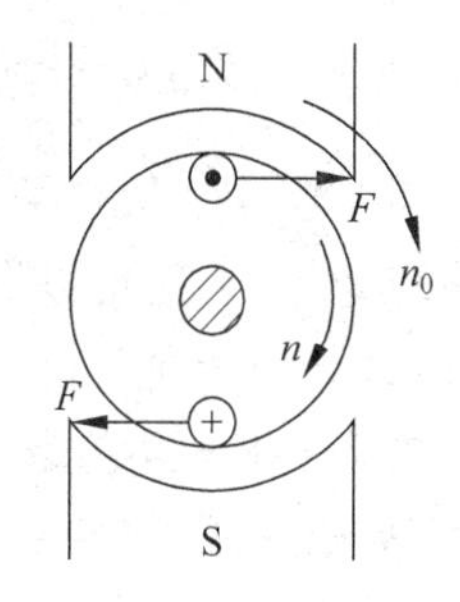

图 6-15　异步电动机转动的原理

下面再分析旋转磁场的产生。三相异步电动机的定子铁芯中有 U_1U_2、V_1V_2 和 W_1W_2 三相绕组，三相绕组星形连接，接入三相电源上，绕组中就有三相对称电流，即

$$i_1 = I_m \sin\omega t$$

$$i_2 = I_m \sin(\omega t - 120°)$$

$$i_3 = I_m \sin(\omega t + 120°)$$

其波形见图 6-16。当电流大于零时，电流的实际方向与参考方向一致；否则相反。

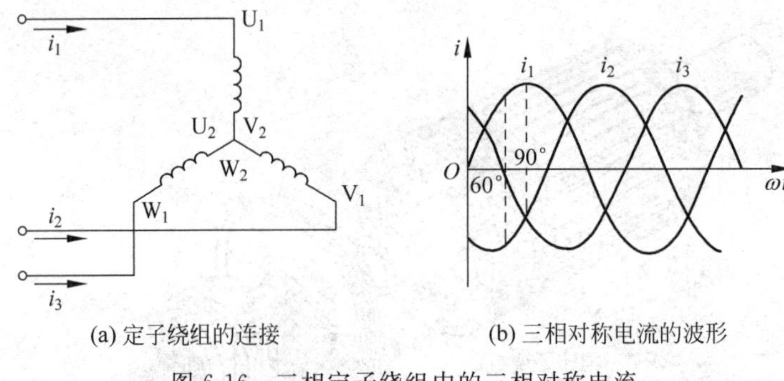

(a) 定子绕组的连接 (b) 三相对称电流的波形

图 6-16 三相定子绕组中的三相对称电流

原理电机中认为每相为一个集中绕组，3 个绕组均匀分布在定子圆周上。$\omega t=0$ 时，$i_1=0$、$i_2<0$、$i_3>0$。用右手螺旋关系画出此时的磁场，见图 6-17(a)，磁场的轴线方向自上而下。

图 6-17(b)表示 $\omega t=60°$时定子电流及产生的磁场，此时磁场在空间转过 60°。

同理，可得 $\omega t=90°$时的三相电流的磁场，它比 $\omega t=60°$的磁场在空间又转过 30°，见图 6-17(c)。

由此可见，当定子绕组中通入三相电流后，它们共同产生的磁场是随电流在时间上的交变而在空间不断地旋转，这就是旋转磁场。

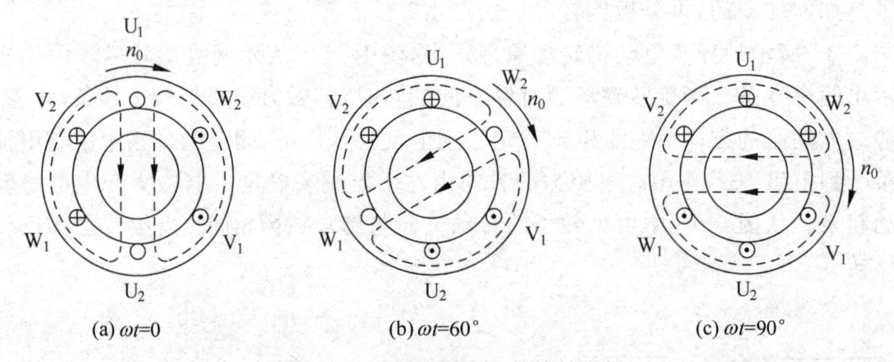

(a) $\omega t=0$ (b) $\omega t=60°$ (c) $\omega t=90°$

图 6-17 三相电流产生的旋转磁场

从图 6-17 上还可以发现，三相电流的相序是 U→V→W，而磁场的旋转方向与该顺序一致，即磁场的转向与通入绕组的三相电流相序有关。

如果将三相电源连接的 3 根导线中的任意两根的一端对调位置，如电动机三相绕组的 V 相和 W 相对调，旋转磁场就反转，如图 6-18 所示。

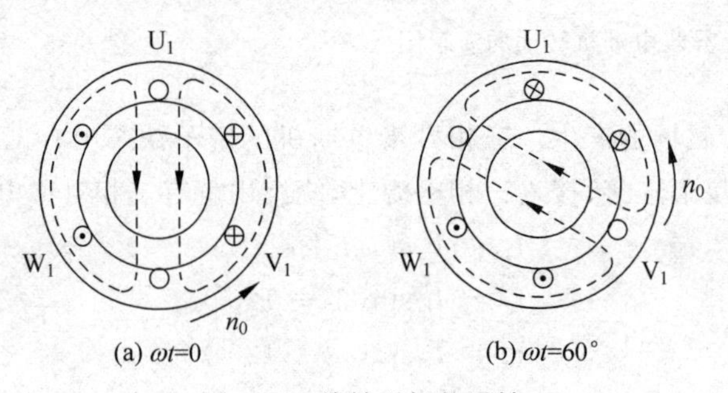

(a) $\omega t=0$ (b) $\omega t=60°$

图 6-18 旋转磁场的反转

三相异步电动机的极数就是旋转磁场的极数。而旋转磁场的极数和三相绕组的安排有关。如果将每相看成两个集中绕组串联(如 U 相分成 $U_{11}U_{12}$ 和 $U_{21}U_{22}$ 两个集中绕组),每个绕组的首、尾端相距 90°空间角,而绕组的始端之间相差 60°空间角。按每相先外层再内层分布,则产生的旋转磁场具有两对极,即 $p=2$。

三相异步电动机的转速与旋转磁场的转速有关,而旋转磁场的转速取决于电流频率与磁场的极对数。在一对极情况下,电流交变一周,旋转磁场在空间旋转一圈,则每分钟内电流交变 $60f_1$ 次,旋转磁场的转速为 $60f_1$。它的单位为转每分(r/min)。

而在两对极情况下,电流交变一次,磁场仅旋转了半转,此时旋转磁场的转速 $n_0=\frac{60f_1}{2}$。

由此类推知,当旋转磁场具有 p 对极时,磁场的转速为

$$n_0=\frac{60f_1}{p} \tag{6-16}$$

对于某异步电动机而言,f_1 和 p 通常一定,所以磁场转速 n_0 是个常数。

那么电动机转子的转速 n 又是多少呢?一般情况下,$n<n_0$,如果两者相同,则转子与旋转磁场之间就相对静止,就不会有感应电动势、感应电流以及电磁转矩,转子就不能继续以 n_0 的速度转动。当然,在特殊情况下,有可能 $n>n_0$。所以,转子转速与磁场转速之间有差别,异步电动机由此而来。而旋转磁场的转速 n_0 则称为同步转速,也称为理想空载转速。

通常用转差率 s 表示 n_0 与 n 之间相对差值,即

$$s=\frac{n_0-n}{n_0} \tag{6-17}$$

该式也可以改写为

$$n=(1-s)n_0$$

转差率 s 是异步电动机运行的一个重要物理量。转子转速越接近于磁场转速,则两者相对差值就越小。额定转速的转差率 s_N 为 1%～9%,电动机在通常情况下,$n>n_N$,则 $s<s_N$。

在起动瞬间,$n=0$,则 $s=1$;在理想空载时,$n=n_0$,则 $s=0$。

【例 6-6】 一台三相异步电动机,已知电源频率 $f_N=50\text{Hz}$,额定转速 $n_N=975\text{r/min}$。试求电动机的极对数和额定负载时的转差率。

【解】 由于额定转速接近且略小于同步转速,在 50Hz 下的 n_0 为 3000r/min、1500r/min、1000r/min 等,所以此时 $n_0=1000\text{r/min}$,对应的极对数为 $p=3$,额定转差率为

$$s_N=\frac{n_0-n_N}{n_0}\times 100\%=\frac{1000-975}{1000}\times 100\%=2.5\%$$

6.3.3　三相异步电动机的机械特性

电磁转矩 T(简称转矩)是三相异步电动机最重要的物理量之一,而机械特性是它的主要特性,分析电动机运行都要用到它。

1. 转矩公式

异步电动机的转矩是由旋转磁场的每极磁通 Φ 与转子电流 I_2 相互作用而产生的。由于转子电路是感性的,其电磁转矩与转子电流的有功分量有关,于是得出

$$T = K_T \Phi I_2 \cos\varphi_2 \tag{6-18}$$

式中，K_T 为一常数，与电动机的结构有关；$\cos\varphi_2$ 为转子每相电路的功率因数。

将转子电路的相关公式代入式(6-18)，即得出转矩的另一表达式为

$$T = K \frac{sR_2 U_1^2}{R_2^2 + (sX_{20})^2} \tag{6-19}$$

式中，K 为一常数；U_1 为定子相电压；R_2 和 X_{20} 为转子每相电路中的电阻和 $s=1$(起动时)的漏抗。转矩 T 受定子相电压影响很大，同时与转子电路参数以及转差率 s 有关。

2．机械特性曲线

在一定的电源电压 U_1 和转子电路每相参数 R_2 和 X_{20} 下，转矩与转差率的关系曲线 $T=f(s)$ 或转速与转矩的关系曲线 $n=f(T)$，称为电动机的机械特性曲线。它可由式(6-19)得出图 6-19(a)所示的 $T=f(s)$，由此可得到 $n=f(T)$ 的曲线如图 6-19(b)所示。

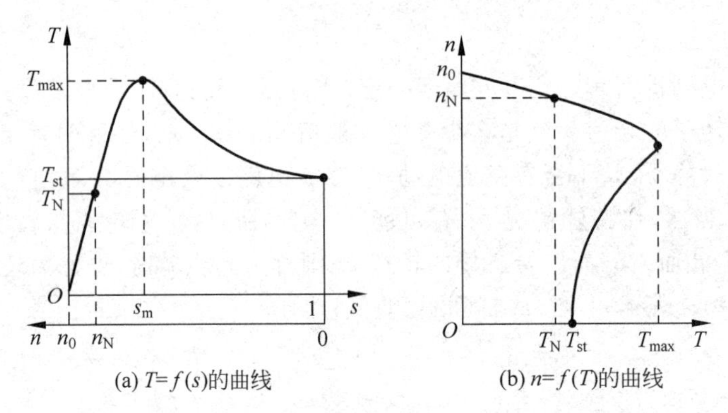

图 6-19　三相异步电动机的 $T=f(s)$ 和 $n=f(T)$ 曲线

在机械特性曲线上要重点讨论 3 个转矩。

1) 额定转矩 T_N

在等速转动时，电动机的转矩 T 必须与阻转矩 T_C 相平衡，即

$$T = T_C$$

阻转矩主要是机械负载转矩 T_2，此外还有空载损耗 T_0。由于 T_0 很少，常可忽略不计，即

$$T = T_2 + T_0 \approx T_2 \tag{6-20}$$

并得出

$$T \approx T_2 = \frac{P_2}{\frac{2\pi n}{60}} = 9550 \frac{P_2}{n} \tag{6-21}$$

式中，P_2 为电动机轴上输出的机械功率。转矩单位是牛·米(N·m)；功率单位是 kW，转速为转每分(r/min)。如果 P_2 单位是 W，则式(6-21)系数是 9.55。

额定转矩是电动机的各项指标都是额定值转矩，可从电动机铭牌上的额定功率(输出功率)和额定转速求得。

某电动机的额定功率为 260kW，额定转速是 722r/min，则额定转矩为

$$T_N = 9550 \frac{P_{2N}}{n_N} = 3439\text{N} \cdot \text{m}$$

2）最大转矩 T_{max}

从特性曲线上看，转矩有一个最大值，称为最大转矩 T_{max} 或临界转矩。对应的 s_m 称为临界转差率，可由$\frac{dT}{ds}$求得，即

$$s_m = \frac{R_2}{X_{20}} \tag{6-22}$$

$$T_{max} = \frac{KU_1^2}{2X_{20}} \tag{6-23}$$

由式(6-22)和式(6-23)可见，T_{max} 与 U_1^2 和 X_{20} 有关，与 R_2 无关；而 s_m 与 R_2 和 X_{20} 均有关。这为绕线型异步电动机的应用提供理论上的依据，即在转子中串电阻，不改变电机带极限负载的能力。图 6-20 是人为改变转子串接的电阻得到的人工机械特性。而图 6-21 是人为改变定子相电压的人工机械特性，电压降低后所有电磁转矩都按相同的比例下降。

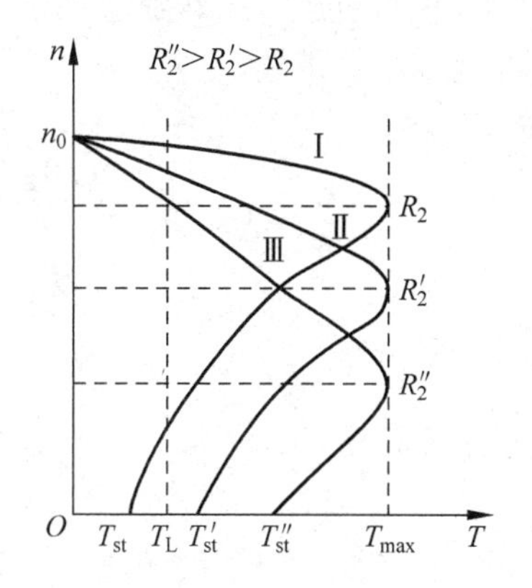

图 6-20　不同转子电阻 R_2 下的 $n=f(T)$ 曲线

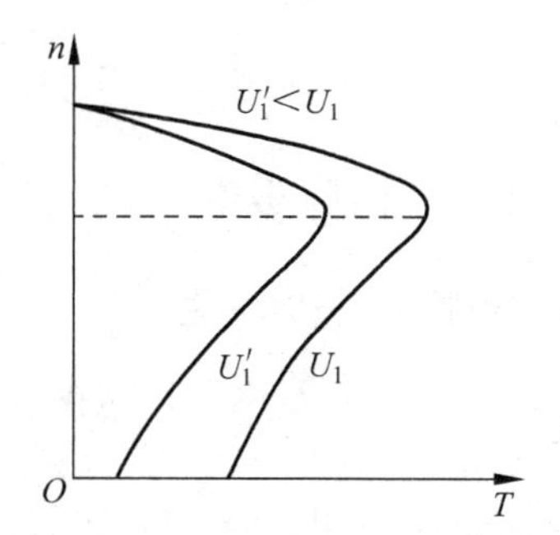

图 6-21　不同 U_1 下的 $n=f(T)$ 曲线

在 $n_0 \sim n_0(1-s_m)$ 区间，电动机具有自我调节能力，负载转矩增大，电机就减速，从而电磁转矩增大，当两者再次平衡时，电机以牺牲转速为代价，再次与负载平衡。当负载转矩大于最大转矩后，即 $n<n_0(1-s_m)$ 时，电动机就不能自我调节了，速度越低，电磁转矩进一步减小，最终停下来，发生“闷车”现象。电动机停止后，电动机电流上升为额定值的 6～7 倍，电动机严重过热，导致损坏。

电动机允许短时超过额定转矩，因此用过载系数衡量电动机的过载能力，即

$$\lambda = \frac{T_{max}}{T_N} \tag{6-24}$$

一般地，三相异步电动机的过载系数为 1.8～2.2。

在选用电动机时，T_N 和 T_{max} 都是重要依据。

3）起动转矩 T_{st}

电动机起动($n=0$、$s=1$)时的转矩为起动转矩，将 $s=1$ 代入式(6-19)可得

$$T_{st} = K\frac{R_2U_1^2}{R_2^2+X_{20}^2} \tag{6-25}$$

由式(6-25)可见，T_{st} 与 U_1^2 及 R_2、X_{20} 有关。减小 U_1，起动转矩减小；当串入电阻时转子电流会减少，如果适当，T_{st} 还会增大；当 $R_2=X_{20}$ 时，$T_{st}=T_{max}$ 取得最大值。

3. **电动机的稳定工作点**

对于图 6-22 所示的机械特性曲线可以分为两段，即 ab 段和 bc 段。在 ab 段内，随着电磁转矩的增大，转速出现下降。但总体而言，ab 段比较平坦，由于电磁转矩的增大导致的转速下降并不明显，这种特性称为硬的机械特性。如果负载是转矩不随转速变化的恒转矩负载，则转矩的机械特性(是一条与纵轴平行的直线)与 ab 段的交点是稳定工作点。

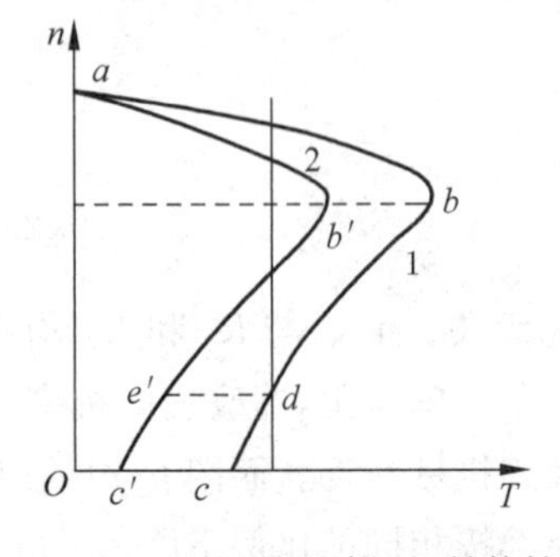

图 6-22　电压对电动机机械特性的影响及稳定工作点

有时负载的机械特性也与电动机的机械特性 bc 段相交，但该点不是稳定工作点。若原先相当于 d 点，现电源电压下降，电动机机械特性由 1 变成 2，但是转子的转速不能跃变，电动机工作点由 d 点水平跳到 e'，$T_{e'} < T_d$，但负载转矩不变。所以电机开始减速，但在 $b'c'$ 段转速下降，会引起电磁转矩的进一步减小，从而引起转子转速进一步减小，直到电机停下来为止，发生"闷车"事故。

如果电机带恒负载转矩，则稳定工作点在 $n_0 \sim n_0(1 - s_m)$ 之间。

6.3.4　三相异步电动机的运行特性

1. **起动性能和起动方法**

起动就是让电动机由静止到正常转动的过程。先分析起动时($n=0$、$s=1$)的起动电流和起动转矩。

刚起动时，电动机转子对磁场的相对转速很大，在转子绕组中产生大的电动势和电流，类似于变压器的原理，此时定子电流也很大，中小型笼型异步电动机的定子起动线电流 I_{st} 是额定值的 5～7 倍。

如果电动机不频繁起动，对电动机本身影响不大。由于起动时间短(小型电动机只有 1～3s)，且随着转速上升，电流很快减少。但如果频繁起动，电动机就可能过热，需防止。例如，在切削加工时，一般用离合器将主轴与电动机轴脱开，而不将电动机停机。

但是，电动机的起动电流对线路有影响。在起动时大的起动电流会在线路上产生较大的电压降落，而使负载端的电压降低，影响邻近的负载工作。由于电压降低而引起相邻电动机的转速下降，电流增大，甚至出现"闷车"现象。

从起动转矩 T_{st} 而言，一般为 T_N 的 1.0～2.2 倍，问题不大。如果 T_{st} 过小，应设法提高；如果 T_{st} 过大，会使传动机构受到冲击而损坏，又要减少它。

综上所述，异步电动机起动时的主要缺点是起动电流较大，为减少起动电流(有时也为提高或减少起动转矩)，必须采用适当的起动方法。

笼型异步电动机可采用直接起动和降压起动两种。

直接起动就是利用闸刀开关或接触器将电动机直接接到具有额定电压的电源上。该方法简单，但缺点也很明显。

一台电动机能否直接起动有相关规定。例如，用电单位如有独立变压器，当电动机起动频繁时，电动机容量应小于变压器容量的 20%；如果电动机不经常起动，它的容量应小于变压器容量的30%。如果没有独立变压器(与照明共用),由直接起动而产生的压降要小于5%。该要求是比较宽松的。

如果按经验公式$\frac{I_{st}}{I_N} \leqslant \frac{3}{4} + \frac{\text{电源总容量(kVA)}}{4\times\text{起动电动机功率(kW)}}$来选取。如果 $I_{st}=7I_N$,则起动电动机功率(kW)≤4%×电源总容量(kVA)。该经验公式的要求是比较严格的。

20～30kW 以下的电动机,一般都采用直接起动。如果不符合以上要求,就必须降压起动,减少在电动机定子绕组上的相电压,以减少起动电流。最简单的是星形—三角形(Y-Δ)换接起动。

电动机工作时其定子绕组是三角形连接,那么起动时把它连成星形,等到转速接近额定值时再换成三角形。这样,起动时每相绕组上的电压降为正常工作电压的$\frac{1}{\sqrt{3}}$。

图 6-23 是定子绕组的两种连接法,Z 为起动时每相从定子看进去的等效阻抗。当定子绕组连成星形,即降压起动时,有

$$I_{LY} = I_{PY} = \frac{\frac{U_L}{\sqrt{3}}}{|Z|}$$

当定子绕组接成三角形,即直接起动时,有

$$I_{L\Delta} = \sqrt{3}\,I_{P\Delta} = \sqrt{3}\,\frac{U_L}{|Z|}$$

比较上两式,可得

$$\frac{I_{LY}}{I_{L\Delta}} = \frac{1}{3}$$

即降压起动时的电流为直接起动时的$\frac{1}{3}$。

由于转矩和电压的平方成正比,所以起动转矩也减少到直接起动的$\frac{1}{3}$。因此,该方法只适用于空载或轻载起动。

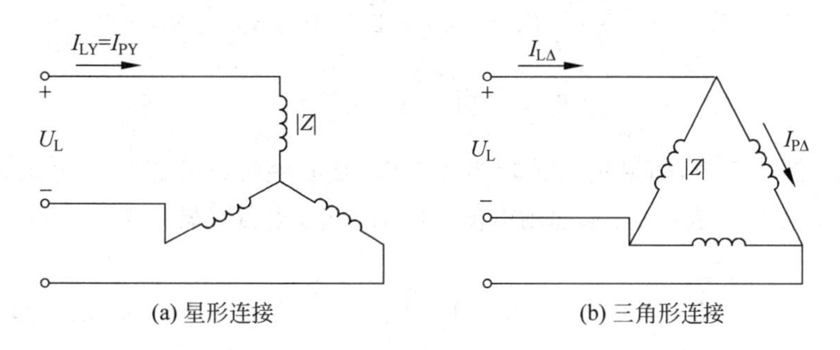

图 6-23　星形和三角形连接电路的起动电流

至于绕线型电动机的起动,只要在转子电路接入适当的起动电阻 R_{st}(图 6-24)就可达到减小起动电流的目的;同时也可以提高(或降低)起动转矩。它常用于起动转矩较大的生产机械上,如卷扬机、起重机及转炉等。随着转速的上升,将起动电阻逐段切除。

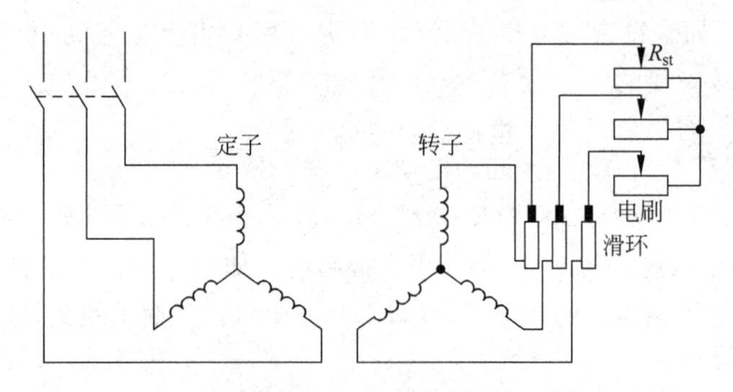

图 6-24　绕线型电动机起动时的接线

【例 6-7】 有一 Y22M-4 三相异步电动机，其额定数据如表 6-1 所示。求：(1)额定电流；(2)额定转差率、额定转矩和起动转矩。

表 6-1　电动机的名牌数据

功率	转速	电压	效率	功率因数	I_{st}/I_N	T_{st}/T_N	T_{max}/T_N
45kW	1480r/min	380V	92.3%	0.88	7.0	1.9	2.2

【解】 (1) 4～100kW 的电动机通常都是 380V、Δ 连接，有

$$I_N=\frac{P_{2N}\times 10^3}{\sqrt{3}U_N\cos\varphi\eta}=\frac{45000}{\sqrt{3}\times 380\times 0.88\times 0.923}=84.2\text{A}$$

这时 $P_{2N}/\eta=P_{1N}$ 输入电功率，而三相异步电动机为对称三相电路，所以有

$$P_{1N}=\sqrt{3}U_N I_N\cos\varphi$$

(2) 由 $n_N=1480\text{r/min}$ 可知，$n_0=1500\text{r/min}$，所以

$$s_N=\frac{n_0-n_N}{n_0}=0.013$$

(3) $T_N=9550\dfrac{P_{2N}}{n_N}=9550\times\dfrac{45}{1480}=290.4\text{N}\cdot\text{m}$

$$T_{max}=\left(\frac{T_{max}}{T_N}\right)T_N=2.2\times 290.4=638.9\text{N}\cdot\text{m}$$

$$T_{st}=\frac{T_{st}}{T_N}\times T_N=551.8\text{N}\cdot\text{m}$$

【例 6-8】 例 6-7 中，如果负载转矩为 $1.2T_N$，在 $U=0.8U_N$ 情况下电动机能否起动？(2)如果采用 Y-Δ 换接起动时，求起动电流和起动转矩，当负载转矩为 $0.6T_N$ 时，电动机能否起动？

【解】 (1) $U=0.8U_N$ 时，$T_{st}=0.8^2\times 1.9T_N=1.22T_N>1.2T_N$，所以能起动

(2)

$$I_{st\Delta}=7I_N=7\times 84.2=589.2\text{A}$$

$$I_{stY}=\frac{1}{3}I_{st\Delta}=196.5\text{A}$$

$$T_{stY}=\frac{1}{3}T_{st\Delta}=183.9\text{N}\cdot\text{m}$$

当负载为 $60\% T_N$ 时,有

$$T_{stY} = \frac{1}{3} \times 1.9 T_N > 0.6 T_N$$

可以起动。

2. 三相异步电动机的调速

调速是在负载不变的情况下,人为改变电机的转速,从而满足生产过程的要求。采用电气调速,可以简化机械变速装置。

由异步机的公式,有

$$n = (1-s)n_0 = (1-s)\frac{60f_1}{p} \tag{6-26}$$

由式(6-26)可见,改变电动机的转速有 3 种方法,即变频 f、变极对数 p 和变转差率 s。前两者用于笼型电动机,而后者是绕线型电动机的调速方法。

变频调速具有调速范围大、平滑性好等优点,是现代交流调速的主流。现已有许多变频装置被广泛应用。简单地说,通过改变电源频率 f_1,从而改变同步转速,相应改变电动机的转速。

改变极对数,同样可改变旋转磁场的 n_0,从而改变电动机的转速。图 6-25 所示为定子绕组的两种接法。把 U 绕组分成两半,即 $U_{11}U_{12}$ 和 $U_{21}U_{22}$,图 6-25(a)是两个线圈串联,得到 $p=2$;图 6-25(b)是两线圈反并联,得出 $p=1$。变极调速用得最多的是双速电机,它在机床上用得较多,如镗床、磨床、铣床上都有。它是一种有级调速。

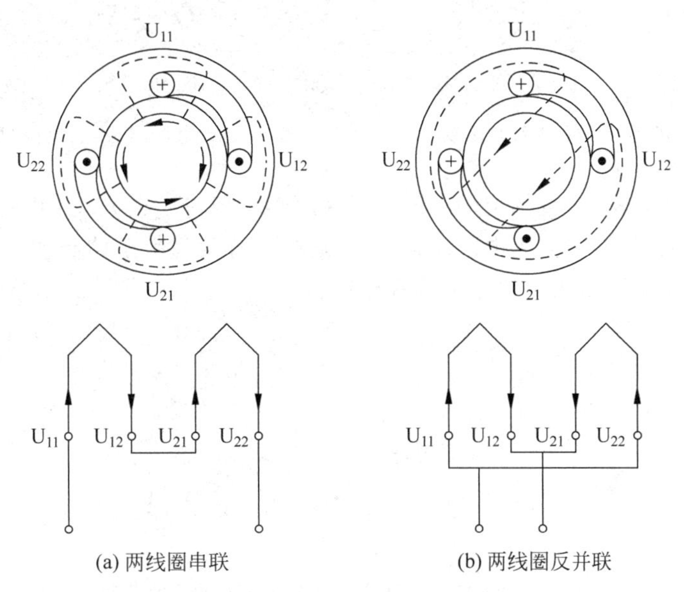

图 6-25　改变极对数 p 的调速方法

变转差率调速就是在转子电路中接入一个调速电阻,改变电阻的大小,改变电机的机械特性,从而改变电动机的转速。这种方式的缺点是能量损耗大,被广泛应用于短时工作的设备中(如起重机)。

3. 三相异步电动机的制动

因为电动机的转动部分有惯性,为提高生产机械的生产率,也为安全起见,要求电动机能够迅速停车或反转，这就要对电动机制动。在制动时，电机的电磁转矩与转子转动方向相反，电磁转矩不但不支持转子的转动，还阻止转子的转动；而在电动机状态时，电磁转矩和转动方向相同，支持转子的转动。

异步电动机的制动常用能耗制动、反接制动和发电反馈制动等几种方法。能耗制动就是切断交流电源后立即接通直流电源，使直流电流通入定子绕组。直流电流产生恒定磁场，它阻碍转子的转动。制动转矩的大小与直流电流的大小有关。一般取电动机额定电流的0.5～1倍。这种制动是消耗转子的动能转换为电能来制动的，因此称为能耗制动。这种制动能耗少、制动平稳，在机床中应用广泛。图6-26是电动状态与能耗制动的直观比较。

当反接制动时，可将接到电源的3根导线中的任意两根对换，使旋转磁场反转，这时电磁转矩随之改变方向，与转子的运动方向相反，成为制动转矩，当转子转速接近零时，要及时切除电源；否则电动机将会反转。

此时旋转磁场与转子的相对转速(n_0+n)很大，电流也超过了起动电流，对于大功率的电动机进行制动时，必须在定子电路（笼型）或转子电路（绕线型）中串入电阻。这种电动方式简单，效果较好，但能量消耗大。图6-27所示为电动状态与（电源）反接制动的直观比较。

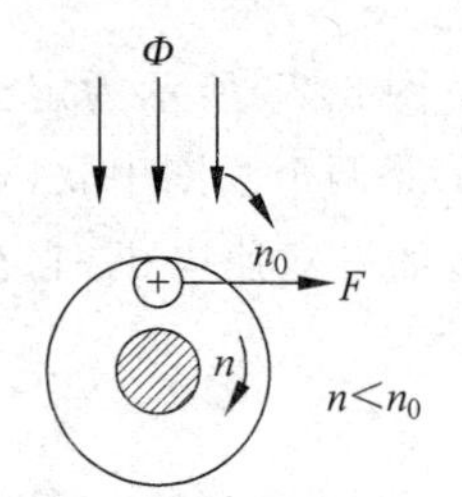

(a) 电动(正向)状态的电机

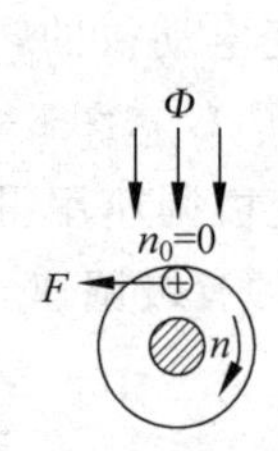

(b) 能耗制动时的电机

图6-26　电动状态与能耗制动的比较

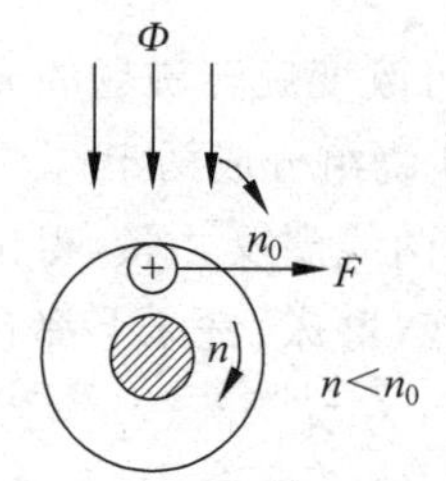

(a) 电动(正向)状态的电机

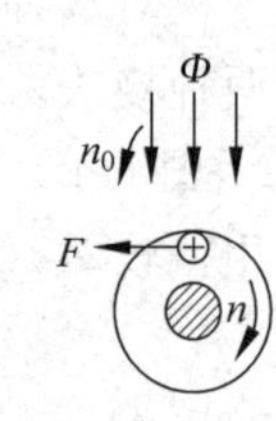

(b) 电源反接制动的电机

图6-27　电动状态与（电源）反接制动的比较

当起重机下放重物时，重物拖动下的转子速度越来越快。当$n>n_0$时，电动机已进入发电机运行，将重物的位能转换为电能反馈到电网里去，称为发电反馈制动。在图6-28中，将电动状态与发电反馈制动的电机作了直观比较。

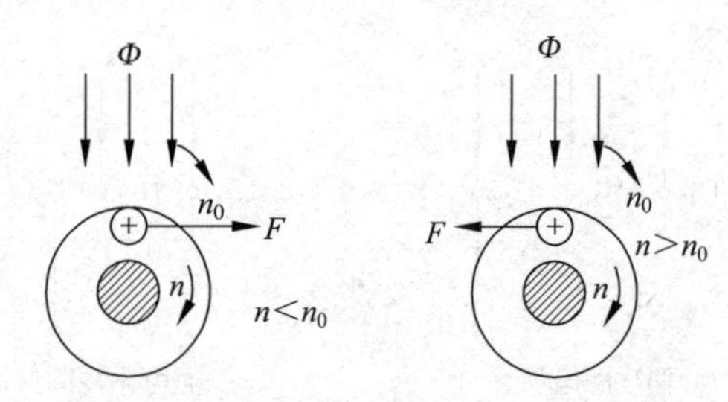

(a) 电动(正向)状态的电机　　(b) 发电反馈制动的电机

图6-28　电动状态与发电反馈制动的比较

6.3.5　三相异步电动机的使用

要正确使用电动机必须看懂铭牌，就以图6-29所示的Y100L12为例来说明铭牌上各数据的意义。

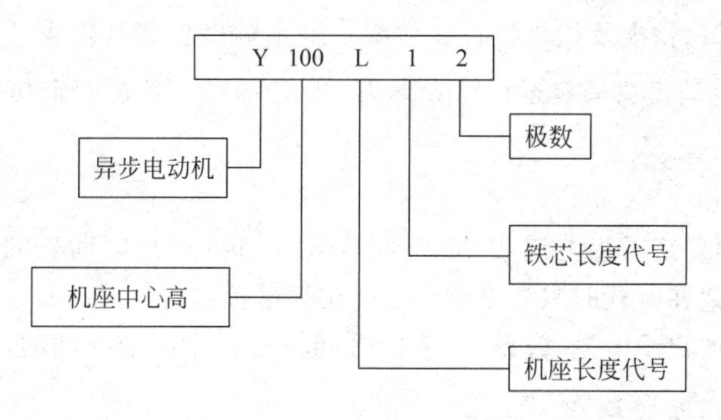

图 6-29　Y100L12 的型号

1. 异步电动机的型号

Y 系列小型笼型全封闭自冷式三相异步电动机，既可用于金属切削机床、通用机械、矿山机械等，也可用拖动压缩机、传送带、磨床、捶击机、粉碎机、小型起重机等。YR 为绕线型异步电动机。

2. 接法

这里指定子三相绕组的接法。一般笼型电动机有 6 根引出线，标有 U_1、V_1、W_1、U_2、V_2、W_2，其中 U_1、U_2，V_1、V_2，W_1、W_2 分别为三相绕组的两端。如果 U_1、V_1、W_1 分别为三相绕组的首端，则另外 3 个为末端。

通常三相异步电动机在 3kW 以下者连接成星形，而 4kW 以上者连接成三角形。图 6-30 是两种接线方式的原理，图 6-31 是两种接线方式的实际接线。

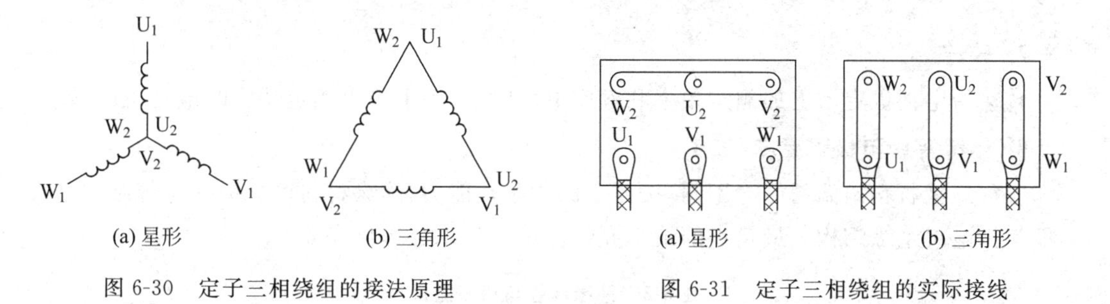

图 6-30　定子三相绕组的接法原理　　图 6-31　定子三相绕组的实际接线

3. 电压

铭牌上的电压值为电动机额定运行时定子绕组上应加的线电压。一般电动机的电压不应高于或低于额定值的 5%。电压高于额定值时，磁通将增大，这时电流也增大，绕组过热，而且铁损也增大。电压低于额定值时引起转速下降、电流增大。如果在满载或接近满载时，电机就会过载。三相异步电动机额定电压有 380V、3000V、6000V 等。

4. 电流

铭牌上所标的电流值是电动机在额定运行时的定子绕组的线电流值。当电动机空载时，定子电流几乎是励磁电流。由于电动机主磁路中有气隙，所以此电流较变压器空载时所占额定电流百分数要大。随着输出功率增大，转子电流和定子电流的有功分量也随之增大。

5. 功率与效率

铭牌上所标的功率是电动机在额定运行时输出的机械功率值。它小于输入功率，其差值等于电动机的铜损、铁损及机械损耗。效率 η 就是输出功率与输入功率的比值。而 $P_1=\sqrt{3}U_L I_L\cos\varphi$，通常电动机在额定运行时效率为 72%～93%，且在额定功率的 75%左右时效率最高。

6. 功率因数

定子相电压，超前定子相电流 φ 角（感性负载），$\cos\varphi$ 就是电动机的功率因数。三相异步电动机的功率因数在空载时只有 0.2～0.3，在额定负载为 0.7～0.9，所以要避免电动机长期轻载。电动机的定子电流、效率、功率因数随输出功率的变化曲线称为工作特性曲线，如图 6-32 所示。

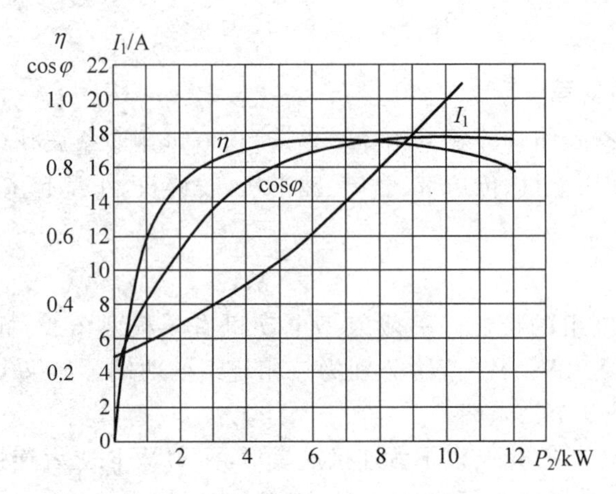

图 6-32 三相异步电动机的工作特性曲线

7. 转速

转速指电动机定子上加额定频率和额定电压时，且轴上输出额定功率时电动机的转速。

8. 绝缘等级与极限温度

各种绝缘材料耐温的能力不同，按照不同的耐热能力，绝缘材料可分为一定等级。极限温度是指电机绝缘结构中最热点的最高允许温度。技术数据见表 6-2。

表 6-2 绝缘等级与极限温度

绝缘等级	A	E	B	F	H
极限温度/℃	105	120	130	155	180

【练习与思考】

6-5 三相异步电动机在正常运行时，如果转子突然被卡住而不能转动，这时电动机的电流有何改变？对电动机有何影响？

6-6 三相异步电动机的额定转速为 1460r/min。当负载转矩为额定转矩的一半时，电动机的转速约为多少？

6-7 绕线型电动机采用转子串电阻起动时，是否所串电阻越大起动转矩越大？

6-8 反接制动和发电反馈制动在 $T=f(s)$ 曲线的哪一段上？说明三相异步电动机的电动状态和能耗制动工作原理上的共同点。

6-9　Y-Δ 换接起动的条件是什么？采用该起动方式的起动电流与起动转矩变为直接起动时的几分之一？

6-10　有一三相异步机，Y 连接时，$U_L=380V$，$I_L=6.1A$；Δ 连接时，$U_L=220V$，$I_L=10.5A$。你能解释为什么电压高时电流却低？电压低时电流却大？

本 章 小 结

本章在介绍了磁路的基本知识的基础上，分析了变压器的工作原理，着重介绍三相异步电动机的结构、工作原理、机械特性、运行特性和使用常识。

习　　题

6-1　有一线圈共 1000 匝，现在硅钢片制成的闭合铁芯上，铁芯的截面积 $S=40cm^2$，铁芯的平均长度 $l=40cm$。如要在铁芯中产生磁通 $\Phi=0.002Wb$，试问线圈中应通入多大直流电流？

6-2　如果在题 6-1 的铁芯中含有 $\delta=0.2cm$ 的空气隙，忽略空气隙的边缘扩散，线圈的电流必须多大才使铁芯中磁感强度保持题 6-1 的数值？

6-3　有一单相照明变压器，容量为 10kVA，电压为 3300V/220V。(1)在二次绕组上 45W 的白炽灯；(2)接入功率为 40W、功率因数为 0.5 的日光灯，如要变压器不过载，这两种情况下最多可接入多少个日光灯？(3) 如果已接入 100 个 45W 白炽灯，还可再接入多少个 40W、功率因数为 0.5 的日光灯？如果日光灯的镇流器消耗 8W 功率，重算(2)和(3)，并求以上各种情况下的一、二次绕组上的电流。

6-4　有一交流信号源，已知信号源的电动势 $E=120V$，内阻 $R_0=600\Omega$，负载电阻 $R_L=8\Omega$，(1)如果负载 R_L 经变压器接至信号源并使等效电阻 $R_L'=R_0$，求变压器的电压比和负载上获得的功率；(2)如果负载直接接到信号源，求负载上获得的功率。

6-5　在图 6-33 中，输出变压器的二次绕组有中间抽头，以便接成 8Ω 或 3.5Ω 的扬声器，两者都能达到阻抗匹配。试求二次绕组两部分匝数之比$\dfrac{N_2}{N_3}$。

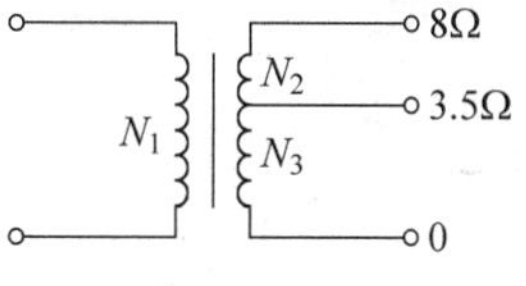

图 6-33　习题 6-5 的图

6-6　在例 6-4 中，如果满足变压器容量的要求，并联电容的范围是多少？

6-7　一台单相变压器，额定容量 50kVA，电压为 3300V/220V，试求二次侧的额定电流，输出功率为 39kW，功率因数是 0.8(滞后)时的电压 U_2。

6-8　有一单相变压器的容量为 100kVA，电压为 10kV/0.4kV，在额定负载下运行时的铜耗 2270W，铁耗 546W，负载的 $\lambda=0.8$。求此时变压器的效率。

6-9　Y112M-4 型三相异步电动机的技术数据如下：

4kW　380V　Δ 连接　1440r/min　$\cos\varphi=0.82$　$\eta=84.5\%$

$$\frac{T_{st}}{T_N}=2.2,\quad \frac{I_{st}}{I_N}=7.0,\quad \frac{T_{max}}{T_N}=2.2,\quad f=50Hz$$

求：(1)额定转差率 s_N；(2)额定电流 I_N；(3)起动电流 I_{st}；(4) 额定转矩 T_{st}；(5)起动转矩 T_{st}；(6)最大转矩 T_{max}；(7)额定输入功率 P_1。

6-10　Y112M-4 型三相异步电动机的技术数据如下：

3kW　220/380V　Y/Δ 连接　960r/min　12.8/7.2A，$\cos\varphi=0.75$　$\eta=83\%$

$$\frac{T_{st}}{T_N}=2.2,\quad \frac{I_{st}}{I_N}=7.0,\quad \frac{T_{max}}{T_N}=2.2,\quad f=50\text{Hz}$$

求：(1) 线电压为 380V，三相定子绕组应如何连接？

(2) n_0、p、s_N、T_N、T_{st}、T_{max} 和 I_{st}。

(3) 额定负载时电动机的输入功率是多少？

(4) 额定状态时从定子侧看进去的等效阻抗是多少？

6-11　在题 6-10 中，求：(1)当负载转矩为 35N·m 时，试问在 $U=U_N$ 和 $0.8U_N$ 时电动机能否起动？(2)采用星形—三角转换起动，当负载转矩为 $0.45T_N$ 和 $0.75T_N$ 时电动机能否起动？

6-12　某四极三相异步电动机的额定功率为 30kW，额定电压为 380V，三角形连接额定频率为 50Hz，在额定负载的转差率 $s=0.04$，效率为 88%，线电流为 57.5A，求：(1)额定转矩；(2)电动机的功率因数。

6-13　Y180L-6 型电动机的额定功率为 15kW，额定转速为 970r/min，频率为 50Hz，最大转矩为 295.36N·m。试求电动机的过载系数。

6-14　有 Y112M-2 型和 Y160M-8 型异步电动机各一台，额定功率都是 4kW，但前者的额定转速为 2890r/min，后者为 720r/min。试计算它们的额定转矩，并由此讨论电动机的极数、额定转速及额定转矩三者之间的大小关系。

6-15　(1)Y180L-4 三相异步电动机，22kW，$I_{st}=7I_N$；(2)Y250M-4 三相异步电动机，55kW，$I_{st}=7I_N$。上述两种情况下接入电源变压器容量为 560kVA，按经验公式判断电机能否直接起动？

第7章　继电接触器控制系统

电能的重要应用之一就是由电动机为核心的电力拖动系统。而继电接触器控制就是对电动机的各基本工作环节实施控制。该控制采用继电器、接触器和按钮等元件控制电动机的起动、停止、正反转、制动和顺序控制等。本章在讨论常用电器后介绍继电接触器控制的基本线路。

7.1　常用低压电器

低压电器一般是指交流及直流电压在1200V以下，具有切换、控制、调节和保护功能的用电设备。低压电器种类很多，按其动作方式可分为手动电器和自动电器、工作电器和保护电器等。电器主要从结构、工作原理、图形和文字符号、选择等几个方面学习。达到认识符号、读懂电气原理图的目的。

7.1.1　闸刀开关和熔断器

1. **闸刀开关**

闸刀开关是一种手动控制电器。闸刀开关的结构简单，主要由刀片(动触点)和刀座(静触点)组成。有单刀、双刀、三刀几种。图7-1所示是胶木盖瓷座闸刀开关的结构、图形和文字符号。

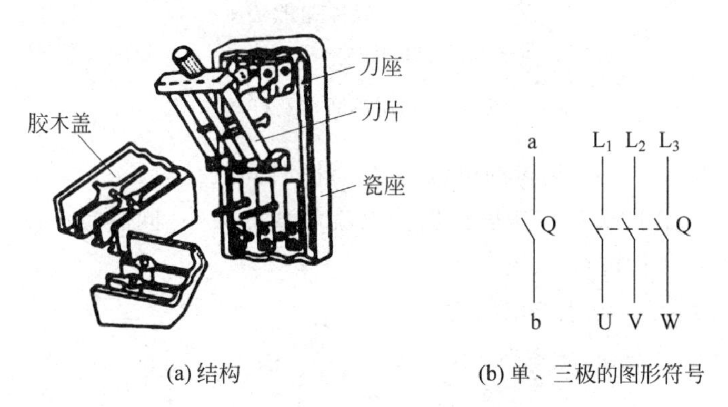

(a) 结构　　(b) 单、三极的图形符号

图7-1　闸刀开关的结构和符号

闸刀开关一般不宜在负载下切断电源，常用作电源的隔离开关，以便对负载端的设备进行检修。在负载功率比较小的场合也可以用作电源开关。

2. **熔断器**

熔断器是最简便而有效的短路保护电器，它串联在被保护的电路中，当电路发生短路故障时，过大的短路电流使熔断器熔体(熔丝或熔片)发热后很快熔断，把电路切断，从而达到保护线路及电气设备的目的。常用的熔断器及图形文字符号如图7-2所示。

熔体是熔断器的主要部分，一般用电阻率较高的易熔合金，如铅锡合金等，也可用截面积很小的良导体铜或银制成。在正常工作时，熔体中通过额定电流 I_{fuN} 熔体不应熔断。当熔体中通过的电流增大到某值时，熔体经一段时间后熔断。这段时间称为熔断时间 t，它的

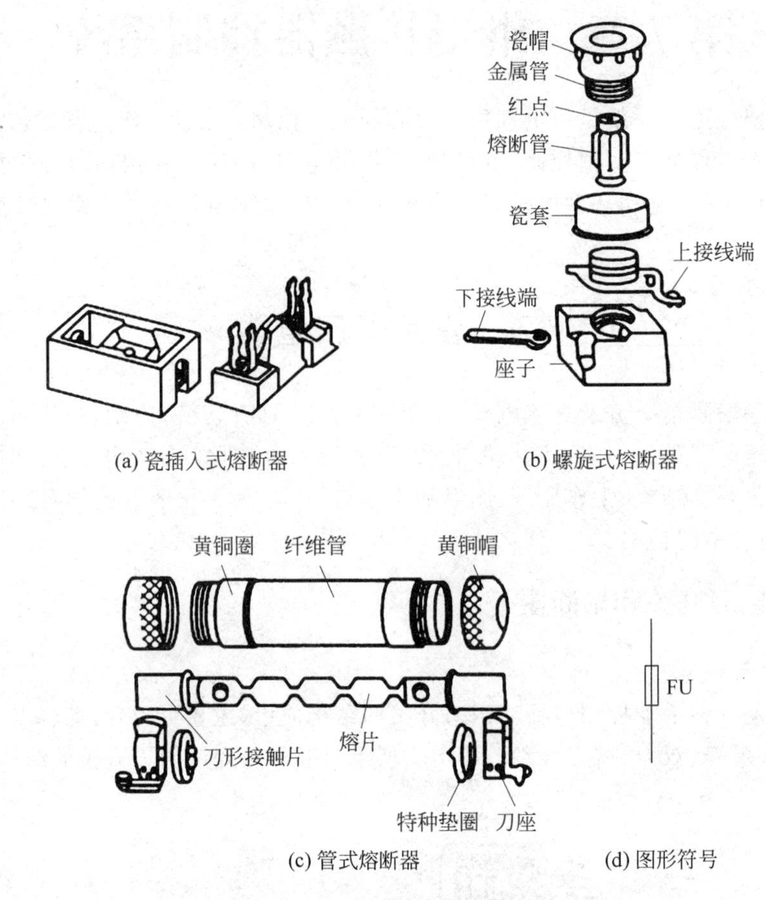

(a) 瓷插入式熔断器　　(b) 螺旋式熔断器

(c) 管式熔断器　　(d) 图形符号

图 7-2　常用熔断器及符号

长短与通过的电流大小有关，通过的电流越大，熔断时间就越短。

熔体额定电流 I_{fuN} 的选择应考虑被保护电流负载的大小，同时也必须注意负载的工作方式，一般可按下列条件进行。

(1) 对无冲击(起动)电流的电路为

$$I_{fuN} \geqslant I_N \tag{7-1}$$

式中，I_N 为负载额定电流。

(2) 对具有冲击(起动)电流的电路为

$$I_{fuN} \geqslant KI_{st} \tag{7-2}$$

式中，I_{st} 为起动电流；K 为计算系数，对于单台电动机起动，起动时间在 8s 以下，$K=0.3\sim0.5$；起动时间超过 8s 或频繁起动，$K=0.5\sim0.6$。

(3) 对供电干线上的熔断器，熔体的额定电流可根据情况按上述原则考虑，但当线上接有多台电动机时，I_{st} 按式(7-3)计算，即

$$I_{st} = I_{stmax} + \sum_{m=1}^{n-1} I_m \tag{7-3}$$

式中，I_{stmax} 为起动电流最大的一台电动机的起动电流值；I_m 为该干线上其他负载电流额定值的总和。

目前较为常用的熔断器有 RCIA 系列瓷插入式熔断器、RL1 系列螺旋式熔断器。另外，还有 RTO 系列管式熔断器，这种熔断器管内装有石英砂，能增强灭弧能力，可用于短路电流较大的场合。NGT 系列为快速熔断器，该系列熔断器的熔断时间短，常用来保护过载能力小的晶闸管等半导体器件。

7.1.2　自动开关

自动开关是常用的一种低压电器，既能接通和断开负载，又能实现短路、过载和失压（欠压）保护，是一种功能全面的低压工作和保护电器。

图 7-3(a)是自动开关的原理图。当操作手柄扳到合闸位置时主触点闭合，触点连杆被锁钩锁住，使触点保持闭合状态。自动开关的保护装置由过流脱扣器和欠压脱扣器组成。过流脱扣器起短路及过载保护的作用，欠压脱扣器起欠压保护作用。在开关合闸时，手柄通过机械联动将辅助触点闭合，使欠压脱扣器的电磁铁线圈通电、衔铁吸合。当电路失压或电压过低时，电磁铁吸力消失或不足，在弹簧拉力的作用下，顶杆将锁钩顶开，主触点在释放弹簧拉力作用下迅速断开而切断主电路。当电源恢复正常时，必须重新合闸后才能工作，实现了失压保护的目的。过流脱扣器是电磁式瞬时脱扣器。当电路的电流正常时，过流脱扣器的电磁铁吸力较小，脱扣器中的顶杆被弹簧拉下，锁钩保持锁住状态。当电路发生短路或严重过载时，过流脱扣器电磁铁线圈的电流随之迅速增加，电磁铁吸力加大，衔铁被吸下，顶杆向上顶开锁钩，在释放弹簧拉力的作用下，主触点迅速断开而切断电路。自动开关的动作电流值可以通过调节脱扣器的反力弹簧来进行整定。图 7-3(b)是自动开关的原理和图形符号。

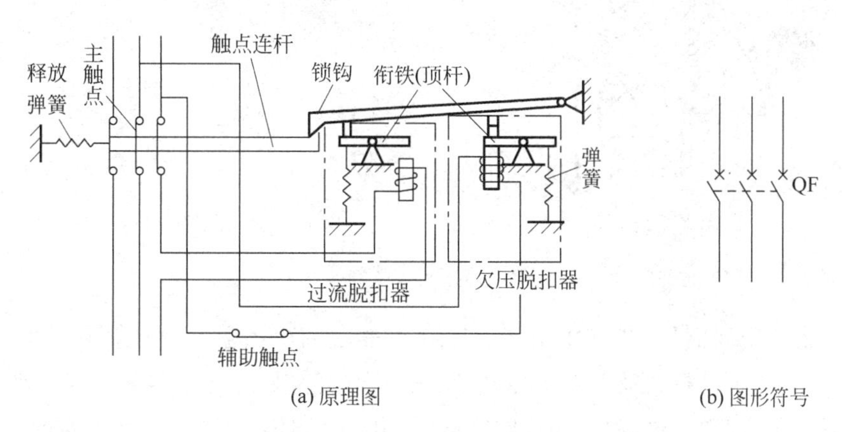

(a) 原理图　　(b) 图形符号

图 7-3　自动开关原理和图形符号

自动开关除满足额定电压和额定电流要求外，使用前还应调整相应保护动作电流的整定值。

7.1.3　交流接触器

接触器是继电接触器控制中的主要器件之一，它是利用电磁吸力来动作的自动电器，分为直流和交流两种。常用来直接控制主电路（电气线路中电源与主负载之间的电路，电流一般比较大）。图 7-4 所示为两种交流接触器的外形。

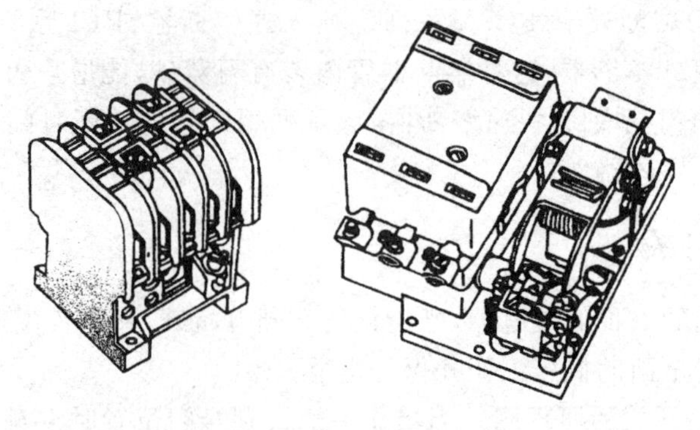

图 7-4　两种交流接触器外形

图 7-5(a)所示为交流接触器的基本结构，图 7-5(b)是接触器的图形符号。交流接触器由电磁铁和触点组等主要部分组成。电磁铁的铁芯由硅钢片叠成，分上铁芯和下铁芯两部分。下铁芯为固定不动的静铁芯，上铁芯为可上下移动的动铁芯。下铁芯上装有吸引线圈。每个触点组包括静触点与动触点两个部分，动触点与上铁芯直接连接。

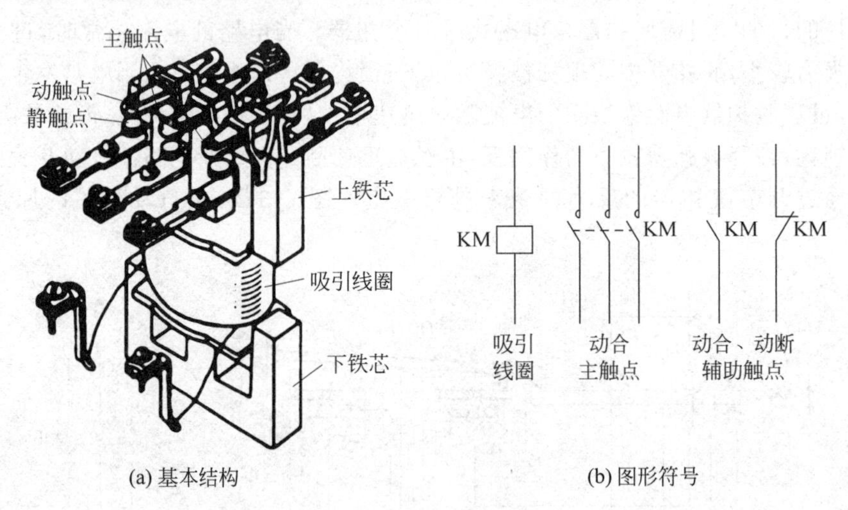

(a) 基本结构　　(b) 图形符号

图 7-5　交流接触器

当接触器吸引线圈加上额定电压时，上、下铁芯之间由于磁场的建立而产生电磁吸力，把上铁芯吸下，它带动桥式动触点下移，使原先闭合的静触点断开（常闭触点），或者使原先断开的静触点闭合（常开触点）。当线圈断电时，电磁吸力消失，上铁芯在弹簧的作用下恢复到原来的位置，常闭触点和常开触点恢复到原先的状态。因此，控制接触器吸引线圈是否通电，就可以改变接触点的状态，从而达到控制主电路接通或断开的目的。

通常触点可分为两类：当吸引线圈未得电时，触点就是断开的，称为常开触点，一旦吸引线圈得电，它就闭合，又称为动合触点；当吸引线圈未得电时，触点就是闭合的，称为常闭触点，一旦吸引线圈得电，它就断开，又称为动断触点。需要强调的是，任何触点都既可以断开也可以闭合，状态可以发生变化，完全取决于吸引线圈是否得电。

接触器的触点都采用桥式双断点结构，这样当其断开时就有两种断点，便于电弧的熄灭。触点根据断开电流的能力，分主触点和辅助触点两种。通常有 3 对动合主触点，它的接触面较大，并有灭弧装置，所以能接通、断开较大的电流，通常接在主电路中，控制电动机等功率负载。辅助触点的接触面较小，只能接通、断开较小的电流，工作于控制电路中。辅助触点既有动合触点又有动断触点。其数量可根据需要而选择确定，通常有2对动合触点和3对动断触点。继电接触器控制的思路就是用小电流的控制电路控制大电流的主电路。而控制电路的核心，就是控制接触器的吸引线圈是否通电。

灭弧装置也是接触器的重要部件，它的作用是熄灭主触点在切断主电路电流时产生的电弧。电弧实质上是一种气体导电现象，一旦电弧的出现就表示负载电流未被切断。电弧会产生大量的热量，可能把主触点烧毛甚至烧毁。为了保证负载电路能可靠地断开和保护主触点不被烧坏，所以接触器必须采用灭弧装置。

交流接触器吸引线圈中通过的是交流电，因此铁芯中产生的电磁力也是交变的。为防止在工作时铁芯发生震动而产生噪声，在铁芯端面上嵌装有短路环。

选用交流接触器时，除了必须按负载要求选择主触点的额定电压、额定电流外，还必须考虑吸引线圈的额定电压及辅助触点的数量和类型。例如，国产CJ10-40型交流接触器有3对主触点，额定电压为380V，额定电流为40A，并有2对动合和2对动断辅助触点。

7.1.4　热继电器

继电器是一种自动电器，输入量可以是电压、电流等电量，也可以是温度、时间、速度或压力等非电量，输出就是触点动作。当输入量变化到某一定值时，继电器动作而带动其触点接通(或切断)控制电路。

继电器的种类很多，中间继电器的结构与工作原理和交流接触器基本相同，但是没有主触点，通常用来传递信号和用来同时控制多个电路，触点数量多。也可以直接用来接通和断开小功率电动机或其他电气执行元件。

热继电器是利用电流热效应原理工作的电器。图7-6所示为热继电器的原理示意图，它由三相(或两相)发热元件、双金属片和触点三部分组成。发热元件串接在主电路中，所以流过发热元件的电流就是负载电流。负载在正常状态工作时，发热元件的热量不足以使双金属片产生明显的弯曲变形。当发生过载时，在热元件上就会产生超过其“额定值”的热量，双金属片因此产生弯曲变形，经一定时间，当这种弯曲到达一定幅度后，使热电器的触点断开。图7-7所示为热继电器的图形与文字符号。

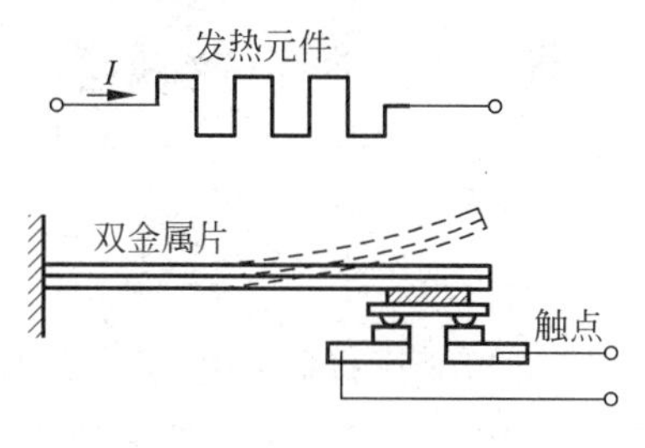

图7-6　热继电器原理示意

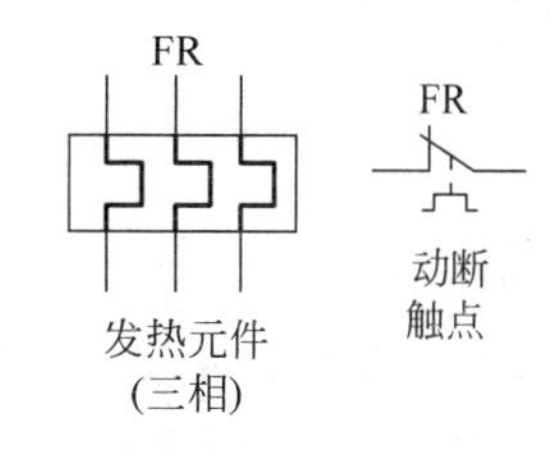

图7-7　热继电器图形和符号

双金属片是热继电器的关键部件，它是由两种具有不同膨胀系数的金属碾压而成，因此在受热后因伸长不一致而造成弯曲变形。显然，变形的程度与受热的强弱有关。

热继电器也有动合触点和动断触点两类触点。例如,动断触点串联在控制电路中,达到控制交流接触器吸引线圈得电的目的。

JR16 系列是我国常用的热继电器系列。其设定的动作电流为整定电流,可在一定范围内进行调节。由于传统的热继电器在保护功能、重复性、动作误差等方面的性能指标比较落后,因此目前已逐步用性能较先进的电子型电动机保护器来取代热继电器。

7.1.5 按钮

按钮用于发送起、停指令的电器,又称为主令电器。它是一种简单的手动开关,可以用来接通或断开控制电路。

图 7-8(a)是复合按钮的结构。它的动触点和静触点都是桥式双断点式的,上面一对组成动断触点,下面一对为动合触点。图 7-8(b)是它的图形符号。

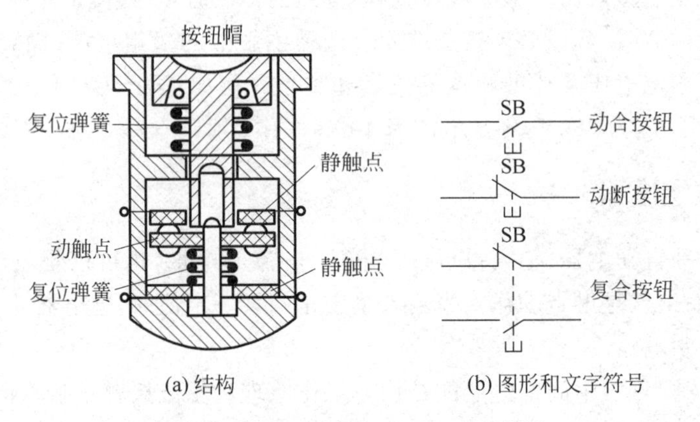

图 7-8　按钮的结构与图形和文字符号

当按下按钮帽时,动触点下移,此时上面的动断触点首先断开,按到底时下面的动合触点闭合。如果松开按钮,由于复位弹簧的作用,使动触点复位,即动合触点先恢复断开,然后动断触点恢复闭合状态。复合按钮符号中的虚线表示两对触点受同一按钮帽的作用,有机械上的联系。

7.2　电气系统的基本控制环节

本节介绍三相异步电动机的几个基本控制环节,即点动、单向连续运动、正反转线路。

7.2.1 点动和单向连续运动

1. 点动控制

图 7-9 所示为电动机点动控制的示意图,它由按钮和交流接触器组成。当电动机要点动工作时,先合上刀开关 Q,再按下按钮 SB,交流接触器线圈 KM 通电,衔铁吸合,带动它的 3 对动合触点闭合,电动机接通电源运转。松开按钮后,交流接触器线圈断电,衔铁靠弹簧拉力释放,3 对动合触点断开,电动机停转。因此,只有按下 SB 时电动机才运转,松开就停转,所以叫做点动。点动控制常用于快速行程控制和调整等场合。

图 7-9 所示的这种结构示意图比较直观，但当电路结构比较复杂，所用控制电器较多时，画出结构示意图就不清楚了。为了方便读图和线路设计，根据其线路的工作原理用元件的两种符号画出的图形、原理图分成控制电路和主电路两部分。上述点动控制的原理图如图 7-10 所示，图中三相电源至电动机的电路称为主电路，按钮和交流接触器线圈组成的电路称为控制电路。主电路控制电动机是否得电，而控制电路控制接触器的线圈是否得电，所以接触器的线圈得电是电动机工作的必要条件。主电路和控制电路是根据生产工艺过程对电动机提出的要求或电动机本身的要求制定的，以保证电动机安全、正确地工作。

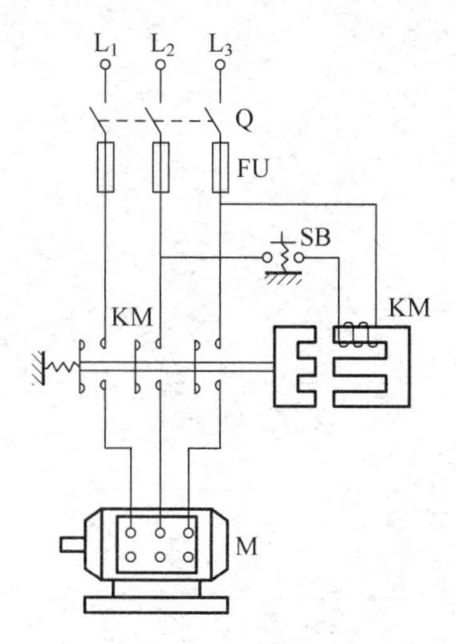

图 7-9　电动机点动控制的示意

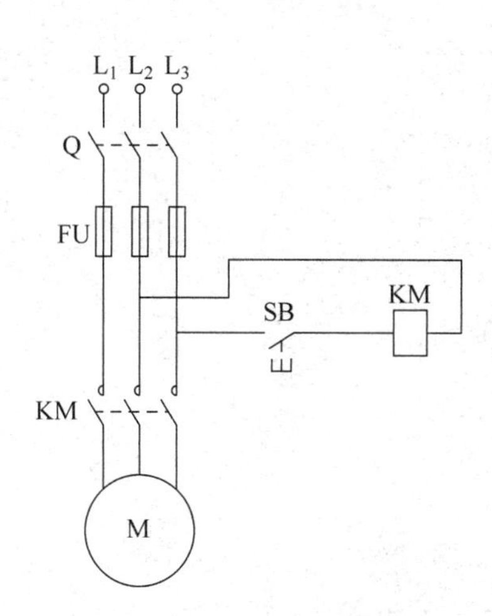

图 7-10　点动控制原理

2. 单向连续运动

一般情况下，电动机需要连续运行下去。图 7-11 所示为三相异步电动机的单向连续运动的原理图。主电路上多串联了三相热继电器 FR 的热元件，用于过载保护。在控制线路上，停止按钮 SB_1、起动按钮 SB_2 和交流接触器 KM 的辅助动合触点的并联、交流接触器 KM 的线圈以及热继电器 FR 的动断触点串联在一条线路上。只有串联的每一部分都接通，交流接触器 KM 的线圈才能得电，电动机才能转动；否则，电动机停转。起动时，按 SB_2 后闭合，不按 SB_1 也闭合，热继电器不动作，它的动断触点仍闭合。交流接触器 KM 线圈得电，主触点闭合，电机转动。按完 SB_2 后要松开，为保证电机连续运行转动，就在起动按钮 SB_2 两端并联一个交流接触器 KM 的动合辅助触点，即使 SB_2 复位断开，但动合辅助触点已经闭合，所以，能保证控制电路通电，交流接触器主触点闭合，电动机连续运转。这种作用叫做自锁，该动合辅助触点被称为自锁触点。

要使电动机停转，只需要按停止按钮 SB_1，SB_1 断开，控制电路断电，电动机停转。如果流过电动机电流的三相热元件有一相过载，且达到相应的时间，热继电器动作，FR 的动断触点也断开，控制电路断电，电动机停转，实现过载保护。如果主电路发生短路，熔断器的熔丝就熔断，主电路和控制电路都断电，电动机也就停转了，实现了短路保护。当主电源跳闸，电动机当然会停转；如果主电源又恢复供电，只要不重新按 SB_2，电动机就不会转动起来，这就是失压（零压）保护，可以避免电动机因意外起动造成的人员和设备的伤害，失压（零压）保护主要由交流接触器来实现。

以上控制电路的工作原理都可以借助逻辑代数的知识来分析。在图 7-12(a)中，如果开关 A 和开关 B 串联，只有两处开关都闭合，灯泡才会得电，开关 A 和 B 闭合与灯泡得电是逻辑上的与关系；在图 7-12(b)中，如果开关 A 和开关 B 并联，则开关闭合与灯泡得电构成逻辑上的或关系，只要有一个闭合就得电。在继电接触电路中，开关可以是交流接触器或热继电器的触点，也可以是按钮，灯泡相当于接触器的线圈。掌握逻辑关系有利于对控制线路的理解。

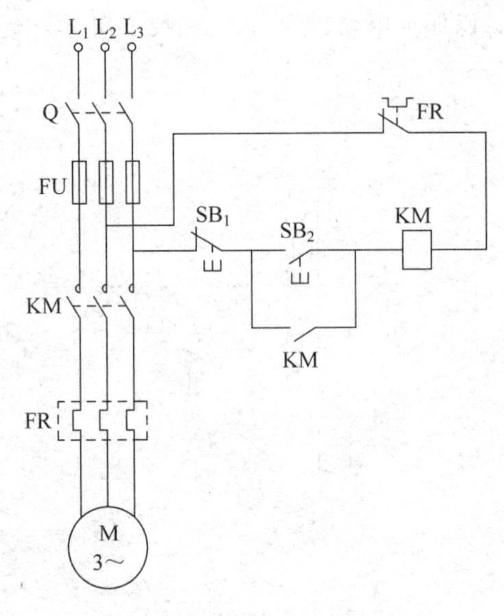

图 7-11　连续运行控制原理

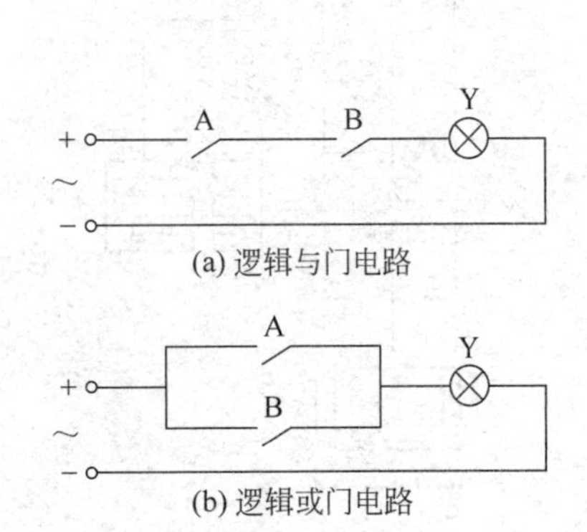

图 7-12　由开关组成的逻辑与、或门电路

7.2.2　电动机的正反转控制

在实际应用中，要求电动机既能正转又能反转运行，如升降机的上与下、水坝闸门的开启和闭合等都有这种要求。

在图 7-13(a)所示的主电路中，有两个交流接触器(KM_1 和 KM_2)。当 KM_1 得电时，电动机正转；当 KM_2 得电时，电动机反转。改变流入电动机电流的相序，就实现电动机转向的改变。从逻辑上讲，KM_1 和 KM_2 不能同时得电；否则，电机是正转还是反转呢？从主电路可以看出，如果同时得电，则出现三相交流电的相间短路。

在控制电路中，仍然可以共用一个停止按钮 SB_3，正转和反转控制线路并联后再与之串联。在图 7-13(a)所示的控制电路中，为防止 KM_1 和 KM_2 同时得电，在正转接触器的控制电路中，串入反转交流接触器的一对动断辅助触点；在反转交流接触器的控制电路中，串入正转交流接触器的一对动断辅助触点，即电气互锁。开始时电动机是停止的，按下 SB_1，KM_1 线圈得电，电动机正转，KM_1 动断辅助触点断开，使 KM_2 的线圈无法得电。同理，按下 SB_2，KM_2 线圈得电，电动机反转，KM_2 动断辅助触点断开，使 KM_1 的线圈无法得电。当电动机正转后，由于电气互锁，即使再按下 SB_2，电动机无法反转。同理，电动机也无法由反转直接正转，必须要先停下，所以该线路是正—停—反的正反转控制电路。

如果要直接正反转，将正、反转起动按钮换成复合按钮即可。将正(反)转起动按钮的动断触点也串接在反(正)转控制线路中。要使电动机正转,就按 SB_1,根据复合按钮的工作原理,SB_1 的动断触点先将反转控制电路断电,反转接触器 KM_2 的线圈断电,其动断触点恢复闭合,此时 SB_1 的动合触点也闭合了,正转接触器 KM_1 的线圈得电,电动机正转。使用复合按钮来实现的互锁叫机械互锁。通常在一个控制电路中电气和机械两种互锁同时存在,电动机可以直接正反转,其控制电路如图 7-13(b)所示。

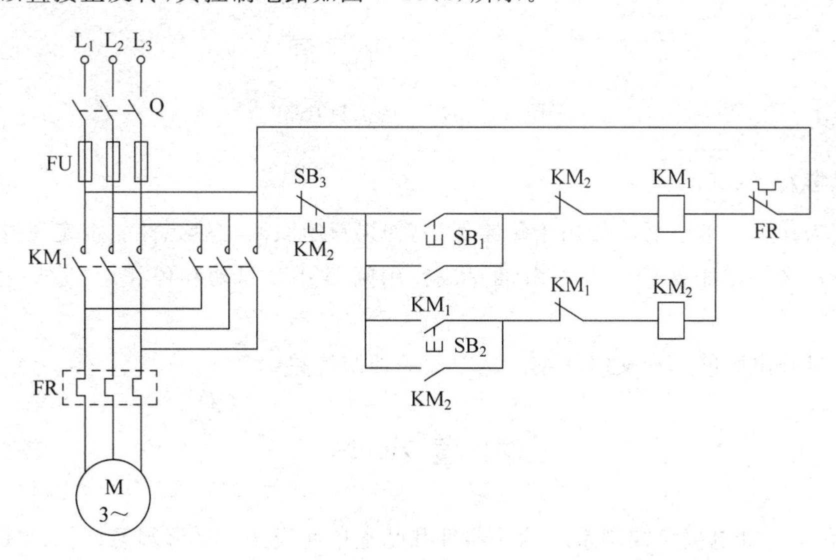

(a) 正—停—反的正反转电路

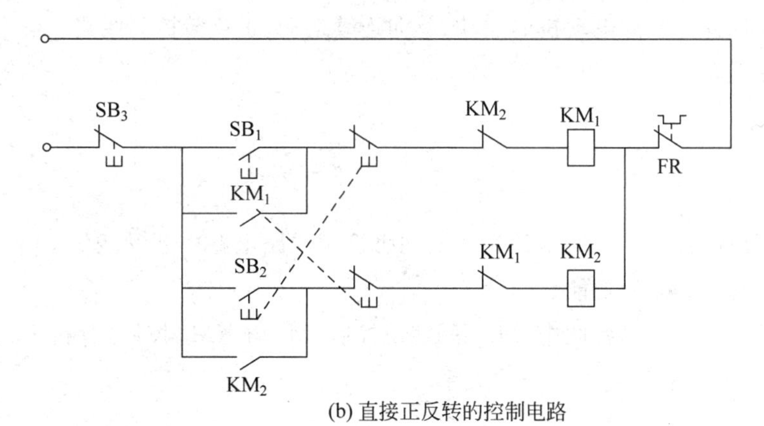

(b) 直接正反转的控制电路

图 7-13　电动机的正反转电路

【例 7-1】 设计一个两处都能起动和停止的单向连续运行控制线路。

【解】 两处都能起动和停止一般理解为,这两处中任何一处都能起、都能停的控制线路,分两处各设置一对起动和停止按钮,因为起动按钮(SB_3 和 SB_4)是动合触点,现要求按任何一个都能起动,所以 SB_3 和 SB_4 应当并联,是或的关系;停止按钮(SB_1 和 SB_2)是动断触点,也要求按任何一处都能停止,所以两者应当串联,也是或的关系,其他与单向连续运行相同,见图 7-14。读者可以类似地分析两个起动按钮并联、两个停止按钮串联的两处起停线路的原理。

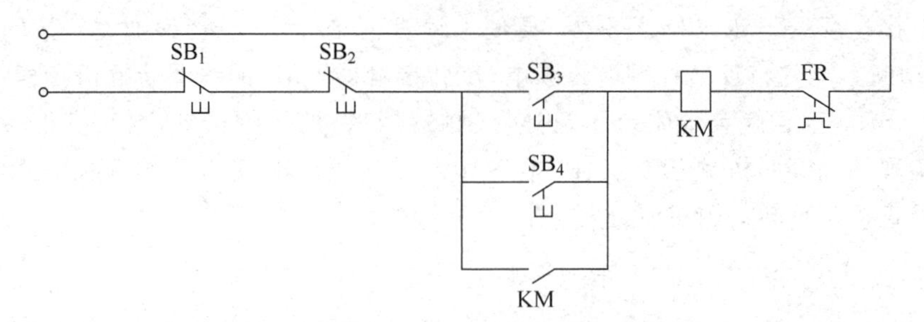

图 7-14　例 7-1 的控制电路

【练习与思考】

7-1　为什么热继电器不能用于短路保护，如果只串联两相热元件能否实现过载保护？

7-2　什么是零压保护？主要由谁完成？用闸刀开关起动和停止电动机是否有零压保护？

7-3　试画出既能点动又能连续运动单向的控制线路。

本章小结

本章介绍了继电接触控制系统的元器件和基本单元线路。掌握闸刀开关、熔断丝、自动开关、交流接触器、热继电器、按钮等元件的工作原理和符号，掌握熔断器的熔丝选择，了解器件的结构和选择。掌握电动机的点动、单向连续运动、正反转控制线路。学会读简单的继电接触控制原理图。

习　题

7-1　通过分析图 7-15 所示的笼型电动机控制线路电路中起动按钮 SB_2、SB_3 的作用，得出控制线路起动方面的功能。

7-2　在图 7-16 所示各图中，M_1 由 KM_1 控制，M_2 由 KM_2 控制，分析下列各控制电路中 M_1 和 M_2 在起动和停止上的制约关系。

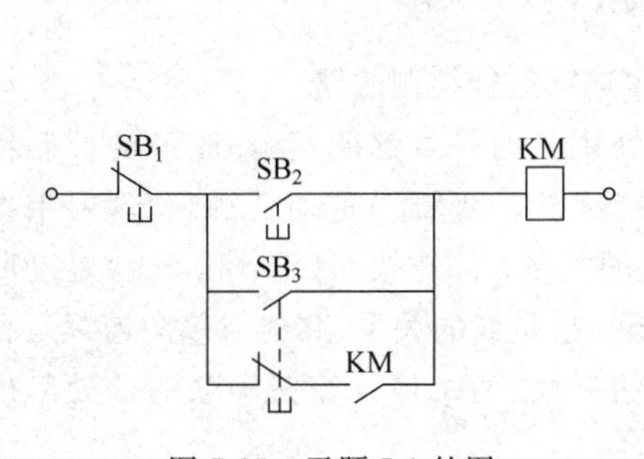

图 7-15　习题 7-1 的图

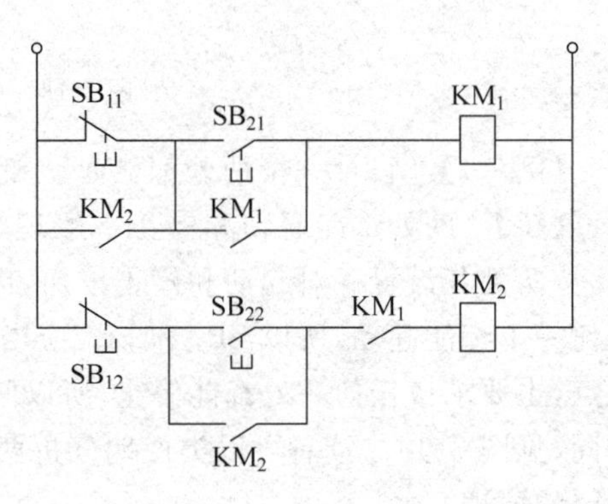

图 7-16　习题 7-2 的图

7-3　有3台笼型电动机M_1、M_2、M_3，M_1由KM_1控制，M_2由KM_2控制，M_3由KM_3控制，其控制电路如图7-17所示，分析下列各控制电路中M_1、M_2、M_3在起动和停止上的制约关系。

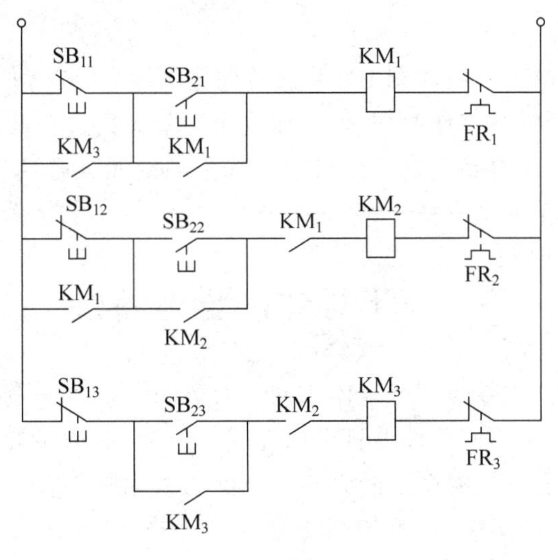

图7-17　习题7-3的图

第 8 章　二极管、晶体管和单管放大电路

本章先介绍半导体的导电特性和 PN 结的单向导电性后，分别介绍二极管、晶体管和各种光电器件。要从基本结构、工作原理、特性曲线和主要参数去学习它们。然后介绍由晶体管组成的单管放大电路，该电路是电子线路中最基本的单元。通过学习了解一些基本的半导体器件和基本放大电路的基本概念、原理与分析方法。

8.1　半导体的导电特性

半导体的导电特性介于导体和绝缘体之间。有硅、锗、硒及多数金属氧化物和硫化物。当然，半导体的导电性能在不同条件下有很大差异。例如，有的半导体（如钴、锰、镍等的氧化物）对温度的反应特别灵敏，温度上升时其导电能力大大加强，利用这种特性就做了各种热敏电阻；而有些半导体（如镉、铅等的硫化物与硒化物）受光照后，它的导电能力变得很强；而无光照时，导电能力又大大降低。利用这种特性就做成了各种光敏电阻。更为共同的特性是在纯净的半导体中掺入微量杂质后，其导电能力可增加几十万至几百万倍。利用这种特性就做成了不同用途的半导体器件，如二极管、晶体管、场效应晶体管和晶闸管等。

悬殊的导电特性，其根源在于内部结构的特殊性。

8.1.1　本征半导体

以锗和硅为例，它们各有 4 个价电子，都是 4 价元素。将锗或硅提纯并形成单晶体后，形成图 8-1 所示的原子排列方式和图 8-2 所示的共价键结构，本征半导体就是完全纯净的具有晶体结构的半导体。

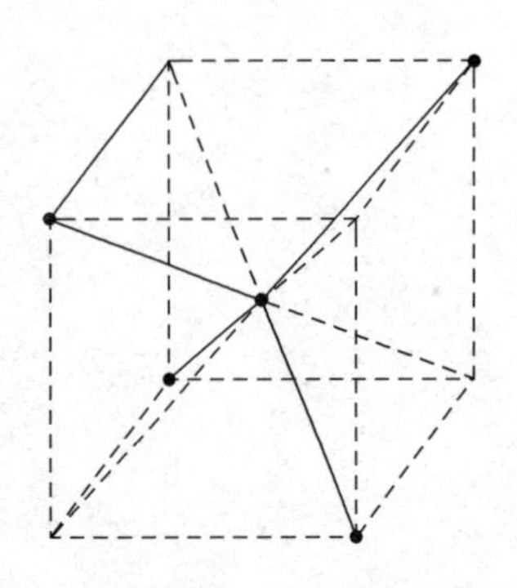
图 8-1　晶体中原子的排列方式

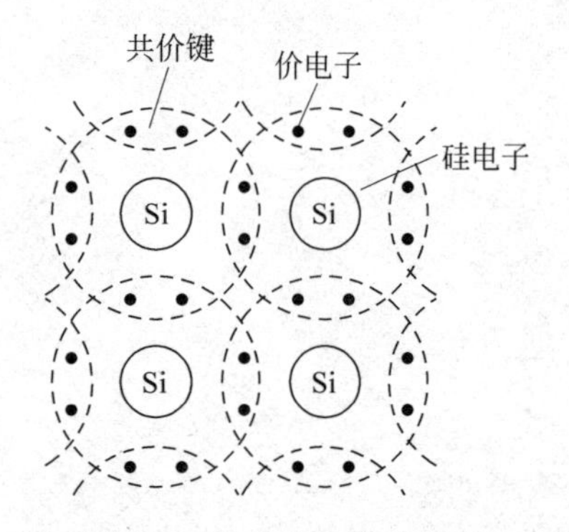

图 8-2　硅单晶中的共价键结构

在晶体结构中，每一个原子与相邻的 4 个原子共用电子时，构成共价键结构。在该结构中，处于共价键中的价电子比绝缘体中的价电子所受的束缚力小，在获得能量（温度升或受光照）后，可挣脱原子核的束缚（电子受到激发）成为自由电子。温度越高，光照越强，晶体产生的自由电子便越多。

当自由电子产生后，就在共价键中留一个空位，称为空穴。这时失去电子的原子带正电。在外电场作用下，有空穴的原子就吸引相邻原子的价电子来填补这个空穴，失去价电子的相邻原子的共价键中又出现另一个空穴，它也可以由别的原子中的价电子再来递补。如此继续下去，就好像空穴在运动。而空穴运动的方向与价电子运动的方向相反，所以空穴运动相当于正电荷的运动。

如果半导体两端加上外电压，半导体中将出现两部分电流：一是由自由电子做定向运动所形成的电子电流；二是仍被原子核束缚的价电子递补空穴所形成的空穴电流。在半导体中，同时存在着电子导电和空穴导电，以区别于金属导电。自由电子和空穴都称为载流子。本征半导体中的自由电子和空穴总是成对出现，也会有自由电子填补空穴复合的可能。在一定温度下，载流子的产生和复合达到动态平衡，于是载流子便维持一定数目。温度越高，载流子数目越多，导电性能就越好。所以，半导体器件性能受温度影响很大。

8.1.2　N型半导体和P型半导体

本征半导体的导电能力仍然很低，如果在其中掺入微量杂质，则掺杂后的半导体导电性能大大增强。根据掺入杂质的不同，杂质半导体可分为两类。一类是掺入5价的磷原子。由于磷原子的最外层有5个价电子，当它取代硅原子后就有一个多余的价电子。该价电子很容易挣脱磷原子核的束缚而成为自由电子。于是半导体中的自由电子数目大大增加，成为主要载流子，故称为电子半导体或N型半导体。由于自由电子增多而加大了复合的机会，空穴数目大大减少。在N型半导体中，自由电子是多数载流子，而空穴则是少数载流子。

另一类是掺入3价的硼原子。每个硼原子只有3个价电子，当它取代硅原子与相邻的硅原子形成共价键时，因缺少一个电子而产生一个空位。该空穴有能力吸引相邻硅原子中的价电子来填补这个空穴，而在该相邻原子中又出现一个空穴。每一个硼原子都能提供出一个空穴，于是半导体中空穴的数目大大增加，成为主要载流子，故称为空穴半导体或P型半导体。在P型半导体中，空穴是多数载流子，而自由电子是少数载流子。

【练习与思考】

8-1　电子导电和空穴导电有何区别？半导体和金属导电的本质区别是什么？

8-2　杂质半导体中的多数载流子和少数载流子是怎样产生的？为什么杂质半导体中少数载流子的浓度比本征半导体中载流子的浓度低？

8.2　PN结及单向导电性

如果采取工艺措施，使一块杂质半导体的一侧为P型，另一侧为N型，则在P型和N型半导体的交界面就形成一个特殊的区域，即为PN结，如图8-3所示。图中的“∘”表示能移动的空穴，“·”表示能移动的自由电子。

当电源正极接P区、负极接N区时，此时PN结加正向电压(也称为正向偏置)，P区的多数载流子空穴和N区的多数载流子自由电子在外加电场作用下通过PN结进入对方，两者形成较大的正向电流。此时PN结呈现低电阻，处于导通状态。

当PN结加反向电压(也称反向偏置)时，P区和N区的多数载流子受阻难以通过PN结。但P区和N区的少数载流子在电场作用下却能通过PN结进入对方，形成反向电流。

由于少数载流子数量很少，因此反向电流极小。此时PN结呈现高电阻，处于截止状态。此即为PN结的单向导电性，PN结是各种半导体器件的共同基础。

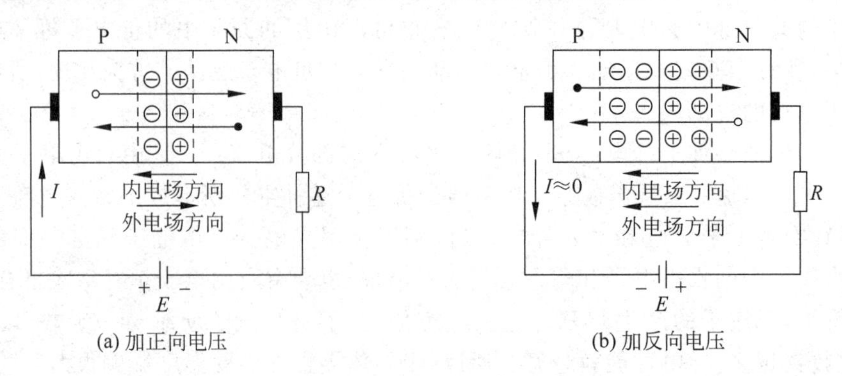

(a) 加正向电压　　(b) 加反向电压

图 8-3　PN结的单向导电性

8.3　二　极　管

二极管就是只有一个PN结的半导体器件。

8.3.1　基本结构

将PN结加上相应的电极引线和管壳，就成为二极管。按结构分类，有点接触、面接触和平面型三类。点接触型二极管（一般为锗管）如图 8-4(a)所示。它的PN结结面积小（结电容小），因此通过的电流也小，但其高频性能好，故适合高频或小功率的工作，也用作数字电路的开关元件。面接触型二极管（一般为硅管）如图 8-4(b)所示。它的PN结结面积大（结电容大），故可通过较大电流，但其工作频率较低，一般用于整流。平面型二极管如图 8-4(c)所示，可用于大功率整流管和数字电路的开关管。图 8-4(d)是二极管的符号表示。

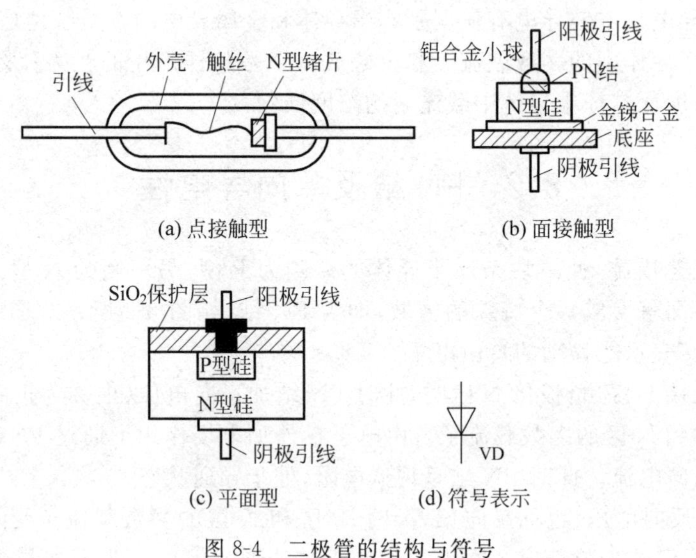

(a) 点接触型　　(b) 面接触型

(c) 平面型　　(d) 符号表示

图 8-4　二极管的结构与符号

8.3.2 伏安特性

二极管由一个PN结组成，单向导电性是它的基本特性，其伏安特性曲线如图8-5所示，当外加正向电压很低时，正向电流很小，几乎为零。当正向电压超过一定数值后，电流就快速上升。这个一定数值的正向电压称为死区电压(开启电压)，它的大小与材料及环境温度有关。例如，硅管的死区电压约为0.5V，锗管约为0.1V。而二极管导通后的正向压降，硅管为0.6～0.8V，锗管为0.2～0.3V。

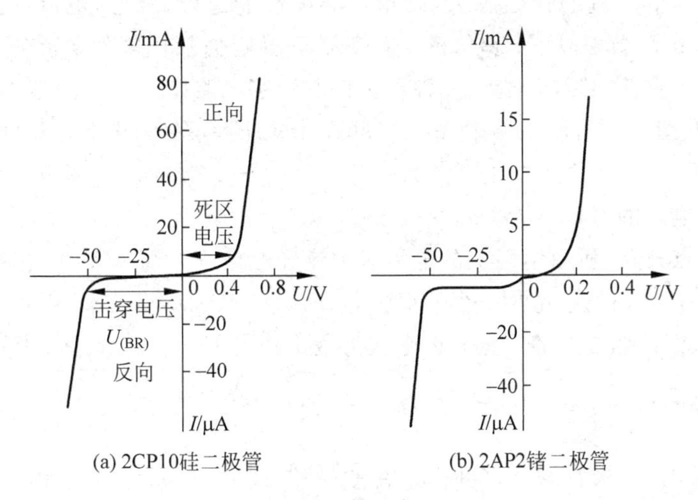

图8-5 二极管的伏安特性曲线

当二极管加反向电压时，形成很小的反向电流。反向电流有两个特点：一是它随温度的上升增加很快；二是在反向电压不超过某范围内，反向电流大小基本恒定，故称为反向饱和电流。但当外加电压过高时，反向电流将突然增大，单向导电性被破坏，这时二极管被击穿。二极管通常被击穿后就不能再恢复原有的性能。击穿时的反向电压称为反向击穿电压 $U_{(BR)}$。

8.3.3 理想伏安特性

在许多情况下，可以忽略二极管的正向压降和反向饱和电流。这时二极管就是一个理想开关：加正向电压，二极管导通，管压降为零，相当于开关接通，正向伏安特性曲线与纵轴的正半轴重合；加反向电压，二极管截止，反向饱和电流为零，相当于开关断开，反向伏安特性曲线与横轴的负半轴重合。这时二极管也称为理想二极管。通常当理想伏安特性无法解释时才用实际伏安特性。

8.3.4 主要参数

二极管的特性用数据来说明，就是它的参数。二极管的主要参数有下面几个。

1. 最大整流电流 I_{OM}

I_{OM}是二极管长时间使用时，允许通过的最大正向平均电流。点接触型的I_{OM}在几十毫安以下；而面接触型的I_{OM}较大，可超过100mA。当流过电流超过该允许值时，PN结将过热而损坏。

2. **反向工作峰值电压 U_{RWM}**

为确保二极管不被击穿而给出的反向峰值电压，通常是反向击穿电压的 1/2 或 2/3。例如，2CZ52A 硅二极管的反向工作峰值电压为 25V，而反向击穿电压为 50V。通常点接触型的 U_{RWM} 较小，而面接触型的 U_{RWM} 较大。

3. **反向峰值电流 I_{RM}**

I_{RM} 就是当二极管加反向工作峰值电压时的反向电流值。它与单向导电性能有关，最大整流电流与反向峰值电流的比值越大，则单向导电性能越好。反向电流受温度影响很大。硅管的 I_{RM} 较小，在几微安以下；锗管的 I_{RM} 较大，可达硅管反向峰值电流的几十到几百倍。

二极管可用于整流、检波、限幅、元件保护以及数字电路作开关元件等。

【例 8-1】 在图 8-6 所示电路中，$u_i = 10\sin 314t$ V，$E = 5$V，当 1、2 端开路时画出 u_D、u_R、u_o 的波形图。

【解】 写出电路的 KVL 方程 $u_D = u_R + E - u_i$。

由于 1、2 两点开路，所以电阻上的电流必须流经二极管。当 u_i 和 E 电源接入前二极管不导通，则 $u_R = 0$，所以讨论 u_D 时，暂不考虑 u_R。

如果 $u_D > 0$，则认为二极管导通；否则认为截止。当 $E - u_i > 0$ 时，二极管导通，此时 ωt 在 $0 \sim \frac{\pi}{6}$ 和 $\frac{5\pi}{6} \sim 2\pi$，$u_D = 0$，$u_R = u_i - E < 0$，$u_o = u_i$。

当 $E - u_i \leqslant 0$ 时，二极管截止，此时 ωt 在 $\frac{\pi}{6} \sim \frac{5\pi}{6}$，$u_D = E - u_i \leqslant 0$，$u_R = 0$，$u_o = E$。画出波形图，如图 8-7 所示。

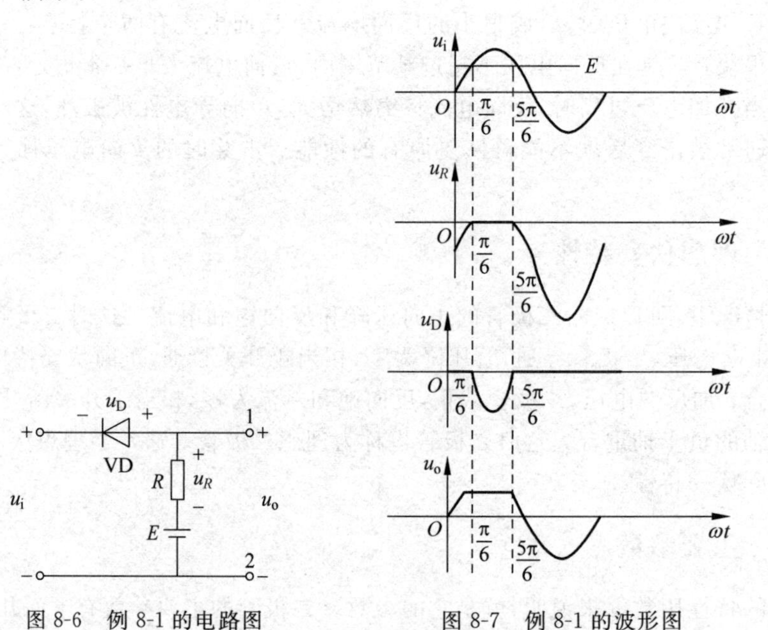

图 8-6 例 8-1 的电路图　　图 8-7 例 8-1 的波形图

【例 8-2】 在图 8-8 所示电路中，试求下列几种情况下输出端 Y 的电位 V_o 及各元件中的电流：(1)$V_A = +6$V，$V_B = +4$V；(2)$V_A = +6$V，$V_B = +5.5$V。设二极管为理想二极管。

【解】 电路中二极管 VD_A、VD_B 的阴极接在一起，如果两个二极管的阳极电位都高于阴极电位，则阳极电位高的管子抢先导通，然后再判断另一个管子是否导通。

(1) $V_A > V_B$，VD_A 抢先导通，如果 VD_B 不导通，则 R_1、VD_A、R_3 串联，$V_o = \frac{R_3}{R_1 + R_3} V_A = 4.8V$，由于 $V_o > V_B$，VD_B 的阳极电位低于阴极电位，假设是正确的，所以 $I_1 = I_3 = \frac{V_A}{R_1 + R_3} = 0.6mA$，$I_2 = 0$，$V_o = 4.8V$。

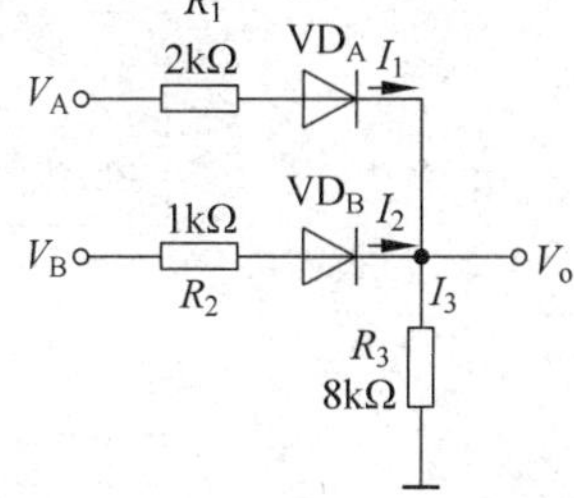

图 8-8　例 8-2 的电路图

(2) $V_A > V_B$，VD_A 抢先导通，如果 VD_B 不导通，则 $V_o = 4.8V$，但现在 $VD_B = 5.5V$，可以认为 VD_A、VD_B 均导通。则写 KCL 方程，得

$$\frac{V_A - V_o}{R_1} + \frac{V_B - V_o}{R_2} = \frac{V_o}{R_3}$$

$V_o = 5.23V$，此时 $V_B > V_o$，与假设吻合，说明 VD_B 也导通。

$$I_1 = \frac{V_A - V_o}{R_1} = 0.39mA, \quad I_2 = \frac{V_B - V_o}{R_2} = 0.27mA, \quad I_3 = I_1 + I_2 = 0.66mA$$

尽管在分析过程中，对某些二极管是否导通作了假设，但一个二极管是否导通与假设无关。如果假设与计算结果相互矛盾，则假设有误，需要重新计算；否则，假设正确，计算结果保留。

【练习与思考】

8-3　硅二极管和锗二极管的死区电压(开启电压)是多少？它们的工作电压又是多少？

8-4　为什么二极管的反向饱和电流与外加反向电压无关，而当环境温度上升时又明显增大？

8-5　用万用表测量二极管的正向电阻时，用 $R \times 100$ 挡测出的电阻值小，而用 $R \times 1k\Omega$ 挡测出的大，为什么？

8.4　晶　体　管

晶体管即半导体三极管，由两个 PN 结组成，是一种重要的半导体器件，它具有放大作用和开关作用。首先介绍晶体管的内部结构和工作原理，再讨论特性曲线与主要参数。

8.4.1　基本结构

晶体管常见的有平面型和合金型两种结构(见图 8-9)。硅管主要是平面型，锗管都是合金型。常见晶体管的外形如图 8-10 所示。

不论是何种类型都分为 NPN 型或 PNP 型，其结构示意图和表示符号如图 8-11 所示。国内生产的硅晶体管多为 NPN 型(3D 系列)，锗晶体管多为 PNP 型(3A 系列)。

每一个晶体管都有 3 个区，即基区、发射区和集电区；分别引出 3 个极，即基极 B、发射极 E 和集电极 C；有两个 PN 结，即基区和发射区之间的发射结、基区和集电区之间的集电结。

NPN 管和 PNP 管的工作原理类似，仅在使用时电源的极性连接不同而已。下面以

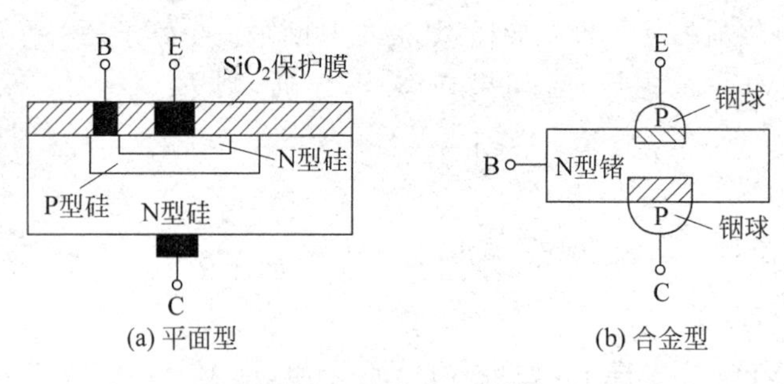

图 8-9 晶体管的结构

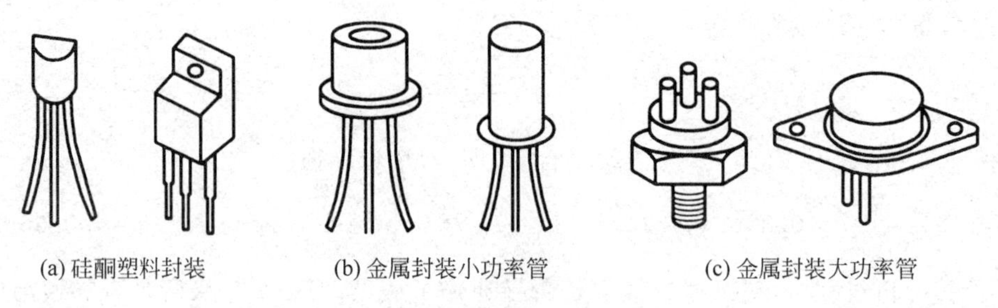

图 8-10 常见晶体管的外形

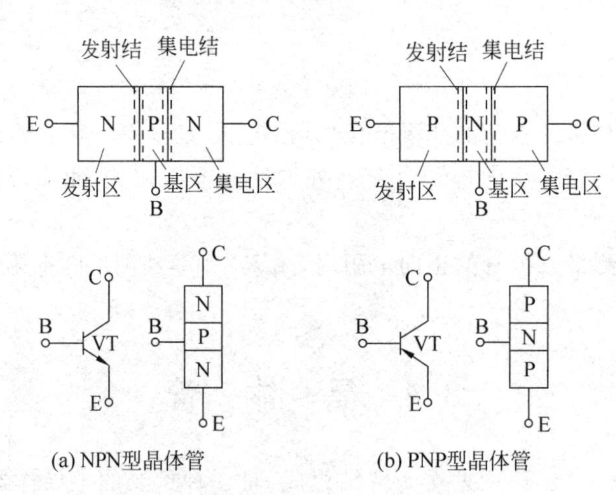

图 8-11 晶体管的结构示意图和图形符号

NPN 管为例来分析讨论。

8.4.2 晶体管的工作原理

当晶体管的两个 PN 结的偏置方式不同时，晶体管的工作状态也不同。共有放大、饱和和截止 3 种工作状态。

1. **放大状态**

当外接电路保证晶体管的发射结正向偏置、集电结反向偏置时，如图 8-12 所示，晶体管具有电流放大作用，即工作在放大状态。

图 8-12 中基极电源 E_B 和基极电阻 R_B 组成的基极回路保证发射结处于正向偏置，集电极电源 E_C 和集电极电阻 R_C 构成的集电极回路保证集电结反向偏置($E_C > E_B$)。由于发

射极是两回路的公共端,故称该电路为共发射极电路。

当发射结正向偏置时,有利于发射区和基区的多数载流子的扩散运动。因为发射区的多数载流子自由电子的浓度大,而基区的少数载流子自由电子的浓度小,所以发射区的自由电子扩散到基区,就形成发射极电流 I_E。

自由电子进入基区后,有继续向集电结方向扩散的可能,在该过程中,部分自由电子会与基区的多数载流子空穴复合,从而形成电流 I_{BE},它基本上等于基极电流 I_B。如果被复合掉的电子越多,扩散到集电结的电子就越少,这不利于晶体管的放大作用。因此,基区要做得很薄且掺杂浓度低,这样才可以减少自由电子与基区空穴复合的机会,使绝大部分自由电子都能扩散到集电结边缘。

由于集电结反向偏置,所以有利于发射区扩散到基区的自由电子进入集电区,从而形成电流 I_{CE},它基本等于集电极电流 I_C。同时,集电区的少数载流子空穴和基区少数载流子自由电子也相对运动,形成电流 I_{CBO}。该电流数值很小,它构成集电极电流 I_C 和基极电流 I_B 的一小部分,且受温度影响很大,并与外加电压的大小关系不大。上述载流子运动和电流分配如图 8-12(a)、(b)所示。从发射区扩散到基区的自由电子只有很小的一部分被复合,绝大部分到达集电区。也就是 I_{BE}只占 I_E 很小一部分,而 I_{CE}占 I_E 的大部分。用静态电流放大系数 $\bar{\beta}$ 表示,即

$$\bar{\beta}=\frac{I_{CE}}{I_{BE}}=\frac{I_C-I_{CBO}}{I_B+I_{CBO}}=\frac{I_C}{I_B} \tag{8-1}$$

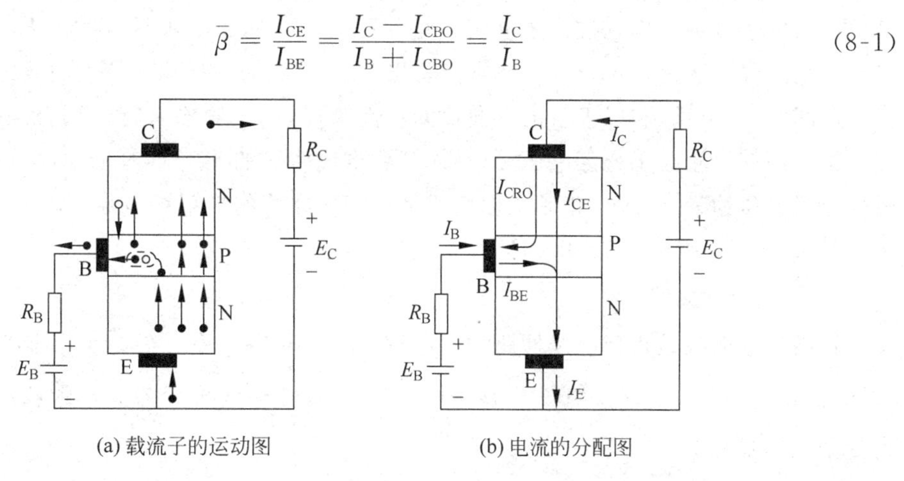

(a) 载流子的运动图　　(b) 电流的分配图

图 8-12　晶体管在放大状态时的电路与载流子运动

综上所述,晶体管工作在放大状态的内部条件是:基区薄且掺杂浓度很低,发射区掺杂浓度高于集电区;外部条件是:发射结正偏,集电结反偏。若是共发射极接法,外部条件表示为$|U_{CE}|>|U_{BE}|$。对 NPN 管而言,U_{CE}和 U_{BE}都是正值;对 PNP 管而言,它们都是负值。当晶体管处于放大状态时,有 $I_C=\bar{\beta} I_B$。

2. 饱和状态

在图 8-12 所示的放大状态的电路中,若减小基极电阻 R_B,使发射结电压 U_{BE}增加,从而基极电流 I_B 增加时 I_C 也增加。但当 I_C 增加到 $R_C I_C \approx E_C$ 时,I_C 已不可能再增加,即使 I_B 再增大。此时晶体管处于饱和状态,$U_{CE}\approx 0$(略大于 0);$U_{BE}=U_{BC}+U_{CE}$,$U_{BE}\approx U_{BC}>U_{CE}$,即发射结正偏,集电结也正偏。一般而言,可写成$|U_{BE}|>|U_{CE}|$,由于 $U_{CE}\approx 0$,所以晶体管的集电极和发射极之间相当于短路,可认为是开关处于闭合状态。

3. 截止状态

当晶体管的发射结处于反向偏置时，基极电流 $I_B=0$，集电极电流为 I_{CEO}，也接近于零。此时晶体管处于截止状态。晶体管工作在截止区的条件是：发射结和集电结均反偏。此时 $I_B \approx 0$，$I_C \approx 0$，晶体管的集电极和发射极之间相当于开路，可认为是开关处于断开状态。

当晶体管稳定工作在截止和饱和状态时，集电极和发射极之间相当于开关，称为晶体管的开关状态。

8.4.3 特性曲线

晶体管的特性曲线用来表示该晶体管各极电压和电流之间的相互关系，是分析放大电路的重要依据。最常用的是共发射极接法的输入特性曲线和输出特性曲线。这些曲线可用晶体管特性图示仪直观显示出来。

1. 输入特性曲线

输入特性曲线是指基极回路中的电流 I_B 与电压 U_{BE} 的关系，前提是 U_{CE} 为常数 $I_B = f(U_{BE})\big|_{U_{CE}\text{恒定}}$，如图 8-13 所示。

对硅管而言，当 $U_{CE} \geqslant 1V$ 时，集电结处于反向偏置，且已有足够能力将发射区扩散到基区的自由电子的绝大部分拉入集电区。此后 U_{CE} 对 I_B 的作用就不再明显，即 $U_{CE} \geqslant 1V$ 后的输入特性曲线基本上是重合的。通常只画出 $U_{CE}=1V$ 的一条输入特性曲线即可。

由图 8-13 可见，和二极管的正向伏安特性一样，晶体管输入特性也有一段死区。只有发射结的正偏电压大于死区电压时，晶体管才出现明显的 I_B。硅管的死区电压为 0.5V，锗管的死区电压约为 0.1V。正常工作情况下，NPN 硅管的发射结电压 $U_{BE}=(0.6 \sim 0.7)V$，PNP 锗管的 $U_{BE}=-(0.2 \sim 0.3)V$。

2. 输出特性曲线

输出特性曲线是指集电极回路中的电流 I_C 与 U_{CE} 的关系。当 I_B 取不同数值时，可得出不同的 $I_C = f(U_{CE})\big|_{I_B\text{恒定}}$，如图 8-14 所示。输出特性曲线可分为 3 个区域，即对应晶体管的 3 个工作状态。

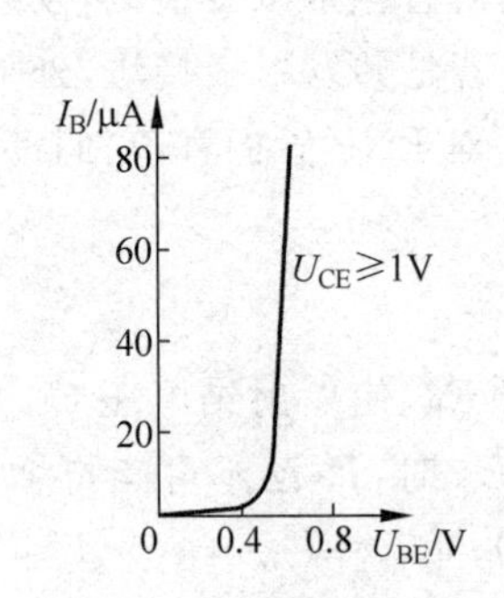

图 8-13 晶体管的输入特性曲线

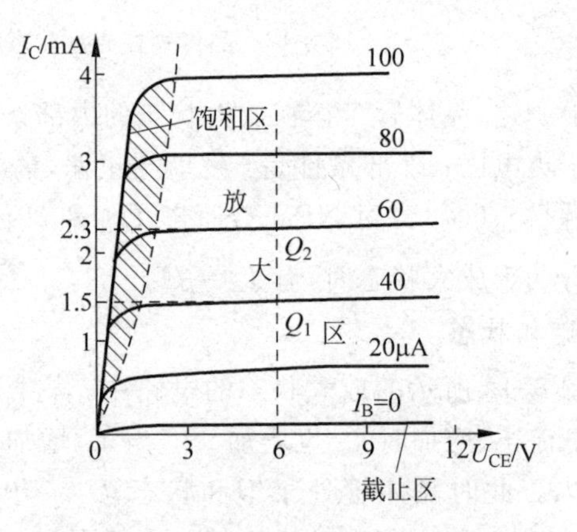

图 8-14 晶体管的输出特性曲线

(1) 放大区。

输出特性曲线中比较平坦的部分。此时 $I_C=\bar{\beta}I_B$，I_C 与 U_{CE} 关系不大。

(2) 截止区。

$I_B=0$ 曲线以下的区域称为截止区。$I_B=0$ 时，$I_C=I_{CEO}$。对 NPN 硅管而言，当 $U_{BE}<0.5V$ 即开始截止，但为可靠，常使 $U_{BE}\leqslant 0$，同时 $U_{BC}<0$。

(3) 饱和区。

当 $U_{CE}<U_{BE}$ 时，集电结也正向偏置，晶体管工作于饱和状态。在饱和区，I_B 对 I_C 影响不大，I_C 受 U_{CE} 影响更大，此时 $I_C\neq\bar{\beta}I_B$。

8.4.4　主要参数

除了特性曲线表示晶体管的特性外，还可以用参数来描述它。晶体管的主要参数有下面几个。

1. 电流放大倍数 β 和 $\bar{\beta}$

静态放大倍数为

$$\bar{\beta}=\frac{I_C}{I_B}$$

动态放大倍数为

$$\beta=\frac{\Delta I_C}{\Delta I_B}$$

实际上，通常认为 $\bar{\beta}\approx\beta$。常用小功率晶体管的 β 值为 20～150，离散性较大。即使是同一型号的管子，其电流放大系数也有很大差别。

2. 集-基极反向截止电流 I_{CBO}

I_{CBO} 是当发射极开路时，由于集电结处于反向偏置；集电区和基区中的少数载流子的相对运动所形成的电流。I_{CBO} 属于反向饱和电流，受温度影响大。室温下，小功率锗管的 I_{CBO} 约为几微安到几十微安，小功率硅管在 1μA 以下。由此可见，硅管的温度稳定性胜于锗管。

3. 集-射极反向截止电流 I_{CEO}

当 $I_B=0$ 时，集电结处于反向偏置和发射结正向偏置的集电极电流。该电流好像从集电极直接穿透晶体管而达到发射极的，又称为穿透电流。可以说明 $I_{CEO}=(1+\bar{\beta})I_{CBO}$。通常硅管的 I_{CEO} 为几微安，锗管的约为几十微安，其值越小越好。

4. 集电极最大允许电流 I_{CM}

集电极电流 I_C 越过一定数值时，晶体管的 β 要下降。当 β 下降到正常数值的 2/3 时的集电极电流称为 I_{CM}。在使用中，超过 I_{CM} 并不一定会使晶体管损坏，但以降低 β 值为代价。

5. 集-射极反向击穿电压 $U_{(BR)CEO}$

在基极开路时，加在集电极和发射极之间的最大允许电压值称为集-射极反向击穿电压 $U_{(BR)CEO}$。一旦 $U_{CE}>U_{(BR)CEO}$ 时，I_{CEO} 大幅上升，说明晶体管被击穿，通常给出 25℃时的 $U_{(BR)CEO}$，在高温下其值要降低。

6. 集电极最大允许耗散功率 P_{CM}

由于集电极电流大，且集电结反向电压高，将会产生热量，使集电结温度上升，引起晶体管参数的变化。当受热而引起参数变化不超过允许值时，集电极所消耗的最大功率称为集电极最大允许耗散功率 P_{CM}。

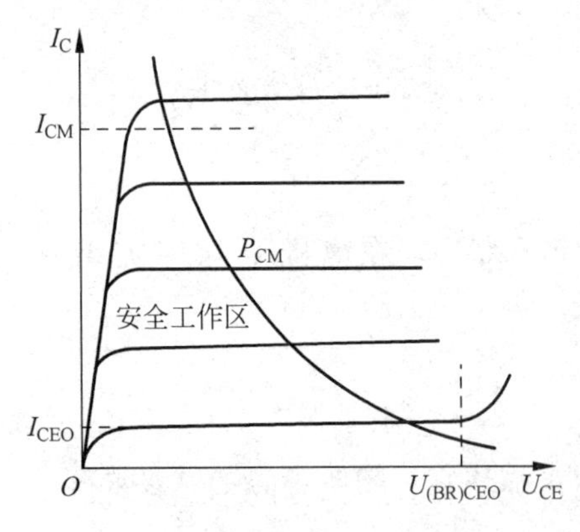

图 8-15　晶体管的安全工作区

P_{CM} 主要受结温 T_j 的限制，锗管允许结温为 70～90℃，硅管约为 150℃，而 P_{CM} 值，由 $P_{CM}=I_C U_{CE}$，可在输出特性曲线上作出 P_{CM} 曲线，它是一条双曲线。

由 I_{CM}、$U_{(BR)CEO}$、P_{CM} 三者可以确定晶体管的安全工作区，如图 8-15 所示。

以上参数中，β、I_{CBO} 和 I_{CEO} 是性能指标，其中 β 要合适，I_{CBO} 和 I_{CEO} 越小越好；I_{CM}、$U_{(BR)CEO}$ 和 P_{CM} 都是极限参数，使用时不宜超过。

【练习与思考】

8-6　晶体管的发射极和集电极是否可以调换使用？为什么？

8-7　晶体管具有电流放大作用，其外部和内部条件各为什么？

8-8　将图 8-12(a)中的 PNP 管改成 NPN 管，并相应改变电源，画出电路。

8-9　有两个晶体管，一个管子 $\bar{\beta}=50$，$I_{CBO}=0.5\mu A$；另一个管子 $\bar{\beta}=150$，$I_{CBO}=2\mu A$。如果其他参数一样，选用哪个管子较好？为什么？

8-10　某晶体管的参数 $P_{CM}=100mW$、$I_{CM}=20mA$、$U_{(BR)CEO}=15V$，下列情况下哪些可以正常工作？(1)$U_{CE}=3V$，$I_C=20mA$；(2)$U_{CE}=3V$，$I_C=40mA$；(3)$U_{CE}=18V$，$I_C=5mA$。

8.5　光电器件

越来越多的光电器件在显示、报警、耦合和控制中得到应用，本节作简要介绍。

8.5.1　发光二极管

发光二极管(LED)是一种特殊的二极管，当其加正向电压且正向电流达到一定数值时，就可以发出不同颜色的光。例如，采用磷砷化镓材料，则发出红光或黄光；采用磷化稼材料，则发出绿光。

发光二极管的工作电压为 1.5～3V，工作电流为几毫安到十几毫安，寿命很长，可作显示用。图 8-16 是它的外形和表示符号。

8.5.2　光电二极管

光电二极管又称为光敏二极管，它能将光信号转换为电信号。图 8-17 是它的外形及表示符号。光电二极管的管壳上通常有一个嵌着玻璃的窗口。当加反向电压且无光照时，其反向电流(暗电流)很小，通常小于 0.2μA；加反向电压但有光照时，产生的反向电流(光电流)较大，可达几十微安。照度 E 越大，光电流也越大。

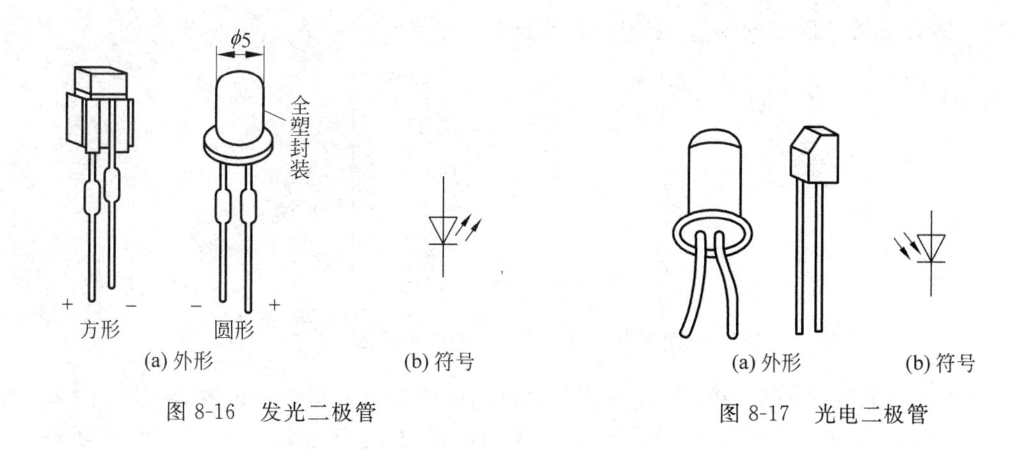

图 8-16　发光二极管　　　图 8-17　光电二极管

8.5.3　光电晶体管

光电晶体管又称为光敏晶体管，也能将光信号转换为电信号。普通晶体管用基极电流 I_B 来控制 I_C，而光电晶体管用光照度 E 来控制集电极电流。无光照时，集电极电流 I_{CEO} 很小，称为暗电流，有光照时的集电极电流称为光电流，一般为零点几毫安到几个毫安。图 8-18 是它的外形、符号和输出特性曲线。

图 8-19 是光电耦合放大电路一例，可作为光电开关用。图中 LED 与光电晶体管光电耦合，VT_1 是普通晶体管。当有光照时，VT_1 饱和导通，$u_o \approx 0V$；当光被物体遮住时，VT_1 截止，$u_o \approx +5V$。该电路可用于防盗报警。

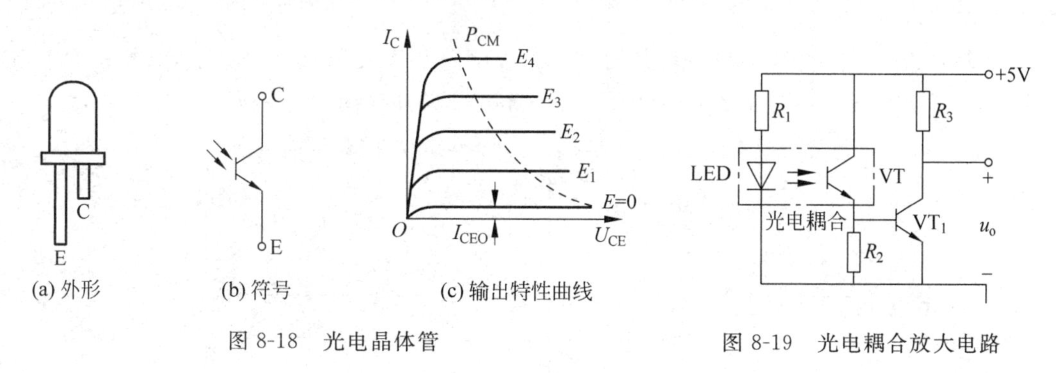

图 8-18　光电晶体管　　　图 8-19　光电耦合放大电路

8.6　共发射极放大电路

8.6.1　基本放大电路的组成

放大电路能够利用晶体管电流控制作用，将微弱的电信号进行放大，从而得到有一定功率的信号来推动负载工作。放大就是在不改变信号形状的情况下，信号的电压、功率都放大了。放大信号所需的能量由直流电源提高，晶体管控制此电源的能量转换，使其输出较大能量的信号，并与输入信号变化规律相同，从而推动负载做功。

典型的基本放大电路的示意图如图 8-20 所示，能放大信号还要保证晶体管处于放大工作状态，即其发射结应正向偏置，集电结应反向偏置。

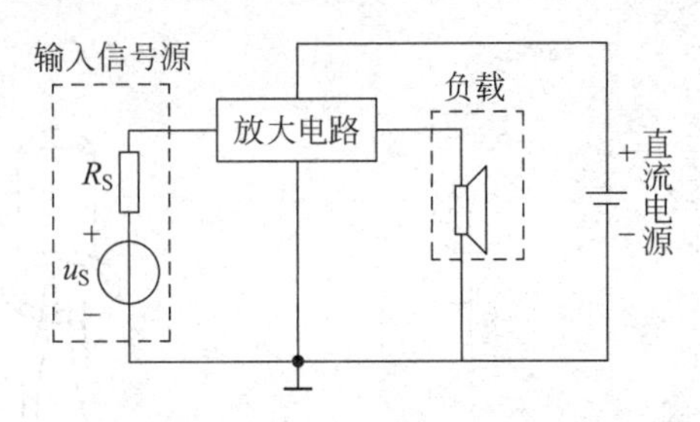

图 8-20　基本放大电路的示意图

图 8-21(a)是一个以 NPN 型晶体管为核心的单管共发射极放大电路，由信号源提供的信号 u_i 加在晶体管的基极与发射极之间，放大后的信号 u_o 从晶体管的集电极与发射极之间输出。电路是以晶体管的发射极作为输入、输出回路的公共端，故称其为共发射极放大电路。电路中各元件作用如下。

晶体管 VT 具有电流放大作用，是整个电路的控制元件。

集电极直流电源 E_C 和基极电阻 R_B 直流电源 E_C 不但起着给放大电路提供能量的作用，而且与基极电阻 R_B 保证晶体管的发射结正向偏置，集电结反向偏置，以使晶体管处于放大工作状态。

集电极电阻 R_C 能将集电极电流 i_C 的变化转换成集-射极间电压 u_{CE} 的变化，以实现电压放大。

耦合电容 C_1、C_2 既可以隔断放大电路与信号源以及负载之间的直流联系，又起到交流耦合的作用，传递交流信号。

放大电路中，通常公共端接地，共发射极放大电路是以发射极为公共点，共用一个直流电源 E_C，简化电路后如图 8-21(b)所示，不计实际电源的内阻时 $U_{CC}=E_C$。

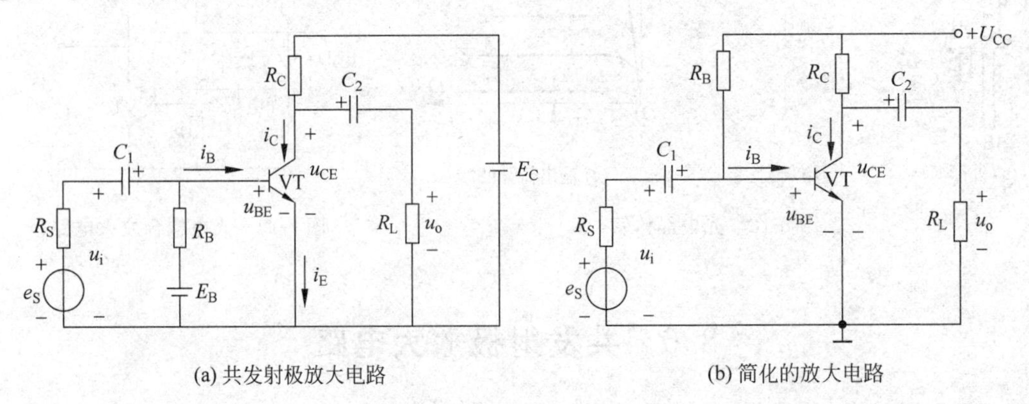

(a) 共发射极放大电路　　(b) 简化的放大电路

图 8-21　共发射极放大电路的组成

8.6.2　放大电路的静态分析

为了保证放大电路的输出信号不失真，除了晶体管处于放大区，还要使晶体管工作在输入和输出特性曲线合适的工作点上，即确定静态工作点。放大电路是交、直流共存的电路，尽管晶体管是非线性元件，但在一定的条件下，仍可用叠加定理来分析。当输入信号 $u_i=0$

时，电路中的电压、电流都是直流电源 E_C 的响应，称此时放大电路为静态。静态分析就是确定晶体管各电极的直流电压 U_{BE}、U_{CE} 和直流电流 I_B、I_C（I_E）的数值。静态分析的主要方法分为图解法和估算法。

1. **静态工作值的估算**

静态值即直流值，可用放大电路的直流通路来分析。直流通路就是只有直流电源作用时的放大电路，输入信号短路，电容 C_1、C_2 隔直通交开路，得图 8-22，即图 8-21(b)所示放大电路的直流通路。

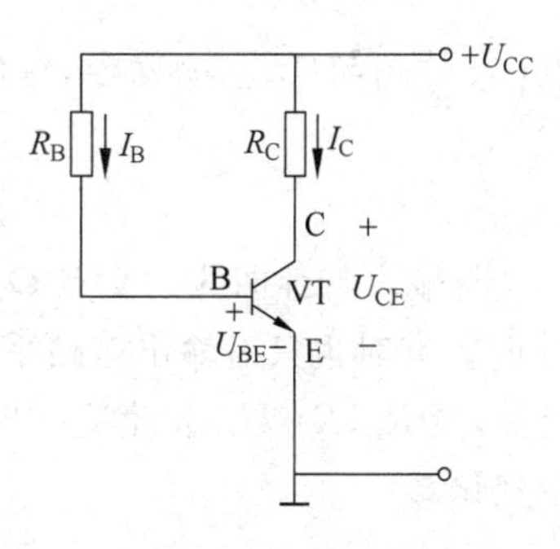

图 8-22　图 8-21(b)的直流通路

由晶体管的输入特性可知，当晶体管正常导通的情况下，硅管的 U_{BE} 为 0.6V，锗管约为 0.2V，可忽略不计。对 $U_{CC}\to R_B\to U_{BE}\to$ 地的输入回路和 $U_{CC}\to R_C\to U_{CE}\to$ 地的输出回路有以下公式，即

$$I_B=\frac{U_{CC}-U_{BE}}{R_B}\approx\frac{U_{CC}}{R_B} \tag{8-2}$$

$$I_C=\bar{\beta}I_B\approx\beta I_B \tag{8-3}$$

$$U_{CE}=U_{CC}-I_CR_C \tag{8-4}$$

【例 8-3】　试估算图 8-22 所示电路的静态工作点，已知 $U_{CC}=12\text{V}$，$R_B=30\text{k}\Omega$，$R_C=4\text{k}\Omega$，$\bar{\beta}=37.5$。

【解】　由式(8-2)～式(8-4)得

$$I_B=\frac{U_{CC}}{R_B}=40\mu\text{A}$$

$$I_C=\bar{\beta}I_B=1.5\text{mA}$$

$$U_{CE}=U_{CC}-R_CI_C=6\text{V}$$

2. **图解法确定静态工作值**

根据晶体管的输入输出特性曲线，用作图的方法求静态值称为图解法。设晶体管的输入输出特性曲线如图 8-23 所示，图解法的步骤如下。

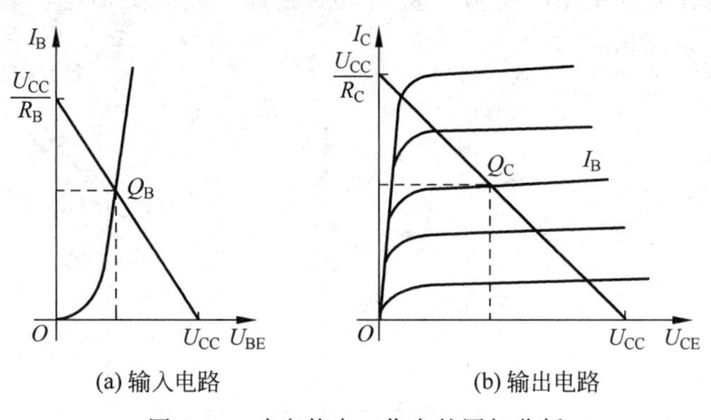

(a) 输入电路　　(b) 输出电路

图 8-23　确定静态工作点的图解分析

对于输入回路描述 I_B 和 U_{BE} 关系的是一条直线，称为输入负载线。它可以由 $\left(0、\frac{U_{CC}}{R_B}\right)$ 点与(U_{CC}、0)点确定。输入负载线与输入特性曲线的交点 Q_B 就称为输入电路的静

态工作点，Q_B 点对应的坐标分别为 U_{BE} 与 I_B。所以，I_B 又称为偏置电流，用来调整 I_B 大小的电阻 R_B 称为偏置电阻。

对于输出电路描述 I_C 与 U_{CE} 的关系也是一条直线，称为输出负载线，它同样也可以由点 $\left(0、\frac{U_{CC}}{R_C}\right)$ 与 $(U_{CC}、0)$ 确定，输出负载线为

$$I_C = \frac{1}{R_C}(U_{CC} - U_{CE}) = -\frac{1}{R_C}U_{CE} + \frac{1}{R_C}U_{CC} \tag{8-5}$$

与输出特性曲线的交点 Q_C 就称为输出电路的静态工作点，Q_C 对应的坐标分别为 U_{CE} 与 I_C。有时也只对输出电路采用作图法，确定 U_{CE} 与 I_C。输出负载线也称为直流负载线，显然，当 R_B、R_C、U_{CC} 发生变化时，Q_B 和 Q_C 的位置都要变化，即放大电路的静态工作值会发生变化。

8.6.3 放大电路的动态分析

放大电路既有直流电源又有信号输入时的工作状态，称为动态。此时，晶体管的各个电流和电压都含有直流分量和交流分量。交流分量是叠加在直流分量上的，为便于加以分析区别，特将放大电路电压、电流的符号列于表 8-1 中。

表 8-1 放大电路中电压和电流符号

名　称	直流分量	交流分量		总电压或总电流	关系式
		瞬时值	有效值		
基极电流	I_B	i_b	I_b	i_B	$i_B = I_B + i_b$
集电极电流	I_C	i_c	I_c	i_C	$i_C = I_C + i_c$
发射极电流	I_E	i_e	I_e	i_E	$i_E = I_E + i_e$
集-射极电压	U_{CE}	u_{ce}	I_{ce}	u_{CE}	$u_{CE} = U_{CE} + u_{ce}$
基-射极电压	U_{BE}	u_{be}	U_{be}	u_{BE}	$u_{BE} = U_{BE} + u_{be}$

动态分析不论是采用图解分析法还是微变等效电路法，都需要画出电路的交流通路图。交流通路图就是只有信号作用时交流分量的流通路径。此时直流电源 U_{CC} 对地短接，忽略电容 C_1、C_2 的容抗，得图 8-24。

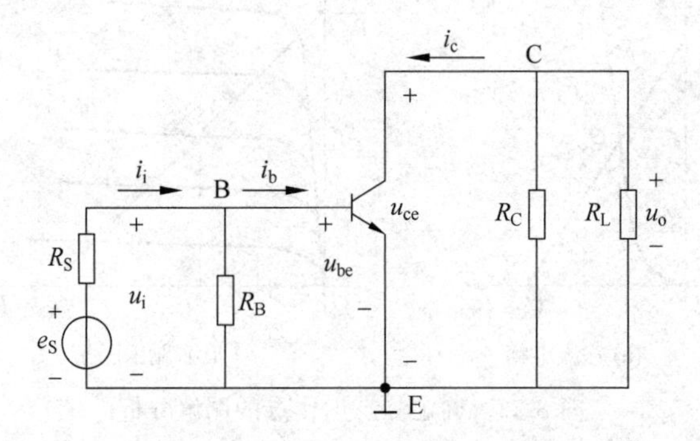

图 8-24　图 8-21(b)的交流通路图

1. 图解分析法

图解分析法是利用晶体管的输入输出特性曲线，通过作图的方法分析动态工作情况，它

可以形象、直观地看出信号传递过程，以及各个电压、电流输入信号 u_i 作用下的变化情况的相互关系。

1）确定交流负载线

根据静态分析法，作图 8-24 所示电路的直流负载线时，直流负载线的斜率为 $-1/R_C$。而交流负载线反映的是动态分量 i_C 和 u_{CE}之间的关系，在交流通路图中，交流（信号）$u_{ce}=-(R_L /\!/ R_C)i_c=-R'_L i_c$，得交流负载线为

$$i_C-I_C=-\frac{1}{R'_L}(u_{CE}-U_{CE}) \tag{8-6}$$

故交流负载线的斜率为 $-1/(R_L /\!/ R_C)$。如图 8-25 所示，交流负载线要比直流负载线陡。当输入信号为零时，放大电路工作在静态工作点上，即交流负载线也要通过 Q 点。据此两点可以确定出交流负载线。

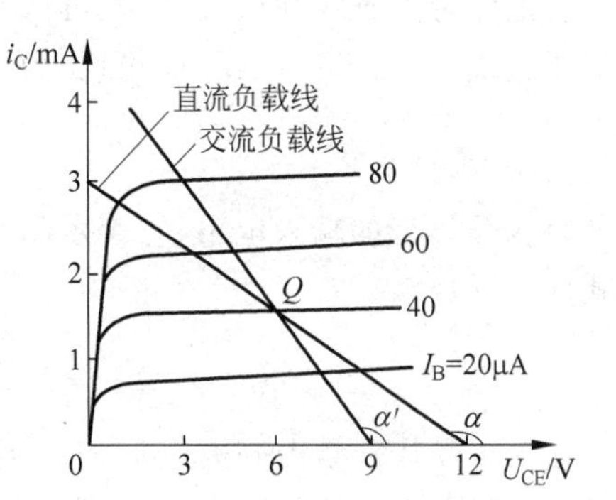

图 8-25　图 8-21(b)电路的交、直流负载线

2）图解分析

在已给出的晶体管输入特性曲线和输出特性曲线上确定合适的静态工作点 Q，如图 8-26 所示。假设输入正弦信号 u_i，晶体管处于线性放大区，则 u_{BE}、i_B、u_{CE}、i_C 都将围绕各自的静态值变化。由于交流信号输出的路径是 $u_i=u_{be}\rightarrow i_b\rightarrow i_c\rightarrow u_{ce}=u_o$。而动态信号是交流分量与直流分量的叠加，即

$$u_{BE}=U_{BE}+u_{be},\quad i_B=I_B+i_b,\quad u_{CE}=U_{CE}+u_{ce},\quad i_C=I_C+i_c$$

在图 8-26 所示的输入特性曲线上，i_B 随 u_{BE}的变化在 Q_1 和 Q_2 点之间移动。在输出特性曲线上，交流负载线上对应于 Q_1 和 Q_2 点之间移动，从而可以确定出 i_C 和 u_{CE}的变化情况。由于耦合电容 C_1、C_2 隔直通交，所以输入信号 $u_i=u_{be}$，输出信号为 $u_o=u_{ce}$。注意：u_o 虽为正弦量，但相位与 u_i 正好相反。从图 8-26 上也可以估算电压放大倍数，它等于输出正弦电压的幅值与输入正弦电压的幅值之比。R_L 的阻值越小，交流负载线越陡，电压放大倍数下降得也越多。

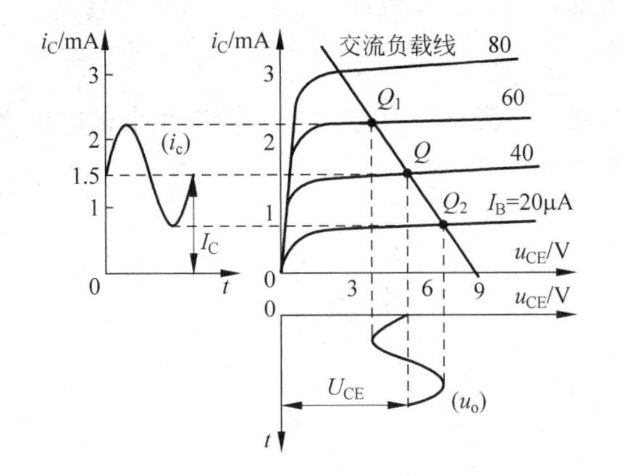

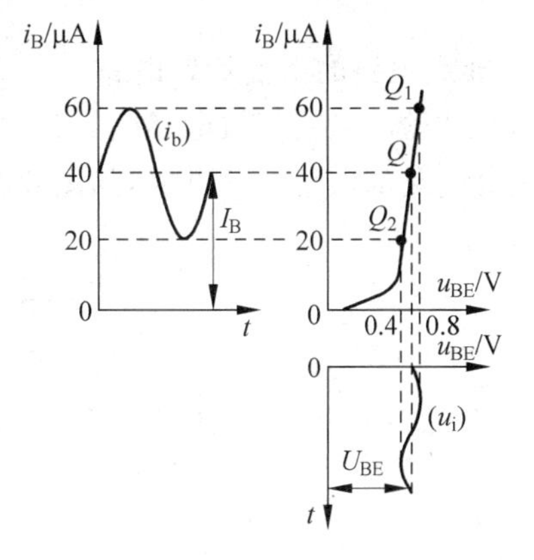

图 8-26　放大电路有输入信号时的图解分析

图解法的主要优点是直观、形象，便于理解，但不适用于较为复杂的电路。

2. **微变等效电路法**

由上述图解分析法可知，当静态工作点合适且输入信号较小时，放大电路的输出信号基本保持为正弦波形，而晶体管的工作情况接近于线性状态，因而可以把晶体管这个非线性元件组成的电路当作线性电路来处理，这就是微变等效分析法。将晶体管等效为线性元件的条件是晶体管在小信号(微变量)情况下工作。

1) 晶体管的微变等效电路

晶体管处于线性放大区时，可认为在静态工作点 Q 附近的小范围，其输入特性曲线近似于直线，即 ΔU_{BE} 与 ΔI_B 成正比，为

$$r_{be}=\frac{\Delta U_{BE}}{\Delta I_B}=\frac{u_{be}}{i_b} \tag{8-7}$$

r_{be}称为晶体管的输入电阻，它表示晶体管的输入特性。常温下小功率晶体管的 r_{be} 的估算公式为

$$r_{be}=200+(1+\beta)\frac{26(\mathrm{mV})}{I_E(\mathrm{mA})} \tag{8-8}$$

由于晶体管是由基极电流控制集电极电流，故其电路模型应为受控电流源(简称受控源)，与理想电流源的区别是 i_S 是已知量，而受控电流源的电流为 βi_b 受控制量 i_b 的控制；相同的是其端电压都由 KVL 确定。综上所述，图 8-27(b)所示为图 8-27(a)的微变等效电路。特别注意：r_{be}是动态电阻，不能用来求静态值；而受控源的控制量 i_b 的参考方向一定要表示出来；否则受控源的电流为 βi_b 将无从分析。

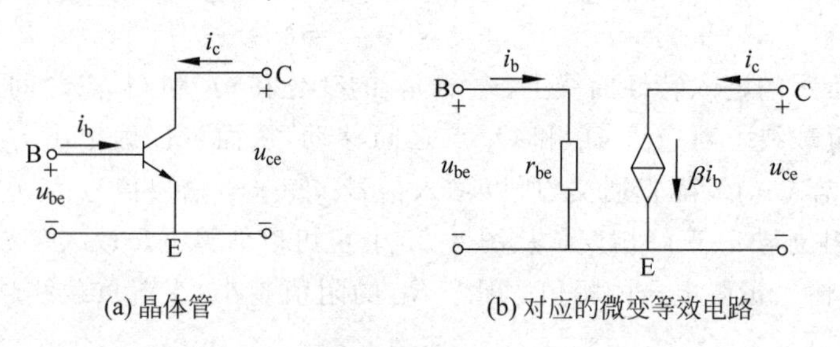

图 8-27　晶体管及其微变等效电路

2) 放大电路的微变等效电路

将晶体管的微变等效电路代入放大电路的交流通路中，注意晶体管 3 个电极的位置，就得到放大电路的微变等效电路，如图 8-28 所示。

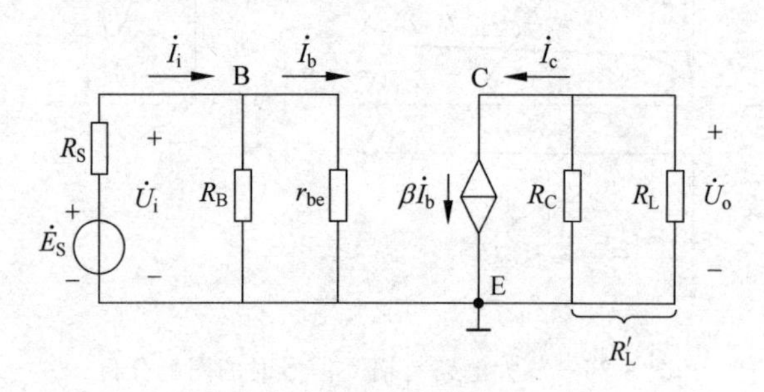

图 8-28　放大电路的微变等效电路

利用放大电路的微变等效电路这个线性电路，就可以计算放大电路的电压放大倍数、输入电阻和输出电阻。

(1) 电压放大倍数。

电压放大倍数是衡量放大电路对于输入信号放大能力的主要指标，设输入信号是正弦信号，电压放大倍数 A_u(或 A_{us})定义为输出电压信号与输入电压(或电动势)信号的相量之比，即

$$A_u = \frac{\dot{U}_o}{\dot{U}_i} \tag{8-9}$$

$$A_{u_S} = \frac{\dot{U}_o}{\dot{E}_S} \tag{8-10}$$

以图 8-28 所示放大电路为例，有

$$\dot{U}_i = r_{be}\dot{I}_b, \quad \dot{U}_o = -\beta R'_L \dot{I}_b$$

式中 $R'_L = R_C /\!/ R_L$。所以，电路的电压放大倍数为

$$A_u = -\beta\frac{R'_L}{r_{be}} \tag{8-11}$$

式中的负号表示输出电压$\dot{U}_o$与输入电压$\dot{U}_i$ 的相位相反。当放大电路的输出端开路(空载)时，$A_u = -\beta R_C / r_{be}$。可见，空载时电压放大倍数最大，$R_L$ 越小，则电压放大倍数越低。A_u 除与 R_L 有关外，还与晶体管的放大倍数 β 和晶体管的输入电阻 r_{be}有关。

(2) 放大电路的输入电阻。

放大电路的输入信号是由信号源提供的，对于信号源来说，放大电路相当于它的负载电阻。换而言之，从放大电路的输入端看进去，其作用可用电阻 r_i 来表示，这个电阻就是放大电路的输入电阻，输入电阻定义为放大电路输入电压与输入电流之比，当输入信号为正弦信号时，r_i 为

$$r_i = \frac{\dot{U}_i}{\dot{I}_i} \tag{8-12}$$

在图 8-29(b)中，信号源的电动势为$\dot{E}_S$，内阻为 R_S，则放大电路的输入端所获得的信号电压为

$$\dot{U}_i = \frac{r_i}{r_i + R_S}\dot{E}_S$$

放大电路从信号源获得的输入电流为

$$\dot{I}_i = \frac{\dot{U}_i}{r_i}$$

从以上两式可知，在信号源及其内阻确定时，放大电路的输入电阻越大，放大电路从信号源获得的输入电压越大，信号源流出的电流就越小，从而减轻信号源的负担。因此，对于一般的放大电路，通常希望输入电阻尽量大一些，最好远远大于信号源的内阻。

注意：r_i 为放大电路的输入电阻，r_{be}为晶体管的输入电阻，两者不可混淆。

有了输入电阻的定义后，两个电压放大倍数的关系为

$$A_{u_S}=\frac{\dot{U}_o}{\dot{E}_S}=\frac{r_i}{r_i+R_S}A_u \tag{8-13}$$

(3) 放大电路的输出电阻。

放大电路输出的信号要加在负载之上,对于负载而言,放大电路(包括信号源)相当于负载的信号源。如果将放大电路用一个等效电压源(戴维南等效电路)来代替,这个等效电压源的内阻就是放大电路的输出电阻。输出电阻 r_o 可由戴维南等效内阻的方法获得,见图 8-29(b)。

放大电路的输出电阻就是信号源短路时,在负载处加电压源,由$\dot{U}_o$和$\dot{I}_o$的比得到。如图 8-28 所示,当 $E_S=0$ 时,I_b 和 βI_b 也为零,相当于 βI_b 支路开路。可知此放大电路的输出电阻为

$$r_o=\frac{\dot{U}_o}{\dot{I}_o}=R_C \tag{8-14}$$

R_C 一般为几千欧姆,由此可知,共发射极放大电路的输出电阻较高。

输出电阻也可以通过实验的方法测得,放大电路的输出端在空载和带负载 R_L 时,其输出电压将发生变化,分别测得空载时的输出电压(开路电压)$\dot{U}_{oc}$和接入负载时的输出电压$\dot{U}_{oL}$,则有

$$\dot{U}_{oL}=\frac{R_L}{r_o+R_L}\dot{U}_{oc}$$

所以有

$$r_o=\left(\frac{\dot{U}_{oc}}{\dot{U}_{oL}}-1\right)R_L \tag{8-15}$$

输出电阻 r_o 可用来衡量放大电路带负载的能力。r_o 越小,放大电路带负载的能力越强。

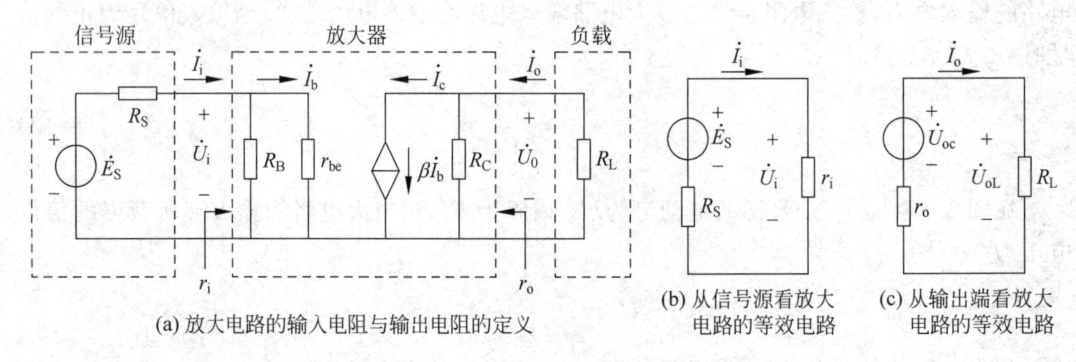

(a) 放大电路的输入电阻与输出电阻的定义　(b) 从信号源看放大电路的等效电路　(c) 从输出端看放大电路的等效电路

图 8-29　放大电路的输入电阻与输出电阻

8.6.4　射极偏置电路

1. 静态工作点 Q 对放大性能的影响

通过对放大电路的静态分析可知,可以调节电路中的有关参数,如调 R_B 来设置放大电路的静态工作点。设置静态工作点的目的是避免产生非线性失真。失真是指输出信号的波形不能复现输入波形的畸变现象。引起非线性失真的原因有多种,其中最主要的就是由于

静态工作点选择不合适或者输入信号太大，使放大电路的工作范围超出了晶体管特性曲线上的线性范围。

在图 8-30 中，静态工作点 Q_1 的位置太低，则基极电流过小，晶体管进入截止区工作，i_B 的负半周和 u_{CE} 的正半波被削平，这是由于晶体管的截止引起的，故称为截止失真。而静态工作点 Q_2 选择太高，当基极电流过大时，晶体管进入饱和区工作，这时 i_B 虽不失真，但是 u_{CE} 却已严重失真。此时，失真是由于晶体管的饱和而引起的，故称为饱和失真。

因此，要放大电路不产生非线性失真，必须要有一个合适的静态工作点，工作点应大致选在交流负载线的中点。此外，输入信号 u_i 的幅值不能太大，以避免放大电路的工作范围超过特性曲线的线性范围。在小信号放大电路中，此条件一般都能满足。

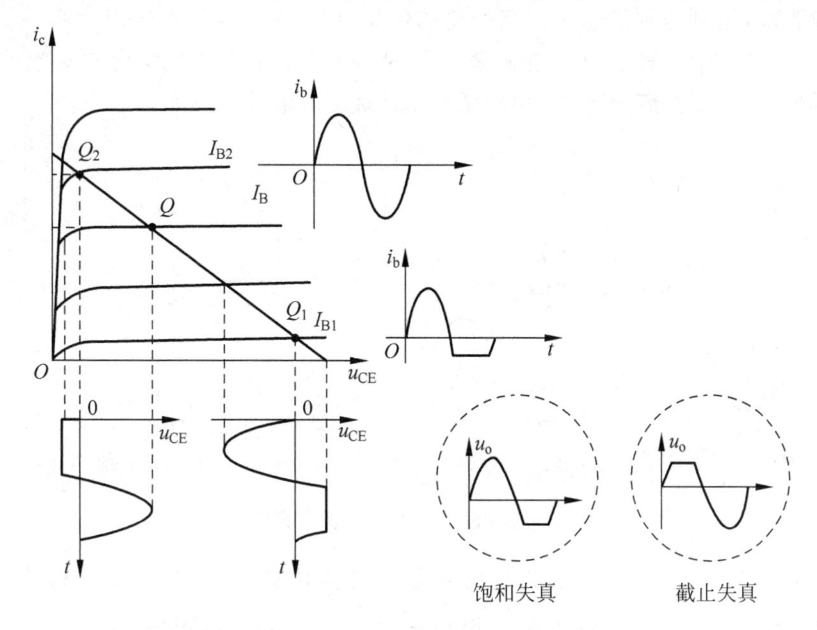

图 8-30 截止失真与饱和失真

2. 静态工作点的稳定

由于静态工作点不仅与波形的失真有关，而且也影响放大电路的放大倍数，如何选取合适的静态工作点，并使其稳定是非常重要的。但是，由于晶体管对外界环境的变化非常敏感，晶体管的参数 I_{CEO}、U_{BE}、β 随温度变化而变化。在图 8-21 所示的放大电路中，$I_B=(U_{CC}-U_{BE})/R_B$，当 U_{CC}、R_B 一定时，I_B 基本固定，因此称这种放大电路为固定偏置电路。当 β 随温度变化时，静态电流 $I_C=\beta I_B$ 也随之变化。所以，温度变化会导致固定偏置式放大电路的静态工作点变化，影响放大电路的正常稳定工作。

环境温度改变时，如何使静态工作点自动稳定对于放大电路而言极其重要。图 8-31 所示的射极偏置电路，或称为分压偏置电路就是一种常见的静态工作点稳定的放大电路，它与固定式偏置电路的区别是，基极电路采用 R_{B1}、R_{B2} 组成分压电路，并在发射极接入反馈电阻 R_E 和旁路电容 C_E。

如果 R_{B1}、R_{B2} 取值适当，使得 $I_1 \gg I_B$，则基极对地电压为

$$V_B \approx \frac{R_{B2}}{R_{B1}+R_{B2}}U_{CC} \tag{8-16}$$

可见当温度变化时，基极电位 V_B 基本不变，仅由 R_{B1}、R_{B2} 组成的分压电路确定。而

$$I_C \approx I_E = \frac{V_B - U_{BE}}{R_E} \tag{8-17}$$

若 $V_B \gg U_{BE}$，I_C 基本不受温度的影响，并且与晶体管参数 I_{CEO}、U_{BE}、β 无关。所以，分压偏置电路的静态工作点近似不变，只取决于外电路参数。

通过以上分析可知，分压式偏置电路稳定静态工作点的物理过程是：当温度升高时，I_C 与 I_E 增大时，发射极电阻上电压 $I_E R_E$ 也增大，而基极电位 V_B 由式(8-16)确定，基本不变，可知 U_{BE} 将下降，从而导致基极电流 I_B 减小，并抑制集电极 I_C 的增加。这种通过电路的自动调节作用以抑制电路工作状态变化的技术称为负反馈，发射极电阻 R_E 将输出电流的变化反馈至输入端，起到抑制静态工作点变化的作用，所以称其为反馈电阻。

反馈电阻 R_E 越大，调节效果越显著。但 R_E 的存在同样会对变化的交流信号产生影响，使放大倍数下降。旁路电容 C_E 可以消除 R_E 对交流信号的影响。

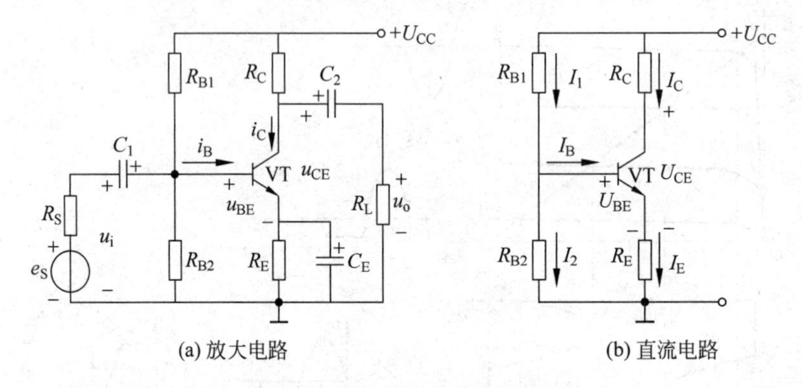

图 8-31 射极偏置放大电路及其直流通路

【例 8-4】 在图 8-31(a)所示的分压式偏置放大电路中，已知 $U_{CC}=12V$，$R_C=2k\Omega$，$R_E=2k\Omega$，$R_{B1}=20k\Omega$，$R_{B2}=10k\Omega$，$R_L=6k\Omega$，$\bar{\beta}=37.5$。(1)求静态值；(2)画出微变等效电路；(3)计算该电路的 A_u、r_i 和 r_o。

【解】 (1)

$$V_B \approx \frac{R_{B2}}{R_{B1}+R_{B2}}U_{CC} = 4V$$

$$I_C = I_E = \frac{V_B - U_{BE}}{R_E} = 1.7mA$$

$$I_B = \frac{I_C}{\bar{\beta}} = 0.045mA$$

$$U_{CE} = U_{CC} - (R_C + R_E)I_C = 5.2V$$

(2) 微变等效电路如图 8-32 所示，除了用 $R_{B1}/\!/R_{B2}$ 代替 R_B 之外，与图 8-28 没有任何区别。

(3)

$$r_{be} = 200 + (1+\beta)\frac{26}{I_E} = 0.79k\Omega$$

$$A_u = -\beta\frac{R'_L}{r_{be}} = -71.2$$

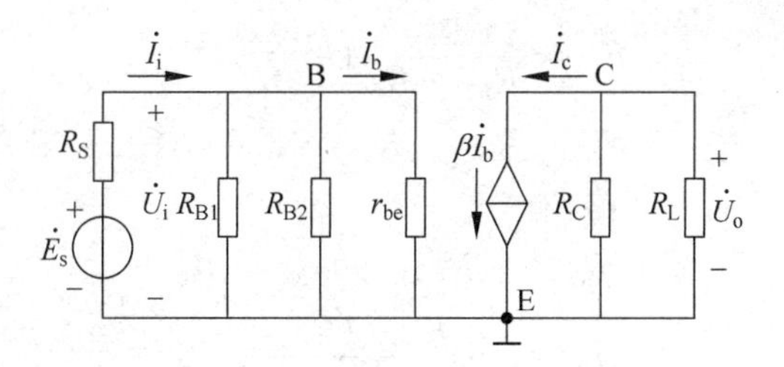

图 8-32　图 8-30 的微变等效电路

$$R'_L = R_C \mathbin{/\!/} R_L = 1.5\text{k}\Omega$$

$$r_i = R_{B1} \mathbin{/\!/} R_{B2} \mathbin{/\!/} r_{be} \approx r_{be} = 0.79\text{k}\Omega$$

$$r_o \approx R_C = 2\text{k}\Omega$$

【例 8-5】　在图 8-31(a)中的 R_E 未全被旁路，而尚有一段 R''_E，得图 8-33，其中 $R''_E = 0.2\text{k}\Omega$。(1)用戴维南定理求静态值；(2)画出微变等效电路；(3)计算该电路的 A_u、r_i 和 r_o 并与上例比较。

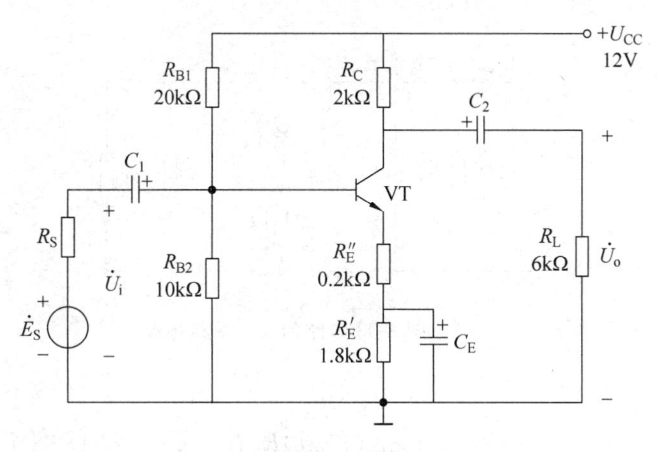

图 8-33　例 8-5 的电路

【解】　(1) 为便于应用戴维南定理，将图 8-33 所示的直流通路改画成图 8-34(a)，求从"×"向左的有源两端网络的戴维南等效电路，

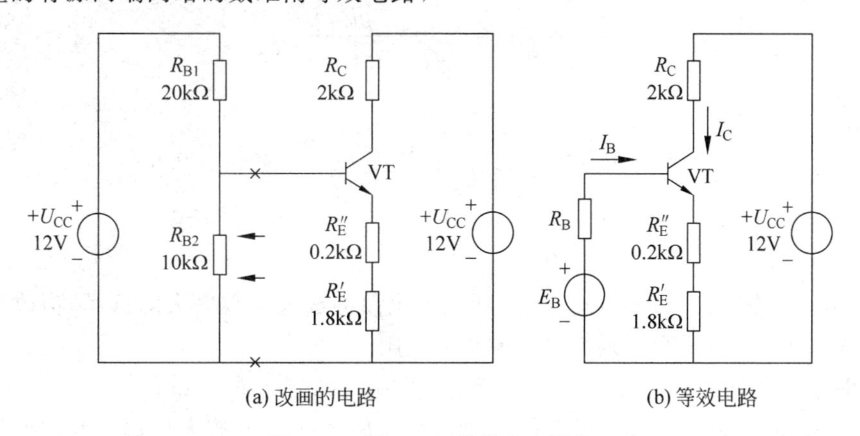

图 8-34　例 8-5 电路的直流通路

$$E_B = \frac{R_{B2}}{R_{B1}+R_{B2}}U_{CC} = 4\text{V}$$

$$R_B = R_{B1} \mathbin{/\!/} R_{B2} = 6.66\text{k}\Omega$$

对图 8-34(b)所示的输入回路，有

$$R_B I_B + R_E I_E + U_{BE} = E_B$$

$$I_B = \frac{E_B - U_{BE}}{R_B + (1+\bar{\beta})R_E}$$

其中，$R_E = R'_E + R''_E$，当$(1+\beta)R_E \gg R_B$ 时，估算公式较准确。代入数据，有

$$I_B = \frac{E_B - U_{BE}}{R_B + (1+\bar{\beta})R_E} = 41\mu\text{A}$$

$$I_C = (1+\beta)I_B = 1.6\text{mA}$$

对图 8-34(b)所示的输出回路，有

$$U_{CE} = U_{CC} - (R_C + R_E)I_C = 5.6\text{V}$$

(2) 微变等效电路如图 8-35 所示。

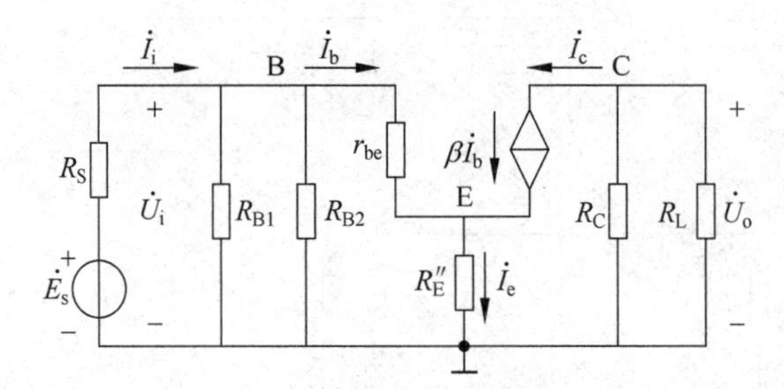

图 8-35　图 8-33 电路的微变等效电路

(3) 由图 8-35 可得出

$$\dot{U}_i = r_{be}\dot{I}_b + R''_E\dot{I}_e = r_{be}\dot{I}_b + (1+\beta)R''_E\dot{I}_b = [r_{be} + (1+\beta)R''_E]\dot{I}_b$$

$$\dot{U}_o = -R'_L\dot{I}_C = -\beta R'_L\dot{I}_b$$

故电压放大倍数为

$$A_u = \frac{\dot{U}_o}{\dot{U}_i} = -\frac{\beta R'_L}{r_{be} + (1+\beta)R''_E} \tag{8-18}$$

将所给数据代入，有

$$A_u = -37.5 \times \frac{1.5}{0.79 + (1+37.5)\times 0.2} = -6.63$$

$$r_i = R_{B1} \mathbin{/\!/} R_{B2} \mathbin{/\!/} [r_{be} + (1+\beta)R''_E] = 3.74\text{k}\Omega$$

$$r_o \approx R_C = 2\text{k}\Omega$$

在式(8-17)中，由于$(1+\beta)R''_E \gg r_{be}$，所以该电路的放大倍数大大降低了，但改善了放大电路的工作性能，包括提高了放大电路的输入电阻。

【例 8-6】 以图 8-28 所示的电路为例，分析 A_u、A_{uo}与 r_o 的关系。

【解】 A_u 就是带负载时的放大倍数，A_{uo}为当 $R_L=\infty$时的放大倍数。共发射放大电路的 A_u 的分子都与 R'_L成正比，而 $R'_L = R_L \mathbin{/\!/} R_C$。当 $R_L=\infty$时，输出电压$\dot{U}_{oc}$，有以下 3 个关系

式，即

$$\dot{U}_{oL}=\frac{R_L}{R_L+r_o}\dot{U}_{oc}$$

$$\dot{U}_{oL}=-\frac{\beta R'_L}{r_{be}}\dot{U}_i$$

$$\dot{U}_{oc}=-\frac{\beta R_C}{r_{be}}\dot{U}_i$$

可得

$$r_o=R_C$$

【练习与思考】

8-11　分析图 8-22 所示电路，设 U_{CC} 和 R_C 为定值，当 I_B 增加时，I_C 是否成正比地增加？最后接近何值？这时 U_{CE} 的大小如何？当 I_B 减小时，I_C 作何变化？最后达到何值？这时 U_{CE} 约等于多少？

8-12　画出 PNP 型晶体管组成的共发射极基本放大电路的电路图。要求在图上标出电源电压及隔直耦合电容 C_1、C_2 的极性，并标出直流电量 I_B、I_C 的实际方向和 U_{BE}、U_{CE} 的实际方向。

8-13　晶体管用微变等效电路来代替，条件是什么？

8-14　能否通过增加 R_C 来提高放大电路的电压放大倍数？当 R_C 过大时对放大电路的工作有何影响？

8-15　r_{be}、r_{ce}、r_i 以及 r_o 是交流电阻还是直流电阻？它们各是什么电阻？r_o 中包括不包括 R_L？

8-16　图 8-21 所示的放大电路在工作时用示波器观察，发现输出波形严重失真，当用直流电压表测量时，(1)若测得 $U_{CE}\approx U_{CC}$，试分析管子工作在什么状态？怎样调节 R_B 才能使电路正常工作？(2)若测得 $U_{CE}<U_{BE}$，这时管子又工作在什么状态？怎样调节 R_B 才能使电路正常工作？

8-17　如果发现输出电压波形失真，是否说明静态工作点一定不合适？

8.7　共集电极放大电路

放大电路放大的是正弦交流信号或是缓慢变化的直流信号。有时放大的是电压、电流和功率。随着放大器放大对象的不同，电路的结构也有所不同。根据输入与输出回路公共端的不同，基本放大电路有 3 种不同的基本类型。除了上节讨论过的共发射极放大电路，还包括共集电极和共基极放大电路。这 3 种类型的放大电路在结构和性能上各有特点，但其基本分析方法一样。

8.7.1　共集电极放大电路的基本组成

共集电极放大电路的信号是从发射极对地输出，所以共集电极电路又称为射极输出器。其电路结构如图 8-36(a)所示，对于交流来说，电源 U_{CC} 相当于短路，所以，集电极是放大电路输入回路和输出回路的公共端。

8.7.2 工作原理

1. 静态分析

共集电极电路的直流通路如图 8-36(b)所示，由 $U_{CC}\to R_B\to U_{BE}\to R_E\to$地和 $U_{CC}\to U_{CE}\to R_E\to$地。所以有

$$I_B=\frac{U_{CC}-U_{BE}}{R_B+(1+\bar{\beta})R_E} \tag{8-19}$$

$$I_C\approx\bar{\beta}I_B \tag{8-20}$$

$$I_E=I_B+I_C=(1+\bar{\beta})I_B\approx I_C \tag{8-21}$$

$$U_{CE}=U_{CC}-R_EI_E \tag{8-22}$$

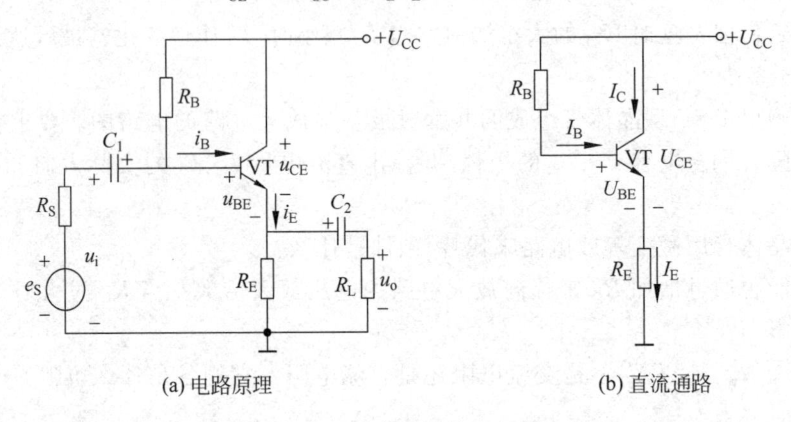

图 8-36　共集电极放大电路

2. 动态分析

1）电压放大倍数

射极输出器的微变等效电路如图 8-37 所示，电路的电压放大倍数和输入输出电阻可由微变等效电路得出，由输入回路有

$$\dot{U}_i=r_{be}\dot{I}_b+(1+\beta)R'_L\dot{I}_b=\{r_{be}+(1+\beta)R'_L\}\dot{I}_b$$

其中 $R'_L=R_E/\!/R_L$，由输出回路，有

$$\dot{U}_o=(1+\beta)R'_L\dot{I}_b$$

所以，电压放大倍数为

$$A_u=\frac{\dot{U}_o}{\dot{U}_i}=\frac{(1+\beta)R'_L}{r_{be}+(1+\beta)R'_L} \tag{8-23}$$

由式(8-23)可知：

① $A_u>0$，输出电压与输入电压同相。

② 通常$(1+\beta)R'_L\gg r_{be}$，所以 $A_u<1$，并接近于 1。说明射极输出器的输出波形与输入波形相同，输出电压总是跟随输入电压变化，所以射极输出器又称为电压跟随器。

2）输入电阻 r_i

由图 8-37 所示的微变等效电路可知

$$r_i = \frac{\dot{U}_i}{\dot{I}_i} = R_B \mathbin{/\!/} \{r_{be} + (1+\beta)R'_L\} \tag{8-24}$$

所以，与共发射极基本放大电路相比，射极输出器的输入电阻要大得多。

3）输出电阻

共集电极放大电路的输出电阻可按有源二端网络求等效电阻的方法求解。在图 8-38 中，将信号源$\dot{E}_s$短路，除去负载电阻R_L，在输出端加电压源$\dot{U}_o$，则

$$\dot{I}_o = \dot{I}_b + \beta\dot{I}_b + \dot{I}_e = (1+\beta)\frac{\dot{U}_o}{r_{be}+R'_S} + \frac{\dot{U}_o}{R_E}$$

其中$R'_S = R_S \mathbin{/\!/} R_B$。所以

$$r_o = \frac{\dot{U}_o}{\dot{I}_o} = R_E \mathbin{/\!/} \frac{r_{be}+R'_S}{1+\beta}$$

通常，有

$$(1+\beta)R_E \gg r_{be} + R'_S,\quad \beta \gg 1$$

则有

$$r_o \approx \frac{r_{be}+R'_S}{\beta} \tag{8-25}$$

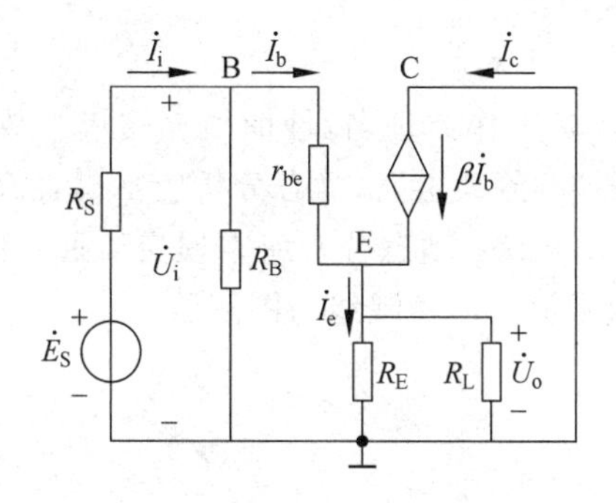

图 8-37　射极输出器的微变等效电路

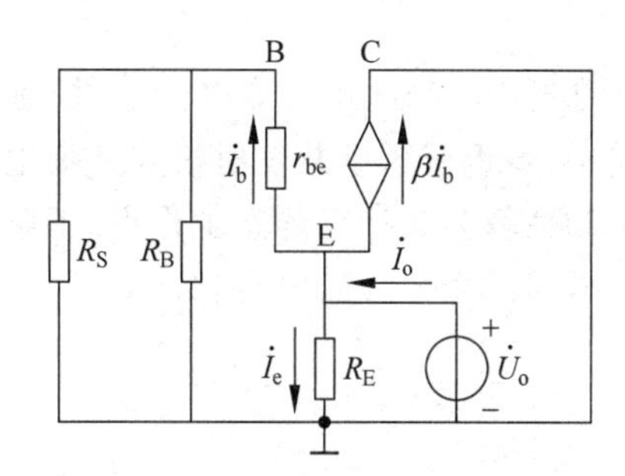

图 8-38　输出电阻的等效电路

【例 8-7】 在图 8-36 所示的电路中，$\beta=40$，$r_{be}=0.8\text{k}\Omega$，$R_S=50\Omega$，$R_B=120\text{k}\Omega$，(1) 当$R'_L=1\text{k}\Omega$时，求放大电路的A_u、r_i、r_o；(2) 当$R'_L=0.5\text{k}\Omega$时求A_u。

【解】 (1)

$$A_u = \frac{\dot{U}_o}{\dot{U}_i} = \frac{(1+\beta)R'_L}{r_{be}+(1+\beta)R'_L} = 0.98$$

$$r_i = R_B \mathbin{/\!/} \{r_{be} + (1+\beta)R'_L\} = 31.0\text{k}\Omega$$

$$R'_S = R_S \mathbin{/\!/} R_B = 50\Omega$$

$$r_o \approx \frac{r_{be}+R'_S}{\beta} = 21.25\Omega$$

(2)

$$A_u = \frac{\dot{U}_o}{\dot{U}_i} = \frac{(1+\beta)R'_L}{r_{be}+(1+\beta)R'_L} = 0.96$$

如果是共发射极的放大电路中R_L'减半，则A_u减半；而现在只减少2%。输出电压非常稳定，r_o小，放大电路带负载能力强。从反馈的角度来说，电压负反馈可以稳定输出电压。

8.7.3 主要特点

射极输出器的输出电压跟随输入电压变化，并且电压的放大倍数近似为1。射极输出器的输入电阻很高，输出电阻较低。这样，当射极输出器用在多级放大电路的输入级时，可以减小对信号源的影响。因为输出电阻低，射极输出器用在多级放大电路的输出级时，可以提高放大器的带负载能力。而用在多级放大电路的中间级时，不仅使前级提供的信号电流小，而且还可以提高前级共发射极电路的电压放大倍数。而对后级共发射极电路而言，它的低输出电阻正好与共发射极电路的低输入电阻相配合，实现阻抗变换作用，故又称它为中间隔离级。射极输出器的输出电阻低，带负载能力强，有一定的功率放大作用，故它也是一种最基本的功率输出电路。

【练习与思考】

8-18　如何看出射极输出器是共集电极电路?

8-19　射极输出器有何特点？有何用途?

本 章 小 结

掌握PN结的单向导电性，二极管、晶体管的重点是工作原理、特性曲线。在单管放大电路中，着重分析了共发射极和共集电极（射极输出器）的放大电路，静态分析应掌握直流通路图和估算公式计算静态工作点，了解直流负载线与图解法；动态分析应掌握交流通路图，放大电路的微变等效电路和计算A_u、r_i和r_o的公式，了解交流负载线与图解法。

习　　题

8-1　在图8-39所示的电路中，已知$i_S=10\sin(\omega t+60°)$mA，$R_1=3\text{k}\Omega$，$R_2=1\text{k}\Omega$，$E=5$V，求：(1)$\omega t=30°$时的u_D；(2)求u_D最小值。

8-2　在图8-40所示的电路中，VD_1和VD_2是理想二极管，分析它们的工作状态，并求I。

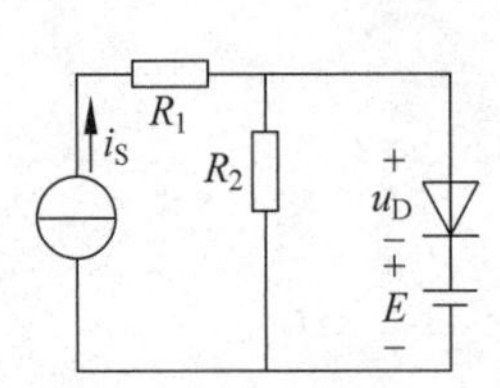

图8-39　习题8-1的图

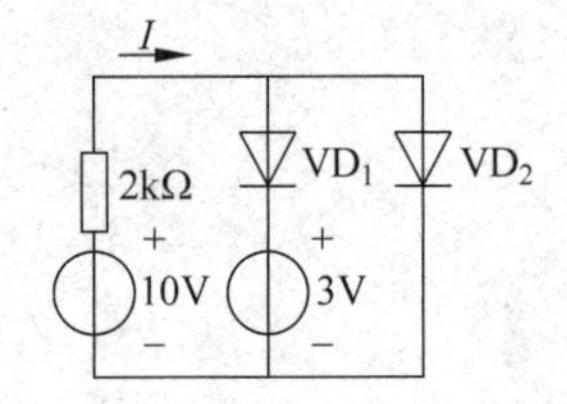

图8-40　习题8-2的图

8-3　在图8-41所示的电路中，$I_{S2}=1$mA，$R_1=3\text{k}\Omega$，$R_2=1\text{k}\Omega$，$U_{S1}=10$V，讨论理想二极管VD_1和VD_2的工作状态，并求U。

8-4　图8-42所示的各电路中，1、2两点开路，$E=10$V，$u_i=10\sin\omega t$V，认为二极管是理想二极管，试分别画出u_o和u_D的波形。

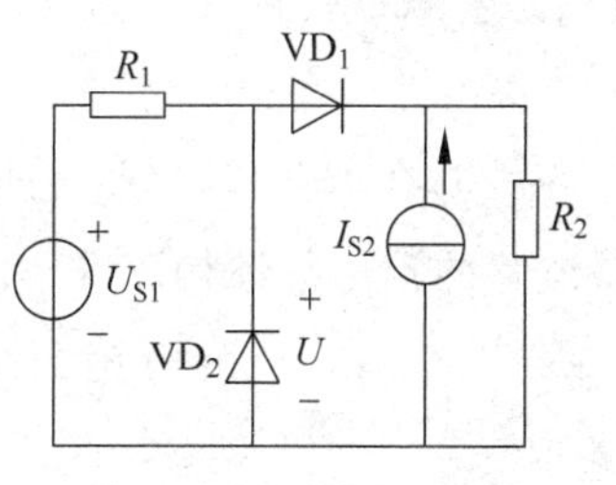

图 8-41 习题 8-3 的图

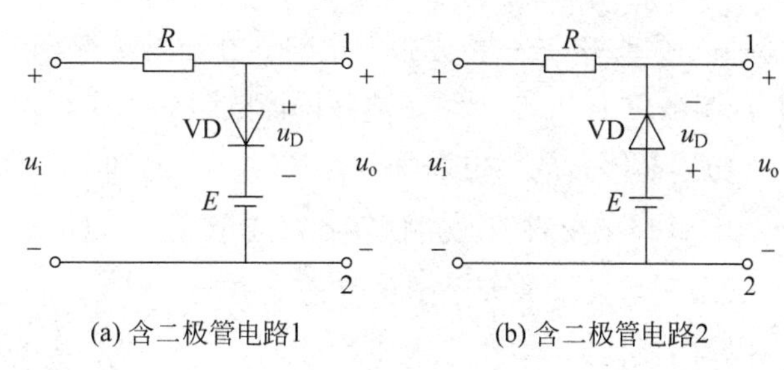

图 8-42 习题 8-4 的图

8-5 图 8-43 所示的各电路中，试求下列几种情况下输出端电位 V_Y 和电阻 R 上的电流，并求图 8-43(b)所示电流中 VD_A、VD_B 中通过的电流：(1)$V_A=V_B=0$；(2)$V_A=+3V$，$V_B=+1.5V$；(3)$V_A=V_B=+6V$。二极管是理想二极管。

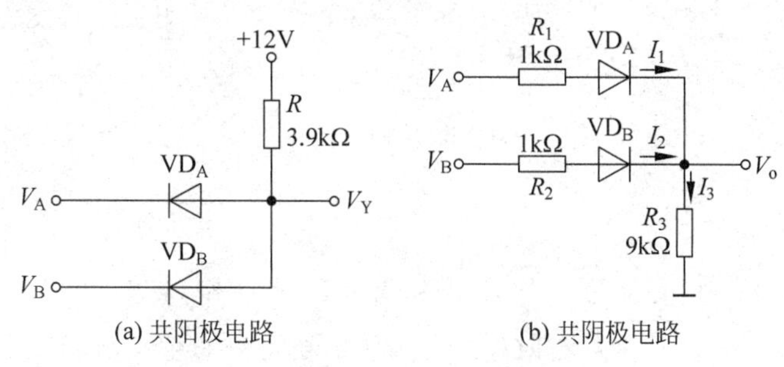

图 8-43 习题 8-5 的图

8-6 在图 8-44 所示电路中，已知 $R_1=3k\Omega$，$R_2=1k\Omega$，$R_3=0.5k\Omega$，$E=5V$，$i_s=\sqrt{2}\sin(314t)mA$，求 u_D、i_2、i_3。

8-7 图 8-45 所示的线圈(RL 串联电路)，与一个理想二极管反并联。开关断开前电路已处于稳态，$t=0$ 时开关断开，$U_S=10V$，$R=1\Omega$，$L=0.5H$，求开关断开后的 i_L。

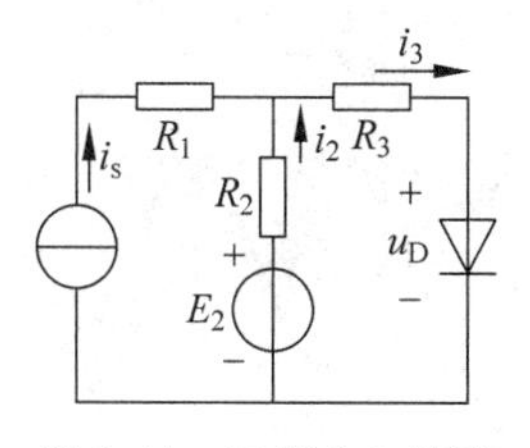

图 8-44 习题 8-6 的图

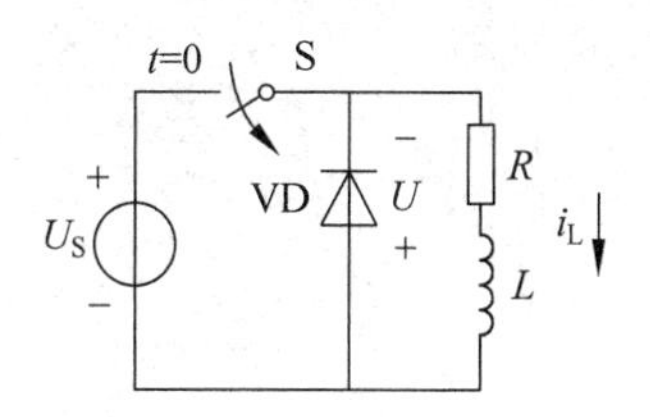

图 8-45 习题 8-7 的图

8-8 在图 8-46 所示的各电路中，判断晶体管的工作状态。

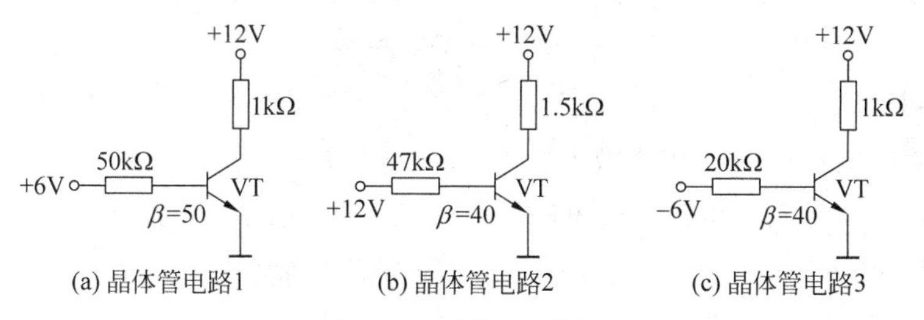

图 8-46 习题 8-8 的图

8-9　图 8-47 是一声光报警电路。在正常情况下，B 端电位为 0V；若前接装置发生故障时，B 端电位上升到 +5V。试分析该电路的工作原理。

8-10　晶体管放大电路如图 8-48 所示，已知 $U_{CC}=12V$，$R_C=3k\Omega$，$R_B=240k\Omega$，晶体管的 $\beta=40$。(1)试用直流通路估算各静态值 I_B、I_C、U_{CE}；(2)晶体管的输出特性如图 8-48(b)所示，试用图解法求放大电路的静态工作点；(3)在静态时($u_i=0$)C_1 和 C_2 的电压各是多少？并标出极性。

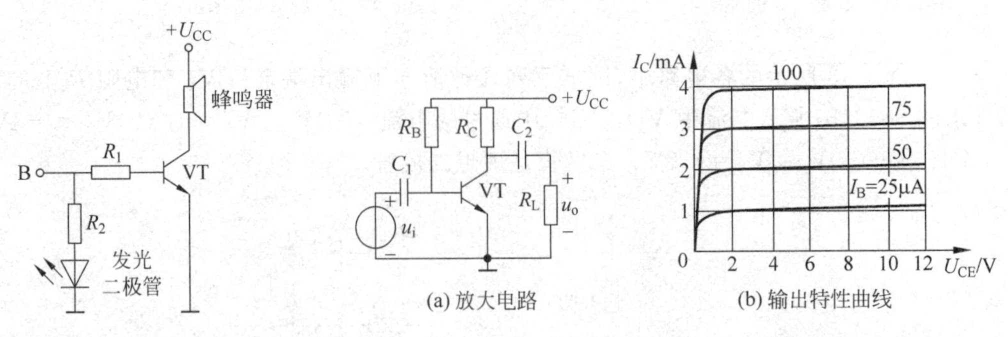

图 8-47　习题 8-9 的图　　　　图 8-48　习题 8-10 的图

8-11　在图 8-49 中，晶体管是 PNP 型锗管。(1)U_{CC} 和 C_1、C_2 极性如何考虑？请在图上标出；(2)设 $U_{CC}=-12V$，$R_C=3k\Omega$，$\beta=75$，如果要将静态值 I_C 调到 1.5mA，问 R_B 应调到多大？(3)在调整静态工作点时，如不慎将 R_B 调到零，对晶体管有无影响？为什么？通常采取何种措施来防止发生这种情况？

8-12　某晶体管共发射极放大电路的 u_{CE} 波形如图 8-50 所示，判断该三极管是 NPN 管还是 PNP 管？波形中的直流成分是多少？正弦交流信号的峰值是多少？

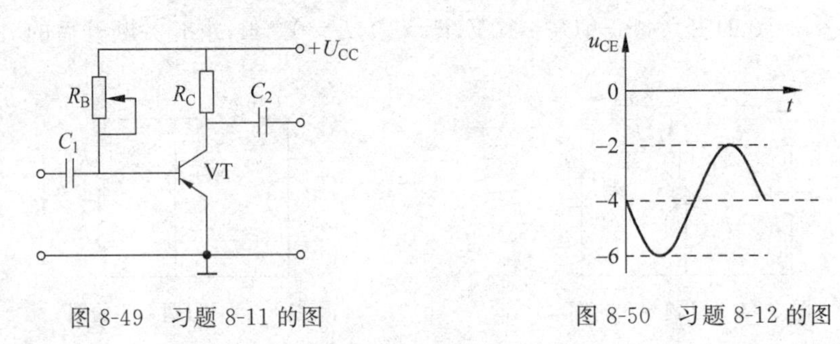

图 8-49　习题 8-11 的图　　　　图 8-50　习题 8-12 的图

8-13　已知某放大电路的输出电阻为 3.3kΩ，输出端的开路电压的有效值 $U_o=2V$，该放大电路接有负载电阻 $R_L=5.1k\Omega$ 时输出电压是多少？

8-14　在图 8-51 中，$U_{CC}=12V$，$R_C=2k\Omega$，$R_E=2k\Omega$，$R_B=300k\Omega$，晶体管的 $\beta=50$。求：(1)确定静态工作点；(2)电压放大倍数 A_u 和输入输出电阻 r_i、r_o。

8-15　在图 8-52 所示的射极输出器中，已知 $R_S=50\Omega$，$R_{B1}=100k\Omega$，$R_{B2}=30k\Omega$，$R_E=1k\Omega$，晶体管的 $\beta=40$，$U_{CC}=12V$。试求：(1)确定静态工作点；(2)求电压放大倍数 A_u 和输入输出电阻 r_i、r_o。

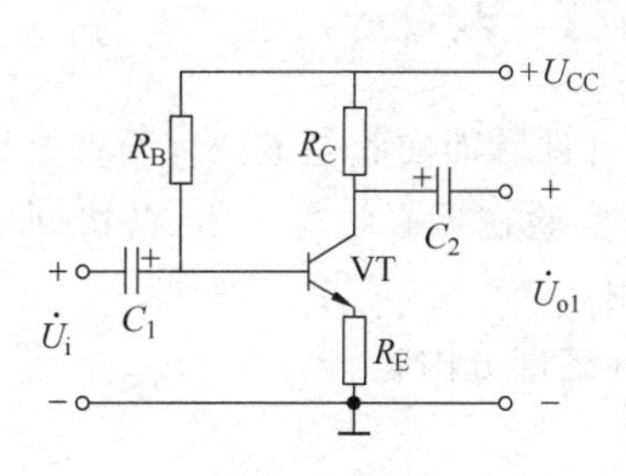

图 8-51 习题 8-14 的图

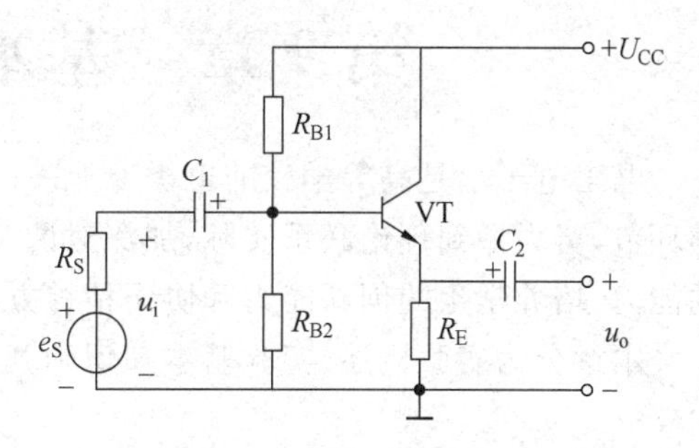

图 8-52 习题 8-15 的图

8-16 在图 8-53 所示的电路中,已知晶体管的电流放大系数 $\beta=60$,输入电阻 $r_{be}=1.8k\Omega$,信号源的输入信号电压 $E_S=15mV$,内阻 $R_S=0.6k\Omega$,各个电阻和电容的数值也已标在电路中。(1)求该放大电路的输入电阻和输出电阻;(2)求输出电压 U_o;(3)如果 $R''_E=0$,U_o 等于多少?

8-17 在图 8-54 所示的放大电路中,$R_S=600\Omega$、$U_S=30mV$、$U_i=20mV$,当 $R_L=1k\Omega$ 时 $U_{oL}=1.2V$,当 $R_L=\infty$时,$U_{oc}=1.8V$。求:$R_L=1k\Omega$ 时的 $|A_u|$、r_i、r_o。

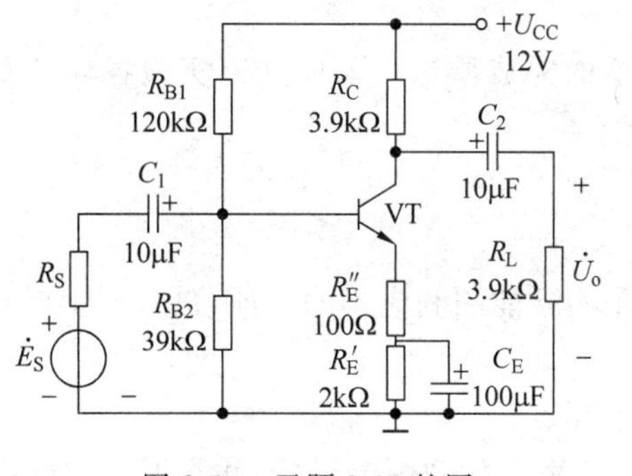

图 8-53 习题 8-16 的图

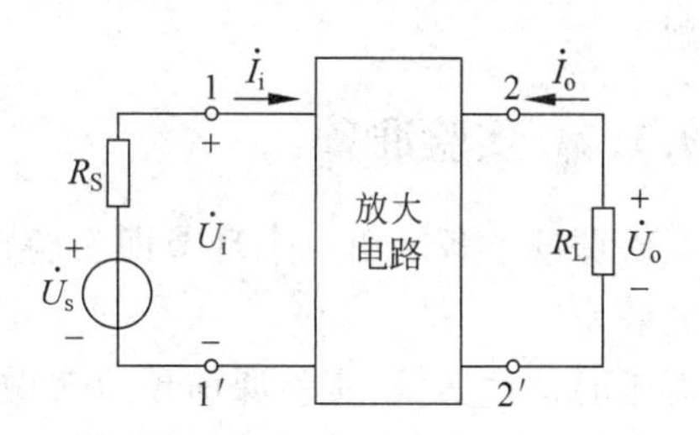

图 8-54 习题 8-17 的图

8-18 放大电路如图 8-55 所示,其中 C_1、C_2、C_3 为耦合电容。(1)画出交流、直流通路图;(2)写出交流、直流负载线的方程;(3)画出微变等效电路,求放大倍数、输入和输出电阻。

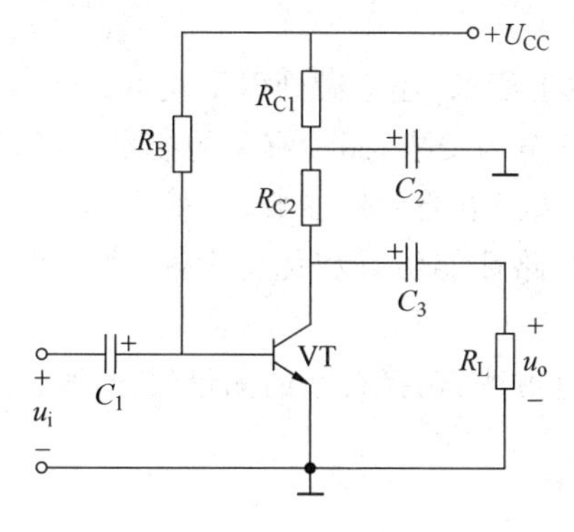

图 8-55 习题 8-18 的图

第9章　基本电工电子实验

电工电子学是高等学校非电类专业一门重要的专业基础课。而实验是该课程的重要教学环节，努力做到理论联系实际，加深对课堂知识的理解。实验在提高学生分析、解决问题的能力、培养学生的创新能力和协作精神方面具有重要作用。

本章分为实验概述、实验基本知识和基本电工电子实验三部分内容。

9.1　实验概述

9.1.1　实验目的

通过电工实验，可使学生得到电路基本实践技能的训练，运用所学理论知识判断和解决实际问题的能力，加深对电工电子理论的理解和认识；学会使用常用电工仪表及相关的仪器设备；能根据要求正确连接实验电路，能分析并排除实验中出现的故障；能运用理论知识对实验现象、结果进行分析和处理；能根据要求进行简单电路的设计，并正确选择合适的电路元件及适用的仪器设备。

一个实验的效果如何，取决于实验各个环节的完成质量。下面介绍实验各环节及其注意事项。

9.1.2　实验准备

实验课前准备的第一个环节即实验预习，是实验能顺利进行的保证，也有利于提高实验质量和效率。

对于验证性实验，实验课前预习应做到以下几点。

(1) 仔细阅读实验指导书，了解本次实验的主要目的和内容，复习并掌握与实验有关的理论知识。

(2) 根据给出的实验电路与元件参数，进行必要的理论计算，以便于用理论指导实践。

(3) 了解实验中所用仪器仪表的使用方法(包括数据读取)，能熟记操作要点。

(4) 掌握实验内容的工作原理和测量方法，明确实验过程中应注意的事项。

(5) 写出预习报告。

对于设计性实验，除了以上要求，还应做到以下几点。

(1) 理解实验所提出的任务与要求，阅读有关的技术资料，学习相关理论知识。

(2) 进行电路方案设计，选择电路元件参数。

(3) 使用仿真软件进行电路性能仿真和优化设计，进一步确定所设计的电路原理图和元器件。

(4) 拟定实验步骤和测量方法，选择合适的测量仪器，画出必要的数据记录表格备用。

9.1.3　实验操作规程

在完成实验理论学习、课前预习后，就进入实验操作阶段。进行实验操作时要做到以下几点。

(1) 检查学生的预习报告。检查学生是否了解本次实验的目的、内容和方法及注意事项。预习(报告)通过了,方允许进行实验操作。

(2) 认真听取指导教师对实验设备、实验过程的讲解,对易出差错的地方加以注意并做出标记(笔记)。

(3) 按要求(设计)的实验电路接线。一般先接主电路,后接控制电路;先串联后并联;导线尽量短,少接头,少交叉,简洁明了,便于测量。所有仪器和仪表都要严格按规定的正确接法接入电路。例如,电流表及功率表的电流线圈一定要串接在电路中,电压表及功率表的电压线圈一定要并接在电路中。

(4) 完成电路接线后,要进行复查。对照实验电路图,逐项检查各仪表、设备、元器件连接是否正确,确定无误后方可通电进行实验。如有异常,立即切断电源,查找故障原因。

(5) 观察现象,测量数据。接通电源后,观察被测量是否合理。若合理则读取并记录数据;否则应切断电源,查找原因,直至正常。对于指针式仪表,针、影成一线时读数。数字式、指针式仪表都要注意使用合适的量程(并不是量程越大越好,被测量达到量程的 2/3 以上为好),减小误差。并且还要注意量程、单位、小数点位置及指针格数与量程换算(指针式)。量程变换时要切断电源。

(6) 记录所有按要求读取的数据,数据记录(记入表格)要完整、清晰,一目了然。要尊重原始记录,实验后不得涂改。注意培养自己的工程意识。

(7) 本次实验内容全部完成后,可先断电,但暂不拆线,将实验数据结果交予指导教师检查无误后方可拆线,并整理好导线、仪器、仪表及设备,物归原位。在电工电子实验中安全是必须要有保证的。

9.1.4 实验安全

(1) 实验线路必须仔细检查,经指导教师确认无误后方可通电。

(2) 使用仪器要严格遵守操作规程,如有损坏应及时报告,找出原因,并吸取教训和按规定赔偿。

(3) 实验中,每次改变接线前都应关闭电源。

(4) 发生事故时应首先切断电源,保持现场并立即报告指导教师。

9.1.5 实验总结与报告

实验的最后一个环节是实验总结与报告,即对实验数据进行整理,绘制波形和图表,分析实验现象,撰写实验报告。每次实验,每个参与者都要独立完成一份实验报告。撰写实验报告应持严肃认真、实事求是的科学态度。实验结果与理论有较大出入时,不得随意修改实验数据结果,不能用凑数据的方法来向理论靠拢,而要重新进行一次实验,找出引起较大误差的原因,同时用理论知识来解释这种现象。

实验报告的格式一般如下。

(1) 实验名称。

(2) 实验目的。

(3) 实验原理。

(4) 实验仪器与设备。

(5) 实验内容。

(6) 实验数据处理(图表、曲线要规范,标明坐标物理量及单位符号)。

(7) 实验数据结果分析与结论。

(8) 由实验引发的问题思考及解决方案(探讨)。

9.2 实验的基础知识

电工电子测量的对象通常是基本电量(如电流、电压、功率等)以及电路参数(如电阻、电容和电感等)的测量与计算。下面就介绍相关的元器件和测量装置。

9.2.1 常用电路元件介绍

1. 电阻器

电阻器是电路元件中应用最广泛的一种,在电子设备中约占元件总数的 30%以上,其质量的好坏对电路工作的稳定性有极大影响。电阻器的主要用途是稳定和调节电路中的电流和电压,还可用作分流器、分压器和消耗电能的负载等。

1) 电阻器的分类

电阻的种类繁多,从构成的材料来分,有碳质电阻器、碳膜电阻器、金属膜电阻器、绕线电阻器等。从结构形式来分,有固定电阻器、可变电阻器和电位器 3 种。常用电阻器的外形如图 9-1 所示。

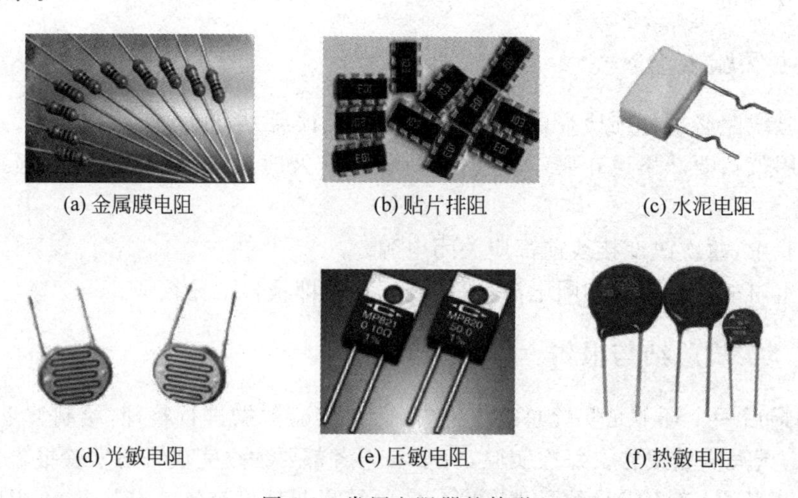

(a) 金属膜电阻　(b) 贴片排阻　(c) 水泥电阻

(d) 光敏电阻　(e) 压敏电阻　(f) 热敏电阻

图 9-1　常用电阻器的外形

2) 电阻器的单位与符号

电阻的单位是欧姆,用字母 Ω 表示,电阻器的符号表示如图 9-2 所示。

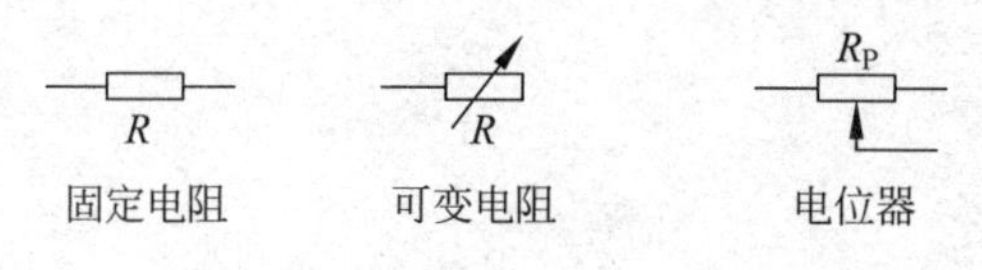

图 9-2　电阻器的符号

3）电阻器的简单测试

测量电阻的方法有很多，可用欧姆表、电阻电桥和数字欧姆表直接测量；也可根据欧姆定律 $R=U/I$，通过测量流过电阻的电流 I 及电阻上压降 U 来间接测量电阻。

当测量精度要求较高时，采用电阻电桥来测量电阻。如果测量精度要求不高时，可直接用欧姆表测量电阻。现以 MF-20 型万用表为例，介绍测量电阻的方法，首先将万用表的功能选择波段开关置于 Ω 挡，量程波段开关置合适挡。将两根测试笔短接，表头指针应在刻度线 0 点；若不在 0 点，则要调节 Ω 旋钮(0Ω 调整电位器)回零。调零后即可把被测电阻串接于两根测试笔之间，此时表头指针偏转，待稳定后可从刻度线上直接读出所示数值，再乘上实际选择的量程，即可得到被测电阻的阻值。当另换一量程时需要再次短接两测试笔，重新调零。每换一次量程，都要重新调零。

需特别指出的是，在测量电阻时不能用双手同时捏住电阻或测试笔；否则人体电阻将会与被测电阻并联在一起，表头上指示的数值就不单纯是被测电阻的阻值了。

4）电阻器选用常识

(1) 根据电子设备的技术指标和具体要求选用电阻的型号和误差等级。

(2) 为提高设备的可靠性，延长设备的使用寿命，应选用额定功率大于实际消耗功率的1.5～2 倍。

(3) 电阻装接前要进行测量、核对，尤其是在精密电子仪器设备装配时，还需经人工老化处理，以提高其稳定性。

(4) 在装配电子仪器时，若所用为非色环电阻，则应将电阻标称值标志朝上，且标志顺序一致，以便于观察。

(5) 选用电阻时应根据电路信号频率的高低来选择。绕线电阻本身是电感线圈，不能用于高频电路中。薄膜电阻中，若电阻体上刻有螺旋槽，其工作频率在 10MHz 左右；未刻螺旋槽的工作频率则更高。

(6) 电路中如需通过串联或并联电阻获得所需阻值时，应考虑其额定功率。阻值相同的电阻串联或并联，额定功率等于各个电阻额定功率之和。阻值不同的电阻串联时，额定功率取决于高阻值电阻；阻值不同的电阻并联时，额定功率取决于低阻值电阻，且需计算方可应用。

2. 电位器

电位器就是可变电阻，常用作可变电阻用于调节电位。其电阻体有两个固定端，通过手动调节转轴或滑柄，改变动触点在电阻体上的位置，则改变了动触点与任意一个固定端之间的电阻值，从而改变了电路中电压与电流的大小。

1）电位器的符号

电位器用字母 R_P 表示，常用电位器符号如图 9-3 所示。

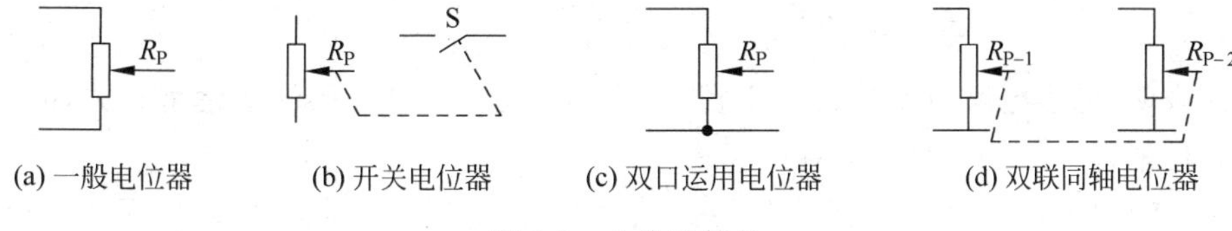

图 9-3　电位器符号

2）电位器结构

一般电位器由电阻体、滑动臂、外壳、转柄、电刷和焊片等组成，如图 9-4 所示，电阻体的两端和焊片 A、C 相连，因此 A、C 之间的电阻值即为电阻体的总阻值。转柄是和滑动臂相连的，调节转柄时滑动臂随之转动。滑动臂的一端装有簧片或电刷，它压在电阻体上并与其紧密接触；滑动臂的另一端和焊片 B 相连。当簧片或电刷在电阻体上移动时，AB 和 BC 之间的电阻值就会发生变化。有的电位器上还装有开关，由转柄控制。

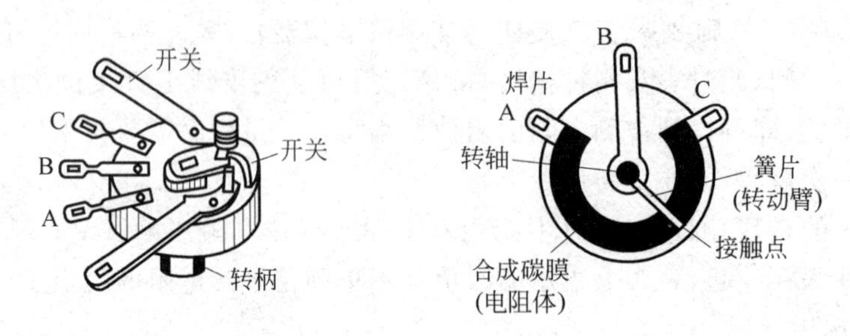

图 9-4　电位器结构

3）电位器使用注意事项

(1) 移动滑动端调节电阻时用力要轻。

(2) 对数式电位器和指数式电位器要先粗调后细调。

3. 电容器

电容器也是电工电子电路中常用的器件，它由两个导电极板，中间夹一层绝缘介质构成。当在两个导电极板上加电压时，电极上就会储存电荷。它是储存电能的器件，主要参数是电容。电容有些时候是指元件，有些时候是指参数。

1）电容的定义

电容元件是从实际电容器抽象出来的模型，线性非时变的电容，其电容参数定义为

$$C = \frac{q}{u}$$

2）电容的符号和单位

电容用字母 C 表示，基本单位是 F(法拉)，辅助单位有微法(μF，1μF=10^{-6}F)，纳法(nF，1nF=10^{-9}F)，皮法(pF，1pF=10^{-12}F)。常用的是微法和皮法。电容的图形符号如图 9-5 所示。极性电容(如电解质电容)在使用时，要保证标＋端的接电位高；否则该电容器的漏电就非常严重。

(a) 电容一般符号　(b) 极性电容符号

图 9-5　电容的图形符号

电容器有隔直通交的作用，在电路中通常可完成隔直流、滤波、旁路、信号调谐等功能。在关联参考方向下，其约束关系为

$$i = C\frac{\mathrm{d}u}{\mathrm{d}t}$$

上式表明，电容电路中的电流与其上电压大小无关，只与电压的变化率有关，故称电容为动态元件。

3）电容器的分类

电容器按照结构可分为固定电容器、可变电容器和微调电容器，按介质材料可分为有机

介质、无机介质、气体介质和电解质电容器等。常用电容器外形如图 9-6 所示。

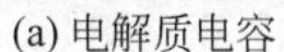

(a) 电解质电容

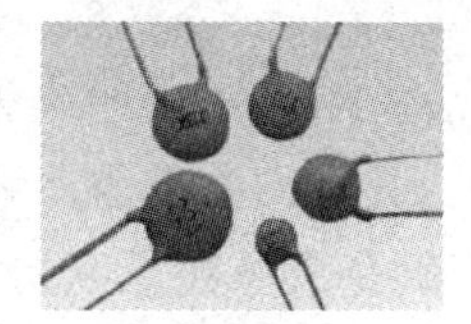

(b) 瓷片电容

(c) 贴片电容

图 9-6　常用电容器外形

4）电容器的标注方法

电容器的标注方法有直接标注法和色码法，下面介绍直接标注法。

直接标注法是用字母或数字将电容器有关的参数标注在电容器表面。对于体积较大的电容器，可标注材料、标称值、单位、允许误差和额定工作电压，或只标注标称容量和额定工作电压；而对体积较小的电容器，则只标注容量和单位，有时只标注容量不标注单位，此时当数字大于 l 时单位为皮法(pF)，小于 1 时单位为微法(μF)。电容器在使用中不能超过其额定工作电压；否则就可能被击穿。

电容器主要参数标注的顺序如下。

第一部分，主称，用字母 C 表示电容。

第二部分，用字母表示介质材料。

第三部分，用字母表示特征。

第四部分，用字母或数字表示，包括品种、尺寸代号、温度特征、直流工作电压、标称值、允许误差、标准代号等。

用数字标注容量有以下几种方法。

(1) 只标数字，如 4700、300、0.22、0.01。此时指电容的容量是 4700μF、300μF、0.22μF、0.01μF。

(2) 以 n 为单位，如 10n、100n、47n。它们的容量是 0.01μF、0.1μF、4700pF。

(3) 用 3 位数码表示容量大小，单位是皮法(pF)，前两位是有效数字，后一位是零的个数。

例如，102，它的容量为 1000pF。

103，它的容量为 10000pF 或 0.01μF。

104，它的容量为 100000pF 或 0.1μF。

332，它的容量为 3300pF。

473，它的容量为 47000pF。

第三位数字如果是 9，则乘以 10^{-1}，如 339 表示为 3.3pF。

由以上可以总结出，直接数字标注法的电容器，其电容量的一般读数原则是：10^4 以下的读皮法(pF)，10^4 以上(含 10^4)的读微法(μF)。

5）性能测量

(1) 准确测量电容器的容量，需要专用的电容表。有的数字万用表也有电容挡，可以测量电容值。通常可以用模拟万用表的电阻挡检测电容的性能好坏。

用万用表的电阻挡检测电容器的性能，要选择合适的挡位。大容量的电容器应选小电阻挡；反之，选大电阻挡。一般 50μF 以上的电容器宜选用 $R\times100$ 或更小的电阻挡位；1～50μF 用 $R\times1\text{k}$ 挡；1μF 以下用 $R\times10\text{k}$ 挡。

(2) 检测电容器的漏电电阻的方法。用万用表的表笔与电容器的两引线接触，随着充电过程结束，指针应回到接近无穷大处，此处的电阻值即为漏电电阻。一般电容器的漏电电阻为几百至几千兆欧姆。测量时，若表针指到或接近欧姆零点，表明电容器内部短路；若指针不动，始终指在无穷远处，则表明电容器内部开路或失效。对于容量在 0.1μF 以下的电容器，由于漏电电阻接近无穷大，难以分辨，故不能用此方法检查电容器内部是否开路。

4. 电感器

电感器又称为电感线圈，由绕在磁性或非磁性材料芯子上的导线组成，是一种存储磁场能量的器件。

根据自感系数是否可调，分为固定电感、可调电感。

按芯体材料来分，又可以分为磁芯电感器和空芯(非磁性材料芯)电感器。

按功能分，又可分为振荡线圈、耦合线圈、偏转线圈及滤波线圈等。

一般低频电感器大多采用铁芯(铁氧体)或磁芯，而中、高频电感器则采用空心或高频磁芯，是特制的，如电视机高频调谐器中的电感器。常见电感器外形如图 9-7 所示。

(a) 空心电感线圈

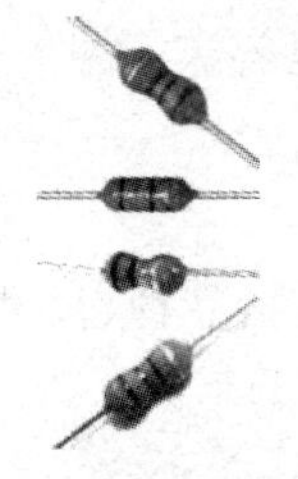

(b) 色环电感

(c) 磁环电感

图 9-7 常用电感外形

5. 开关

开关是一种能将电路接通和断开的器件。开关端电阻 $R=\infty$，开关闭合 $R=0$。开关种类很多，有触点手动式、斥力控制式、光电控制式、超声控制式开关等。而“电子开关”则是一些由有源器件构成的电子控制单元电路。下面仅介绍触点手动式开关。

手动式开关按结构特点，可分为旋转开关、按钮开关、滑动开关；按用途，可分为琴键开关、微动开关、电源开关、波段开关、多位开关、转换开关、拨码开关和触摸开关。

一个简单的开关通常有两个触点。当这两个触点不接触时，电路断开；接触时(闭合)电路接通。活动的触点叫做“极”，静止的触点叫做“位”。单极单位开关，只能通断一条电路；单极双位开关，可选通(断)两条电路中的一条；而双极双位开关，可同时接通(断开)两条独立的电路；多极多位开关可依此类推。

图 9-8(a)所示是实验中使用的双掷开关，它有一对动刀片，两对静触头，K_1 可以合在位置 1 上，也可以合在位置 2 上。在图 9-8(b)中，K_1 合在位置 1 上，电源 E_1 接入，电压源作用；K_1 合在位置 2 上，导线接入，电压源不作用短路。

(a) (b)

图 9-8 双掷开关

9.2.2　实验装置介绍

本节所介绍的实验装置为浙江天煌教学仪器有限公司生产的KHDG-1型高性能电工综合实验装置，如图9-9所示。该装置可以实现大学电工电子课程的基础实验和综合设计性实验。具体实验方法流程将在后续章节中详细阐述，本节主要介绍基本实验装置及其模块。

图9-9　KHDG-1型高性能电工综合实验装置

1. 电源

电源是电工电子实验的电能提供者，可分为直流电源和交流电源。

1）直流电压源

直流电压源输出恒定直流电压。KHDG-1型实验台直流电压源如图9-10所示，共分为上、下两个相互独立的电源，能输出两个独立恒定电压，共有A、B两个输出端口，两个电源调节旋钮，两个端口的电压输出范围均为0～30V，其中上调节旋钮控制A端口的电压输出范围，下调节旋钮控制B端口的电压输出范围。上方红色按钮为显示按钮，按下去液晶屏显示B端口电源电压，弹起来液晶屏显示A端口电源电压。红色按钮不影响输出电压，只决定显示A端或B端的输出。

2）直流电流源

直流电流源输出恒定直流电流。图9-11所示为KHDG-1型实验台直流电流源，共两个控制按钮，上调节旋钮是电流源输出范围选择，分别表示直流电流源输出范围为2mA、20mA和200mA，下电流调节旋钮用来调整输出电流大小，液晶显示屏显示输出值。需要注意的是，与直流电压源不同，直流电流源必须在接入电路后才能调整电流大小，因为在不接任何负载时电流源相当于开路。

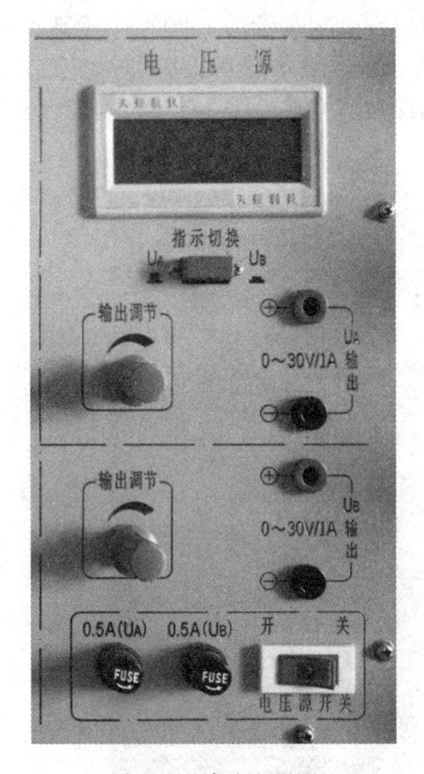

图 9-10 直流电压源

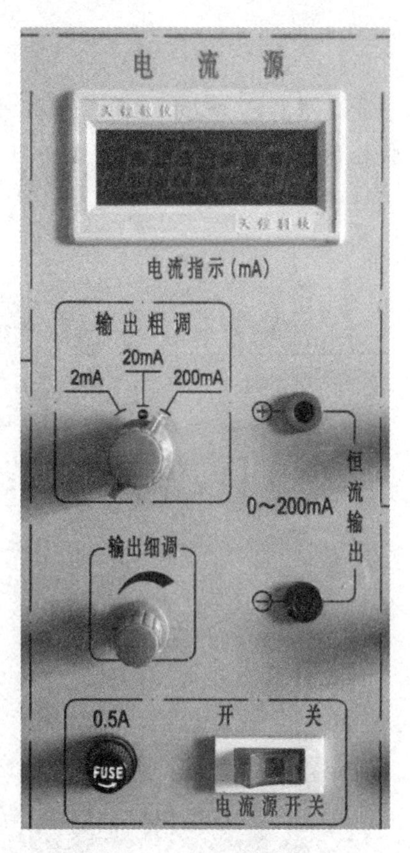

图 9-11 直流电流源

3）交流电压源

交流电压源输出正弦交流电压。图 9-12 所示为 KHDG-1 型实验台交流电压源为星形连接三相电源，左边 3 个带颜色的孔 U_1、V_1、W_1 电源输入相线，电压不可调；而右边 3 个相对应的孔 U、V、W 三相电源经过调压器和短路保护器后的输出端，输出电压可通过实验台左侧面的手柄来调节。需要强调，在实验中必须接入 U、V、W、N 上。N_1 和 N 是电源的中线，相线之间是线电压，相线对中线为相电压，相电压为线电压的 0.577。图 9-12 中的电压表指示输入或者输出线电压大小。

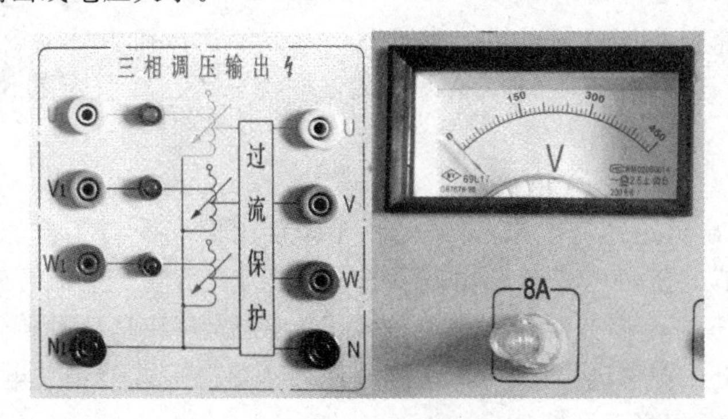

图 9-12 交流电压源和电压表

2. **测量仪表**

1）直流电压表

图 9-13(a)所示的直流电压表是数字电压表。测量时，如果将电压表的正端钮接被测电路的高电位端，负端钮接被测电路的低电位端，读数为正；否则读数为负。数字表是直接读数，与选择量程无关。如果超出测量量程范围，实验台将声光报警。此时的正确操作应该是先换大量程，再按白色复位键。如果实验台电源跳闸，需要重新合上。

2）直流电流表

如图 9-13(b)所示，直流电流表也有正、负极性端。测量时如果电流从电流表的正端钮接流入，负端钮接流出，则读数为正；否则读数为负。被测电流超过电流表允许量程时，应选择更大量程测量。尽管数字表的读数与量程无关，但还是要选择合适的量程来提高测量精度。直流电流表有 3 个插卡，黑色的 COM 公用负极插卡，如果用 2mA 量程，另一个插卡选红色的正极；如果用 20mA、200mA、2000mA 量程，则另一个插卡是蓝色的正极。使用时插卡要与上面的量程键配合；否则无法读数。

KHDG-1 型实验台直流电流表实物如图 9-13(b)所示，分为 2mA、20mA、200mA 和 2000mA 这 4 个量程。无论是直流电压表还是直流电流表，使用时都要按下红色开关。

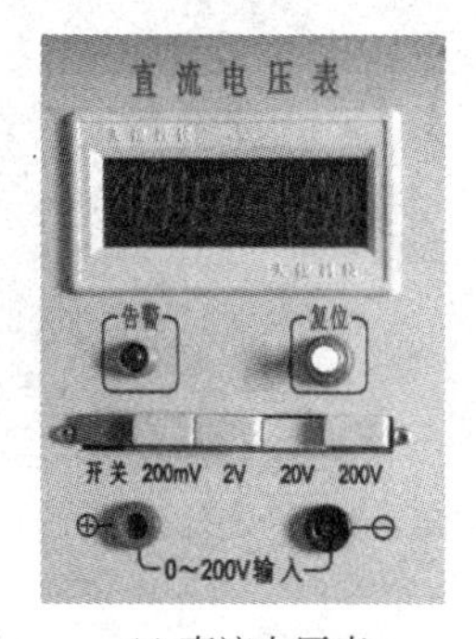

(a) 直流电压表

(b) 直流电流表

图 9-13　直流电压表与直流电流表

3）交流电压表

在测量量程范围内将电压表直接并入被测电路即可。但它是指针表，读数与量程有关，并根据量程选择指示线读数。图 9-14(a)所示为交流电压表实物。

4）交流电流表

在测量量程范围内将电流表串入被测电路即可。KHDG-1 型实验台交流电流表实物如图 9-14(b)所示。交流电压表、交流电流表的量程选择键在电表的右侧，交流电流表在使用中要按下测量键，如果是短接键电流表不读数。

5）功率表

功率表又叫瓦特表、电力表，用于测量直流电路和交流电路的功率。功率表主要由固定的电流线圈和可动的电压线圈组成，交流电流线圈与负载串联，电压线圈与负载并联，其原理如图 9-15 所示，图 9-16 所示为实验台上的智能功率表。

用功率表测量直流电路的功率时，指针偏转角 γ 正比于负载电压和电流的乘积，即

$$\gamma \propto UI = P$$

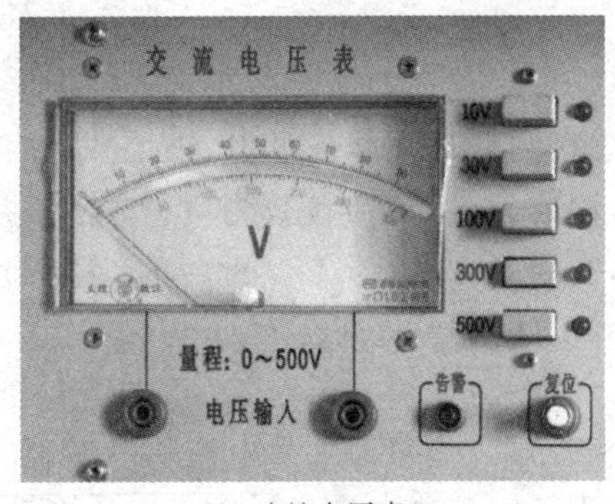

(a) 交流电压表

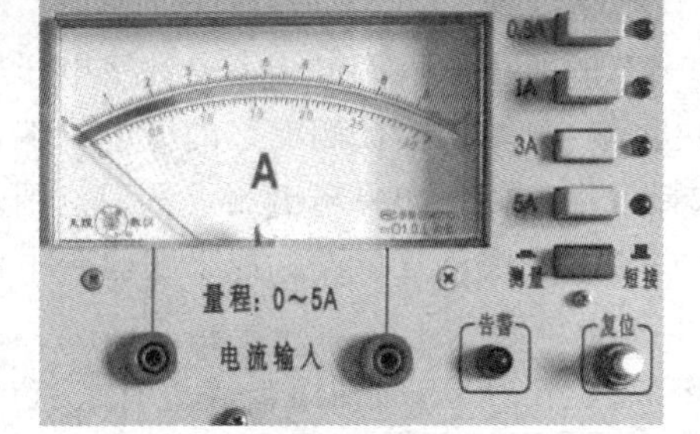

(b) 交流电流表

图 9-14　交流电压表与交流电流表

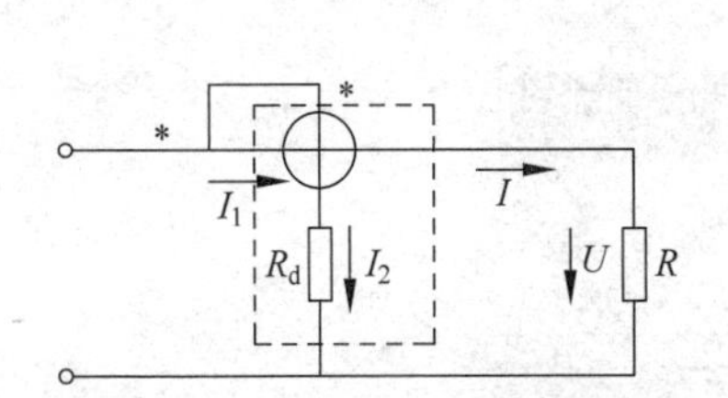

图 9-15　功率表测量原理

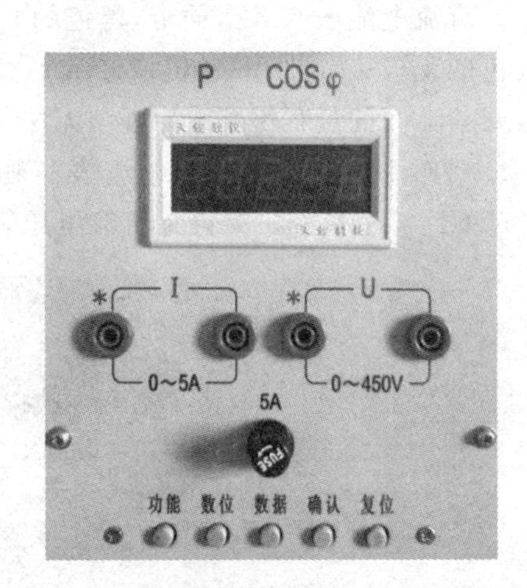

图 9-16　智能功率表实物

可见，功率表指针偏转角与直流电路负载的功率成正比。

在交流电路中，电动式功率表指针的偏转角 γ 与所测量的电压、电流以及该电压、电流之间的相位差中的余弦成正比，即

$$\gamma \propto UI\cos\varphi$$

所测量的交流电路的功率为所测量电路的有功功率。

功率表的电流线圈、电压线圈各有一个端子标有“*”号，称为同名端。测量时将两者连在一起，接电源火线。电流线圈没有标“*”号的端子与负载串联；电压线圈没有标“*”号的端子接中零线上与负载并联。现在的智能功率表不仅可以测量功率，还可以测量功率因数(λ、$\cos\varphi$)，并且指示负载的性质，L 表示感性负载，C 表示容性负载。

3. 负载

KHDG-1 型电工电子实验装置中的负载主要有电阻及可变电阻器、电容及可变电容器、白炽灯和三相交流异步电动机等。

1) 可变电阻器与可变电容器

电阻和电容作为基本元件，原理已经在前面章节叙述，这里主要展示其实物，如图 9-17 和图 9-18 所示。可以看出，使用它们可以得到精确到 0.1Ω 的电阻和多个不同的电容值。

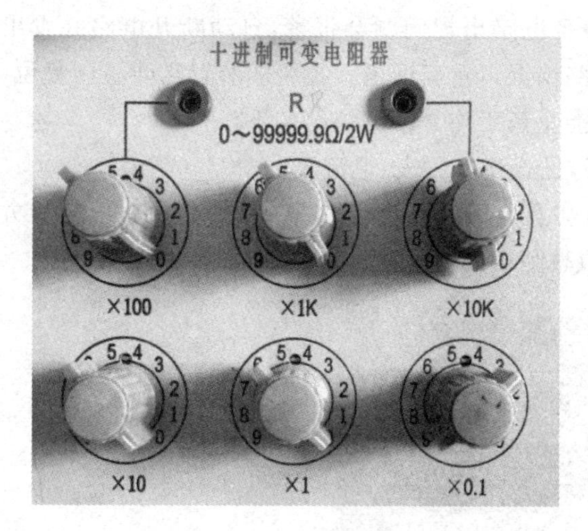

图 9-17　可变电阻箱

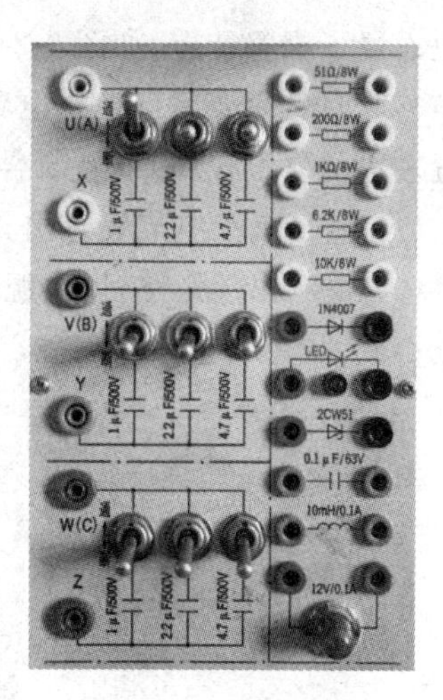

图 9-18　可变电容器

2）白炽灯

白炽灯是将灯丝通电加热到白炽状态，利用热辐射发出可见光的电光源。KHDG-1 型实验台中白炽灯如图 9-19 所示，每相有 3 个白炽灯并联，每个灯泡有一个开关控制其通断，有一个大的黑色插卡是用来插测电流的插棒。左侧接线端（A、X）和右侧的接线端（a、x）都可以接线。

3）三相交流异步电动机

三相交流异步电动机是典型的三相对称负载，其基本原理是通电后电动机定子绕组能在电动机转子周围产生一个旋转磁场，从而带动转子转动，将电能转化为机械能。三相交流异步电动机的定子绕组的连接方法有三角形连接法和星形连接法两种。按电动机铭牌上的要求连接，图 9-20 是两种接法的接线。其中 U_1 和 U_2、V_1 和 V_2、W_1 和 W_2 电动机三相绕组的首、末端。

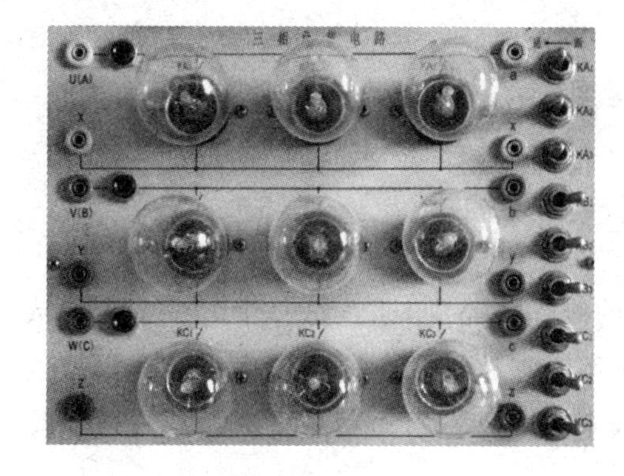

图 9-19　白炽灯

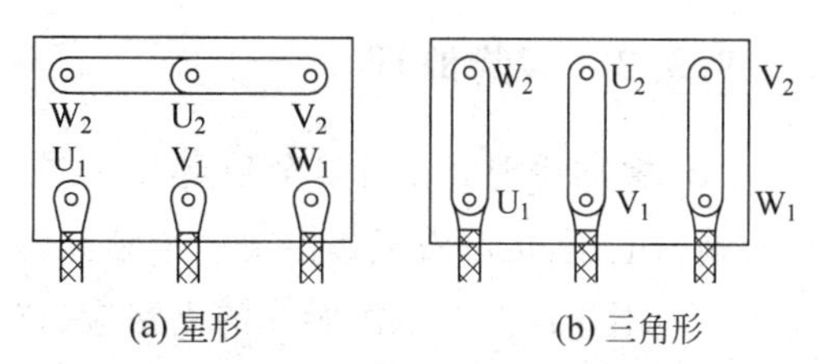

图 9-20　定子三相绕组的实际接线

4. 报警及复位

在实验过程中，有时不可避免地会出现电路接线不正确、电源短路、负载短路、测量范围超出电表量程等情况，为了保护实验者人身安全和设备安全，KHDG-1 型电工电子实验装置也设置了报警装置，如图 9-21 所示。一旦电路出现问题会报警，自动断开电路并发出蜂鸣声。此时就需要重新检查电路，改正电路错误再重新通电。报警的装置需要重新复位(按装置左边的复位按钮)或重新合上开关才能重新工作。常见情况如下。

(1) 电压表和电流表超出其测量量程，见直流电压表、电流表。

(2) 电源出现短路时，电源就会跳闸，甚至电源的保险丝熔断。一定要检查电路后方可重新合闸，如果学生没有把握，可以及时请教师帮助。

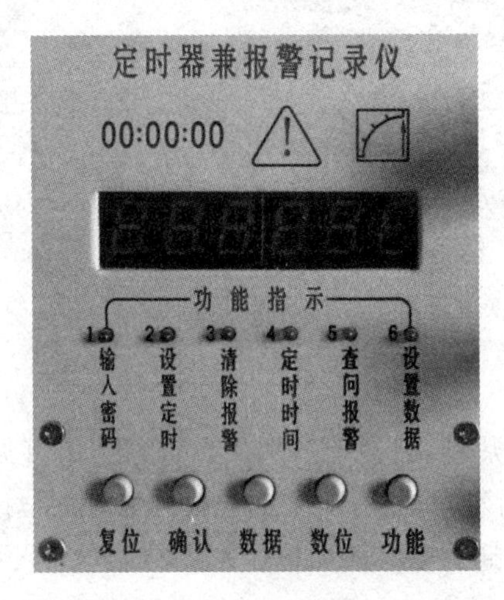

图 9-21　报警及复位界面

9.3　实验一：叠加原理、齐性定理与戴维南定理的验证

9.3.1　实验目的

(1) 验证线性电路叠加原理、齐性定理与戴维南定理的正确性，以提高对定理的理解和应用能力。

(2) 通过实验加深对电路参考方向的掌握和运用能力。

(3) 熟悉直流电工仪表的使用方法。

9.3.2　实验原理

(1) 叠加原理。在有多个独立源共同作用下的线性电路中，通过每一个元件的电流或其两端的电压，可以看成是由每一个独立源单独作用时在该元件上所产生的电流或电压的代数和。不作用的电压源所在的支路应(移开电压源后)短路，不作用的电流源所在的支路应开路。

(2) 齐性定理。当线性电路的激励信号(所有激励)都增加或减小 K 倍时，电路的响应也将增加或减小 K 倍。

(3) 戴维南定理。任何一个有源线性二端网络，对外电路而言，均可用一个等效电压源与一个电阻的串联组合等效置换，此电压源的电动势等于有源二端网络的开路电压 U_{OC}，其

等效内阻 R_0 等于有源二端网络中所有独立源均置零(理想电压源视为短接,理想电流源视为开路)后,所得到的无源网络的输入电阻。此电阻值也等于开路电压 U_{OC} 与短路电流 I_{SC} 的比值,即 $R_0=U_{OC}/I_{SC}$。

9.3.3　实验设备

实验设备如表 9-1 所示。

表 9-1　实验一的设备

序号	名　　称	规格与型号	数量	备注
1	可调直流稳压电源	1～300V 可调	2	DG04
2	可调直流恒流源	0～300mA 可调	1	DG04
3	旋转电阻箱	0～9999.9Ω 可调	1	DG09
4	叠加定理实验板		1	DG05
5	戴维南定理实验板		1	DG05
6	直流数字电压表		1	
7	直流数字毫安表		1	

9.3.4　实验内容及步骤

1. 验证叠加定理与齐性定理

1）操作步骤

(1) 将电压源的输出电压源 E_1 调至 12V,E_2 调至 12V,然后关闭电源待用。

(2) 按图 9-22 所示连接实验电路。将开关 K_3 合向 R_5 侧,使电路成为线性电路。

(3) 令电压源 E_1 单独作用,E_2 不作用(将开关 K_1 合向 E_1 侧,开关 K_2 合向短路侧)。用直流数字毫安表测量各支路电流,数据记入表 9-2 中。

(4) 令电压源 E_2 单独作用,E_1 不作用(将开关 K_2 合向 E_2 侧,开关 K_1 合向短路侧),重复实验步骤(3)的测量和记录,数据记入表 9-2 中。

(5) 令电压源 E_1 和 E_2 共同作用(开关 K_1 和 K_2 分别合向 E_1 和 E_2 侧),重复上述的测量和记录,数据记入表 9-2 中。最后根据上述测量结果,验证是否符合叠加定理。

(6) 电压源 $2E_1$ 单独作用,即将 E_1 的数值调至+24V,重复上述步骤(3)的测量和记录,数据填入表 9-2 中,验证支路电流的响应是否符合齐性定理。

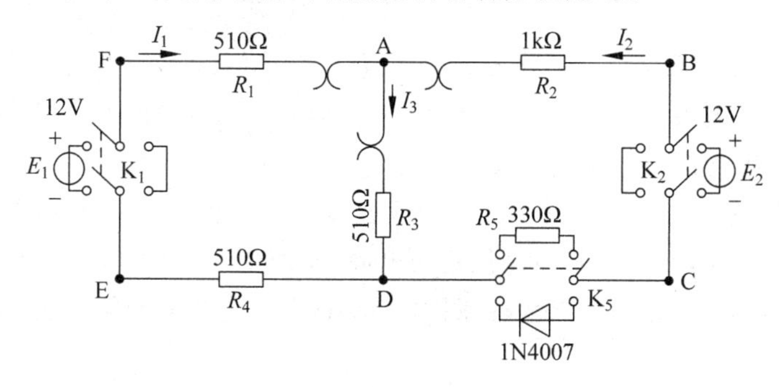

图 9-22　叠加定理验证电路

表 9-2　叠加定理验证数据

实验内容	作用电源		支路电流		
	E_1	E_2	I_1/mA	I_2/mA	I_3/mA
E_1 单独作用					
E_2 单独作用					
E_1、E_2 共同作用					
$2E_1$ 单独作用					

2）注意事项

(1) 电压源不作用时应关掉电压源，将开关 K_1(K_2)合向短路线。

(2) 用电流插头测量各支路电流时或电压表测量电压降时，使用数字电压、电流表，所以直接读数，正负照抄。

(3) 注意仪表量程的及时更换。

2. 验证戴维南定理

1）操作步骤

(1) 将电压源的输出电压 E_S 调至 12V，I_S 调至 10mA，然后关闭电源待用。

(2) 被测有源二端网络如图 9-23(a)所示。按图所示连接实验电路。

(3) 用开路电压、短路电流法测定戴维南等效电路的 U_{OC} 和 R_0。按图 9-23(a)所示线路接入稳压电源 E_S、恒流源 I_S 和旋转电阻箱 R_L。当 A、B 两点短路(R_L 阻值调到 0)情况下，用直流数字毫安表测出短路电流 I_{SC}；在 A、B 开路情况下，用直流数字电压表测出 A 和 B 间开路电压 U_{OC}(测 U_{OC}时不接入毫安表)，并计算出等效电阻 $R_0=U_{OC}/I_{SC}$。注意 U_{OC}的单位是 V，而 I_{SC}的单位是 mA，并将测得的数据填入表 9-3 的第一行中。

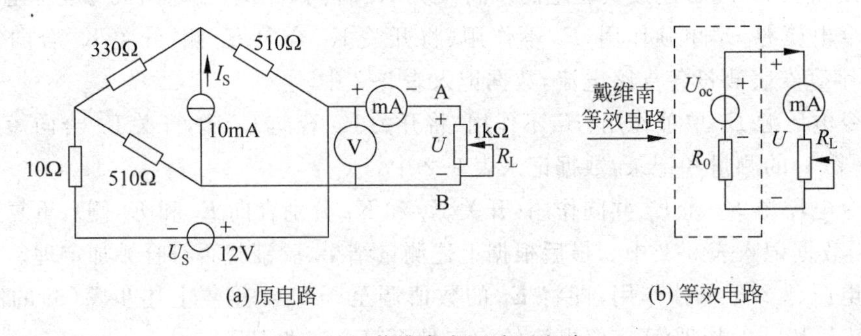

(a) 原电路　　(b) 等效电路

图 9-23　戴维南定理验证电路

(4) 根据理论计算戴维南等效电路的 U_{OC}、I_{SC}、R_0，填入表 9-3 的第二行。

(5) 负载实验。按图 9-23(a)所示接入旋转电阻箱 R_L。改变 R_L 阻值，测量有源二端网络的输出电流，并将测得的数据填入表 9-4 的第二行。

(6) 验证戴维南定理。按图 9-23(b)所示连接等效电路。在电阻箱上调出步骤(3)所得的等效电阻 R_0 的值，然后令其与直流稳压电源(调到步骤(3)时所测得的开路电压 U_{OC}之值)相串联，仿照步骤(5)测其外特性，将测得的数据填入表 9-4 的第三行，对戴维南定理进行验证。

(7) 测量有源二端网络等效电阻(又称入端电阻)的其他方法。将被测有源网络内的所有独立源置零(去掉电流源 I_S 和电压源 E_S,并在原电压源所接的两点用一根短路导线相连),然后用伏安法或者直接用万用表的欧姆挡去测定负载 R_L 开路时 A、B 两点间的电阻,此即为被测网络的等效内阻 R_0,或称网络的入端电阻 R_i。

在完成实验报告时,求原电路的戴维南模型,计算出表 9-3 的第二行数据。将理论数据与实验数据进行比较。

表 9-3　戴维南定理原网络实测数据、理论计算数据

原网络实测数据	开路电压 U_{OC}(V)=____	短路电流 I_{SC}(mA)=____	等效电阻 $R_0=U_{OC}/I_{SC}=$____
原网络理论计算数据	开路电压 U_{OC}(V)=____	短路电流 I_{SC}(mA)=____	无源二端网络计算 $R_0=$____

表 9-4　戴维南定理原网络、等效电路外特性

负载电阻 R_L/Ω	0	50	100	150	200
原网络 I/mA					
等效电路 I/mA					

2) 注意事项

(1) 测量时应注意电流表量程的更换。

(2) 用万用表直接测量 R_0 时,网络内的独立源必须先置零,以免损坏万用表。注意电压源置零时不可将稳压源短接,而应去掉电压源,然后将电压源的位置短接;欧姆挡必须经调零后再进行测量。

(3) 按图 9-23(b)所示连接等效电路时,接入的直流稳压电源必须使用万用表直流电压挡测定。

(4) 改接线路时要关掉电源。

9.3.5　预习思考题

9-1　在求戴维南等效电路时做短路试验,测 I_{SC} 的条件是什么?在本实验中可否直接作负载短路实验?请实验前对线路图 9-23(a)预先作好计算,以便调整实验线路及测量时可准确地选取电表的量程。

9-2　说明测有源二端网络开路电压及等效内阻的几种方法,并比较其优、缺点。

9.3.6　实验报告要求

(1) 实验报告要整齐、全面,包含全部实验内容。

(2) 对实验中出现的一些问题进行讨论。

(3) 根据操作步骤(3)、(7)的方法测得的 U_{OC} 和 R_0 与预习时电路计算的结果作比较,能得出什么结论?

9.4　实验二:一阶 RC 电路的响应测试

9.4.1　实验目的

(1) 测定 RC 一阶电路的零输入响应、零状态响应及全响应。

(2) 学习电路时间常数的测量方法。

(3) 进一步学会用示波器观测波形。

9.4.2 实验原理

对于一般电路，时间常数均较小，在 ms 甚至 μs 级，电路会很快达到稳态。一般仪表还来不及反应，过渡过程已经消失。因此，用普通仪表难以观测到电压随时间的变化规律。示波器可以观察到周期变化的电压波形，如果使电路的过渡过程按一定周期重复出现，示波器荧光屏上就可以观察到过渡过程的波形。本实验用脉冲信号源作为实验电源，由它产生一个固定频率的方波，模拟阶跃信号。当有方波电压输出时，相当于接通直流电源，电容通过电阻充电；方波电压输出为零时，相当于电源短路，电容通过电阻放电。方波周期性重复出现，电路就不断地进行充电和放电。将电容器两端接入示波器输入端，就可以观察到一阶电路充电、放电的过渡过程。

RC 电路如图 9-24(a)所示，在脉冲信号(方波)作用下，电容器充电，电容器上的电压按指数规律上升，即零状态响应，即

$$u_C(t) = U(1 - \mathrm{e}^{-t/\tau})$$

电路达到稳态后，将电源短路，电容器放电，其电压按指数规律衰减，即零输入响应，有

$$u_C(t) = U\mathrm{e}^{-t/\tau}$$

方波作用下两种响应交替产生，清楚地反映出一阶暂态过渡过程的变化规律，如图 9-24(b)所示。其中 $\tau=RC$ 称为电路的时间常数，它的大小决定了过渡过程进行得快慢。其物理意义是电路零输入响应衰减到初始值的 36.8%所需要的时间，或者是电路零状态响应上升到稳态值的 63.2%所需要的时间。虽然真正到达稳态所需要的时间为无限大，但通常认为经过(3～5)τ 的时间，过渡过程就基本结束，电路进入稳态。

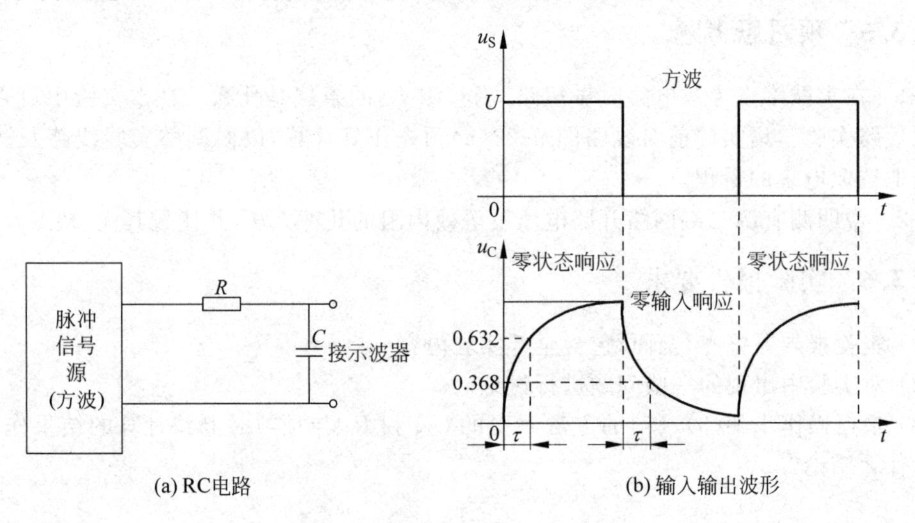

图 9-24 实验二的图

9.4.3 实验设备

实验所用仪器如表 9-5 所示。

表 9-5　实验二的仪器

序号	名　　称	型号与规格	数量
1	函数信号发生器		1
2	数字示波器		1
3	动态线路实验板		1

9.4.4　实验内容及步骤

（1）观察并记录电容器上的过渡过程。

实验线路板的器件组件如图 9-25 所示，从电路板上选 $R=10\text{k}\Omega$、$C=0.01\mu\text{F}$ 组成图 9-24(a)所示的 RC 充放电电路。调节信号发生器输出 $U_{\text{P-P}}=5\text{V}$、$f=1\text{kHz}$ 的方波电压信号，并使占空比为 1∶1。观察示波器上的波形，并用方格纸记录下所观察到的波形。将结果填入表 9-6，从波形图上测量电路的时间常数 τ，然后与时间常数理论值相比较，分析二者不同的原因。

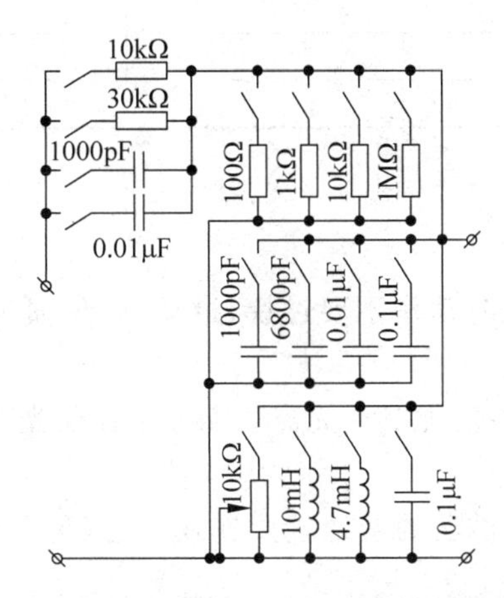

图 9-25　一阶电路暂态分析实验线路板的器件组件

表 9-6　测时间常数表

<table>
<tr><td colspan="8">$R=10\text{k}\Omega$，$C=0.01\mu\text{F}$</td></tr>
<tr><td colspan="2">激励源 u_S 波形
（$U_{\text{P-P}}=5\text{V}$，$f=1\text{kHz}$）</td><td colspan="2">响应 u_C 波形</td><td colspan="2">τ 的测量值</td><td colspan="2">τ 的计算值</td></tr>
<tr><td colspan="2">u_S
O　　t</td><td colspan="2">u_C
O　　t</td><td colspan="2"></td><td colspan="2"></td></tr>
<tr><td rowspan="2">C
R</td><td colspan="2">1000pF</td><td colspan="2">6800pF</td><td colspan="2">0.01μF</td><td>0.1μF</td></tr>
<tr><td colspan="2">100Ω</td><td colspan="2">1kΩ</td><td colspan="2">10kΩ</td><td>30kΩ</td></tr>
</table>

(2) 按表 9-7 改变电路参数，画出图 9-26 所示的 u_S、u_C、u_R 的波形对照图。

(3) 观察、分析表 9-7 中各种参数情况下 u_S、u_C、u_R 波形。因为示波器只接收电压信号，不接收电流信号，所以比较 u_C 和 u_R 的波形就是比较电容的 u_C 和 i_C 的信号。

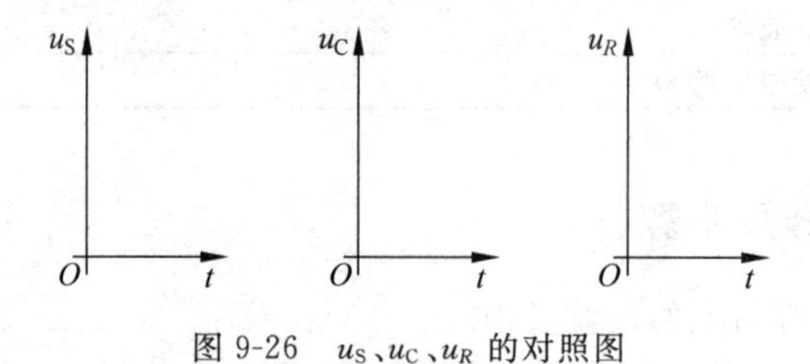

图 9-26 u_S、u_C、u_R 的对照图

表 9-7 改变 *R*、*C* 电路参数

R \ *C*	1000pF	6800pF	0.01μF	0.1μF
100Ω				
1kΩ				
10kΩ				
30kΩ				

9.4.5 实验注意事项

(1) 调节电子仪器各旋钮时动作不要过快、过猛，以免损坏仪器，实验前需熟读双踪示波器的使用说明书。

(2) 示波器的辉度不应过亮，尤其是光点长期停留在荧光屏上不动时，应将亮度调暗以延长示波管的使用寿命。

(3) 信号源的接地端与示波器的接地端要连在一起(称共地)，以防外界干扰而影响测量的准确性。

9.4.6 实验报告要求

(1) 根据实验观测结果，在方格纸上绘出 RC 一阶电路充放电时 u_C 的变化曲线，由曲线测得 τ 值，并与参数值的计算结果作比较，分析误差原因。

(2) 根据实验观测结果，分析说明 RC 电路 u_S、u_C 和 u_R 图形的特点和原理。

9.5 实验三：交流电路等效参数的测量

9.5.1 实验目的

(1) 学会用交流电压表、交流电流表和功率表测量元件的交流等效参数的方法。

(2) 学会功率表的接法和使用。

9.5.2 实验原理

正弦交流信号激励下的元件值或阻抗值，可以用交流电压表、交流电流表及功率表分别测量出元件两端的电压 U、流过该元件的电流 I 和它所消耗的功率 P 及功率因数 λ，然后通过计算得到所求的电路参数，这种方法称为三表法，是一个广泛应用的实验。通常用 50Hz 交流电源。下面可通过两组公式来计算电路参数。

(1) 经典的计算。传统的功率表只能测量有功功率，无法测量功率因数，此时要判断负载的性质，需要用到较为复杂的理论知识(略)，其计算电路参数的基本公式如下。

阻抗的模为

$$|Z| = \frac{U}{I}$$

电路的功率因数为

$$\cos\varphi = \frac{P}{UI}$$

等效电阻为

$$R = \frac{P}{I^2} = |Z|\cos\varphi$$

等效电抗为

$$X = |Z|\sin\varphi$$

$$\begin{cases} \text{如果负载是感性的}(L)\text{，则 } X_L = X = 2\pi fL \quad L = \dfrac{X}{2\pi f} \\ \text{如果负载是容性的}(C)\text{，则 } X_C = |X| = \dfrac{1}{2\pi fC}, C = \dfrac{1}{2\pi f\,|X|} \end{cases}$$

(2) 现在实验台上都配套有智能功率表，它不仅可以测量有功功率，还可以测量功率因数(用 λ 或 $\cos\varphi$ 表示)。分以下两种情况讨论。

① 只用功率因数的性质，不用其大小，可以验证 $\cos\varphi$，求电路参数的基本公式。

② 如果实验功率因数的全部信息，既用其判断负载的性质，又用其数值，则另一组计算参数的公式如下。

阻抗的模为

$$|Z| = \frac{U}{I}$$

$$\varphi = \cos^{-1}\lambda \begin{cases} \text{如果负载是感性的}(L)\text{，则 } \cos\varphi > 0, \varphi > 0, \sin\varphi > 0 \\ \text{如果负载是容性的}(C)\text{，则 } \cos\varphi > 0, \varphi < 0, \sin\varphi < 0 \end{cases}$$

阻抗为

$$Z = |Z|\angle\varphi = |Z|\cos\varphi + \mathrm{j}\,|Z|\sin\varphi = R + \mathrm{j}X$$

$$\begin{cases} \text{如果负载是感性的}(L)\text{，则 } X_L = X = 2\pi fL \quad L = \dfrac{X}{2\pi f} \\ \text{如果负载是容性的}(C)\text{，则 } X_C = |X| = \dfrac{1}{2\pi fC} \quad C = \dfrac{1}{2\pi f\,|X|} \end{cases}$$

这时可以验证电路的有功功率 P。

9.5.3　实验设备

实验设备如表 9-8 所示。

表 9-8　实验三的设备

序号	名　称	型号与规格	数量	备注
1	交流电压表		1	D33
2	交流电流表		1	D32
3	功率表		1	D34
4	自耦调压器		1	DG01
5	镇流器(电感线圈)	与 40W 日光灯配用	1	DG09
6	电容器	4.3μF/450V	1	DG09
7	白炽灯	25W/220V	1	DG08

9.5.4　实验内容及步骤

测试线路如图 9-27 所示。将测量数据填入表 9-9。

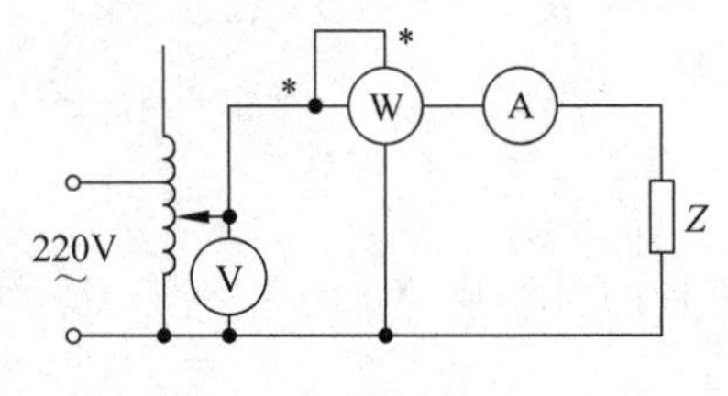

图 9-27　测试线路图

(1) 按图 9-27 所示接线，并经指导教师检查后方可接通市电电源。

(2) 将调压器的输出电压调到 100V，分别测量 25W 白炽灯(R)、40W 日光灯镇流器(L)和 4.3μF 电容器(C)的等效参数。

(3) 测量 L、C 串联与并联后的等效参数。

表 9-9　测量数据记录与参数计算表

被测阻抗	测　量　值				计　算　值		电路等效参数		
	U/V	I/A	P/W	$\cos\varphi$	$\|Z\|\Omega$	$\cos\varphi$	R/Ω	L/mH	C/μF
25W 白炽灯 R									
电感线圈 L									
电容器 C									
L 与 C 串联									
L 与 C 并联									

9.5.5　实验注意事项

(1) 本实验直接用市电 220V 交流电源供电，实验中要特别注意人身安全，不可用手直接触摸通电线路的裸露部分，以免触电，进实验室应穿绝缘鞋。

(2) 自耦调压器在接通电源前，应将其手柄置在零位上，调节时使其输出电压从零开始逐渐升高。每次改接实验线路、换拨黑匣子上的开关及实验完毕，都必须先将其旋柄慢慢调回零位，再断电源。必须严格遵守这一安全操作规程。

(3) 功率表要正确接入电路,读数时应注意量程和标度尺的折算关系。

(4) 功率表不能单独使用,一定要有电压表和电流表监测,使电压表和电流表的读数不超过功率表电压和电流的量限。

(5) 电感线圈 L 中流过的电流不得超过 0.4A。

9.5.6 预习思考题

9-3 在 50Hz 的交流电路中,测得一只铁芯线圈的 P、I、U、$\cos\varphi$,如何算得它的阻值及电感量(两种方法)?

9.5.7 实验报告要求

(1) 根据实验数据完成各项计算。

(2) 完成预习思考题的任务。

(3) 分析功率表并联电压线圈前、后接法对测量结果的影响。

(4) 总结功率表与自耦调压器的使用方法。

(5) 编写心得体会及其他。

9.6 实验四:单相正弦交流电路功率因数的提高

9.6.1 实验目的

(1) 再次熟悉功率表和功率因数表的使用方法。

(2) 了解负载性质对功率因数的影响和提高功率因数的原因和意义。

(3) 理解提高功率因数的原理及常用办法。

9.6.2 实验原理

一般的用电设备(如日光灯)都属于电感性负载,感抗的存在引起了无功功率 Q。在需要的有功功率 P 一定的前提下,Q 的存在必然使 $P<S$,从而导致功率因数 $\cos\varphi<1$。而且,Q 越大,$\cos\varphi$ 越小。

功率因数较低会引发以下两个问题:①发电设备的利用率较低;②线路及发电机绕组上的电压降和功率损耗较大,故提高功率因数有着重要的实际意义。

根据上面的分析,减少电源所承担的无功功率 Q 即可提高功率因数。提高功率因数的方法很多,最常用的是在感性负载两端并联大小合适的电容。

以日光灯为例,其工作时可以等效为一个电阻和电感的串联来表示。并联电容器 C 后,等效电路图及对应相量分析如图 9-28 所示。

从相量图可以看出,并联电容后,随着并联电容电流的增加,电路总阻抗先由电感性变为电阻性,再由电阻性变为电容性,总电流先变小后重新变大。φ 的变化过程为

$$-90^\circ<\varphi<0^\circ \rightarrow \varphi=0 \rightarrow 0^\circ<\varphi<90^\circ$$

相应地,功率因数 $\cos\varphi$ 先从小于 1 变为等于 1,再从等于 1 变为小于 1,即先增大后减小,所以必须准确选择合适大小的电容器。

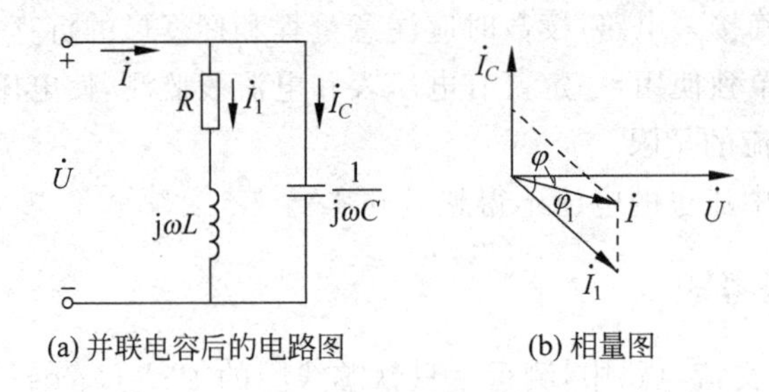

(a) 并联电容后的电路图　　(b) 相量图

图 9-28　日光灯并联电容器后的等效电路及相量图

9.6.3 实验设备

实验设备如表 9-10 所示。

表 9-10　实验四的设备

序号	名　称	型号与规格	数量	备　注
1	单相功率表			(DGJ-07)
2	交流电压表	0～500V		
3	交流电流表	0～5A		
4	白炽灯组负载	25W/220V	3	DGJ-04
5	电感线圈	30W 镇流器	1	DGJ-04
6	可变电容箱	0.22μF、0.47μF、1μF、2.2μF、4.3μF		DGJ-05

9.6.4 实验内容及步骤

(1) 调单相交流为 220V，按图 9-29 所示的日光灯电路实物图接线，注意功率表和电流表的接法，3 个电流表是 3 个测电流的插卡，电压表无须接入，测量电压时直接并在负载两端。经教师检查后方可通电。按表 9-10 的 $C=0$ 值进行测量，测量 U、U_L、$U_{灯}$、I、I_C、$I_{灯}$、P、负载的性质、$\cos\varphi$ 等数据。

(2) 再按表 9-11 所示的数据，重复上述测量。注意表中电容的数值是由 0.47μF、1μF、2.2μF、4.3μF 得到的，电容并联时电容量相加。

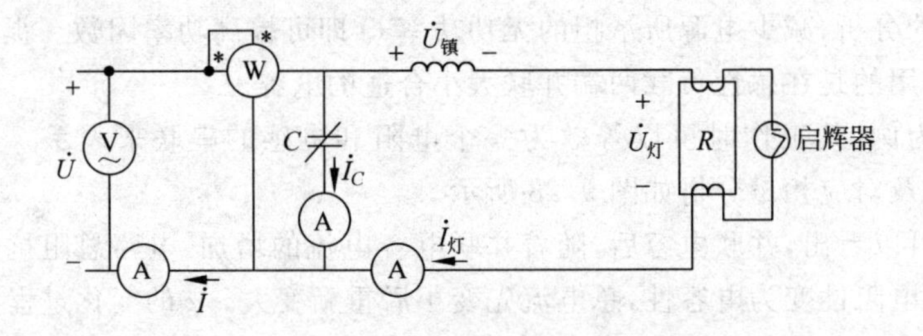

图 9-29　功率因数提高实验电路图

表 9-11　实验四的数据

$C/\mu F$	U/V	$U_{镇}/V$	$U_{灯}/V$	I/A	$I_{灯}/A$	I_C/A	P/W	负载性质	$\cos\varphi$ 测量值	$\cos\varphi$ 计算值
0										
1										
2.2										
3.2										
4.7										
5.7										
6.9										
7.9										

9.6.5　预习思考题

9-4　有功功率 P、无功功率 Q、视在功率 S 三者之间的关系。

9-5　功率因数 $\cos\varphi$ 的计算方法。

9-6　串联电容器可以提高功率因数 $\cos\varphi$ 吗?

9-7　功率因数 $\cos\varphi$ 提高后,总电压不变,总电流减小了,会省电吗?

9.6.6　实验报告

(1) 根据 U、I、P 三表测定的数据,计算出 $\cos\varphi$,并与 $\cos\varphi$ 表的实验读数比较,分析误差原因。

(2) 用相量法分析说明并联电容器可以提高功率因数的原理,并说明 C 过大功率因数下降的原因。

(3) 分析负载性质与 $\cos\varphi$ 的关系。

(4) 心得体会及其他。

9.7　实验五:负载星形、三角形连接三相交流电路的研究

9.7.1　实验目的

(1) 掌握三相负载作 Y 连接(即星形连接)和 Δ 连接(即三角形连接)的接线方法。

(2) 验证三相负载做 Y 连接和 Δ 连接时,相电压及线电压、相电流及线电流的实际含义及它们之间的关系。

(3) 理解供电系统中采用"三相四线制(Y_0)"接法时中线的作用。

9.7.2　实验原理

1. 对称三相负载

(1) 对称三相负载作 Y 连接时,线电压 U_L 是相电压 U_P 的$\sqrt{3}$倍、线电流 I_L 等于相电流

I_P，即 $U_L=\sqrt{3}U_P$、$I_L=I_P$。而且，此时流过中线的电流 $I_N=0$，所以可以省去中线，即三相三线制供电方式，无中线的星形连接称为 Y 接法。

(2) 对称三相负载作 Δ 形连接时，有 $I_L=\sqrt{3}I_P$，$U_L=U_P$。

2. 不对称三相负载

(1) 不对称三相负载作 Y 连接时，必须采用三相四线制接法，即 Y_0 接法。而且中线必须牢固连接，以保证三相不对称负载的每相电压维持对称不变。

倘若中线断开，会导致三相负载电压的不对称，致使负载轻的那一相负载的相电压过高，损坏负载；负载重的那一相，相电压又过低，负载不能正常工作。尤其是三相照明负载，必须采用 Y_0 接法。

(2) 不对称负载作 Δ 连接时，只要电源的线电压 U_L 对称，加在三相负载上的电压仍是对称的，即 $U_L=U_P$，对各相负载工作没有影响；但此时 $I_L\neq\sqrt{3}I_P$。

9.7.3 实验设备

实验设备如表 9-12 所示。

表 9-12 实验五的设备

序号	名 称	型号与规格	数量	备注
1	交流电压表	0～500V	1	
2	交流电流表	0～5A	1	
3	三相自耦调压器		1	
4	三相灯组负载	220V，25W 白炽灯	9	DGJ-04

9.7.4 实验内容及步骤

1. 三相负载 Y 连接

(1) 将三相调压器的旋柄置于输出为 0V 的位置(即逆时针旋到底)，然后慢慢调节调压器，使其输出 220V 的三相线电压；然后关闭电源。

(2) 按图 9-30 所示电路连接实验线路。其中，三相灯组负载 3 个末端 X、Y、Z 相接作为中性点，3 个首端 A、B、C 接至三相对称电源 U、V、W，采用三相四线制方式供电。

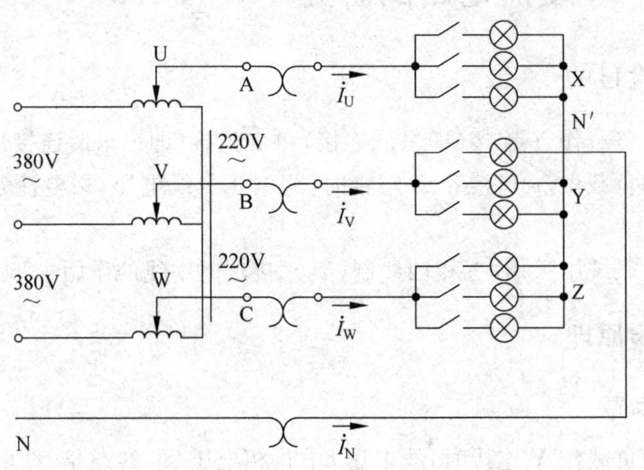

图 9-30 三相负载星形(有中线)连接原理图

检查无误后，接通电源，分别测量三相负载的线电压、相电压、线电流、相电流、中线电流、电源与负载中点间的电压。将所测得的数据记入表9-13，并观察各相灯组亮暗的变化程度，特别要注意观察中线的作用。在测量过程中，有口诀："有中线，测中线电流；无中线，测中点电压。"中点电压就是电源的中点N对负载的中点N′之间的电压。

表9-13　三相负载星形连接数据记录表

实验内容(负载情况)	开灯盏数			线电流/A			线电压/V			相电压/V			中线电流 I_N/A	中点电压 $U_{N'N}$/V
	U相	V相	W相	I_U	I_V	I_W	U_{UV}	U_{VW}	U_{WU}	U_U	U_V	U_W		
Y_0接对称负载	2	2	2											
Y接对称负载	2	2	2											
Y_0接不对称负载	1	2	3											
Y接不对称负载	1	2	3											
Y_0接V相断开	1	0	2											
Y接V相断开	1	0	2											

2. 负载Δ连接(三相三线制供电)

(1) 调节调压器，使其输出线电压为220V，然后关闭电源。

(2) 按图9-31所示电路连接实验线路。三相380V的对称电源经过调压器降压后，线电压是220V。因为三角形电路中线电压等于相电压，而负载都是220V的额定电压。这就是降低电源电压的主要原因。其中，三相灯组负载(U、V、W)的3个首端A、B、C与3个末端X、Y、Z首尾相接(即X接B、Y接C、Z接A)，再接至三相对称电源U、V、W。这种接线方式一定没有中性线，为三相三线制供电，并将所测得的数据记入表9-14。

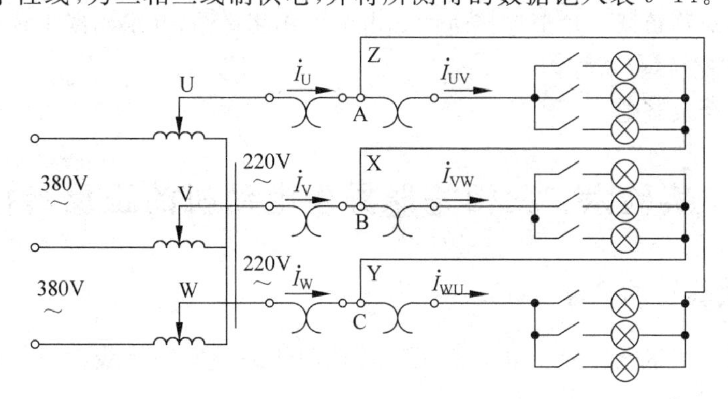

图9-31　三相负载三角形连接原理图

表9-14　三相负载三角形连接原理图数据记录表

负载情况	开灯盏数			线电压=相电压/V			线电流/A			相电流/A		
	U-V相	V-W相	W-U相	U_{UV}	U_{VW}	U_{WU}	I_U	I_V	I_W	I_{UV}	I_{VW}	I_{WU}
三相对称	3	3	3									
三相不对称	1	2	3									

9.7.5 注意事项

(1) 实验时要注意人身安全,不可触及导电部件,防止意外事故发生。

(2) 本实验采用三相交流市电,线电压可达 380V,应穿绝缘鞋进实验室。

(3) 每次接线完毕,同组同学应自查一遍,然后由指导教师检查后方可接通电源,必须严格遵守先断电、再接线、后通电;先断电、后拆线的实验操作原则。

(4) 星形负载做短路实验时,必须首先断开中线,以免发生短路事故。

(5) 为避免烧坏灯泡,DGJ-04 实验挂箱内设有过压保护装置。当任一相电压大于 245~250V 时,即声光报警并跳闸。因此,在做 Y 接不对称负载或缺相实验时,所加线电压应以最高相电压小于 240V 为宜。

9.7.6 预习思考题

9-8 三相负载根据什么条件作星形或三角形连接?

9-9 复习三相交流电路有关内容,试分析三相星形连接不对称负载在无中线情况下,当某相负载发生变化时对其他相的影响?如果接上中线情况又如何?

9-10 本次实验中为什么要通过三相调压器将 380V 的市电线电压降为 220V 的线电压使用?

9.7.7 实验报告

(1) 用实验测得的数据验证对称三相电路中两个$\sqrt{3}$的关系。

(2) 用实验数据和观察到的现象,总结三相四线供电系统中中线的作用。

(3) 不对称三角形连接的负载,能否正常工作?实验是否能证明这一点?

(4) 根据不对称负载三角形连接时的相电流值作相量图,并求出线电流值,然后与实验测得的线电流作比较,分析之。

(5) 心得体会及其他。

9.8 实验六:三相笼形异步电动机的正反转控制

9.8.1 实验目的

(1) 通过对三相鼠笼式异步电动机正反转控制线路的安装接线,掌握由电气原理图接成实际操作电路的方法。

(2) 加深对电气控制系统各种保护、自锁、互锁等环节的理解。

(3) 学会分析、排除继电、接触控制线路故障的方法。

9.8.2 实验原理

根据三相对称正弦交流电源的性质,改变相序(即任意对调其中两相)即可改变电动机的旋转方向。本实验以鼠笼式电动机为研究对象,通过改变 V、W 两相电源,辅以必要的电气控制器件,实现正反转控制。本实验给出两种不同的正反转控制线路,如图 9-32 和图 9-33,

具有以下特点。

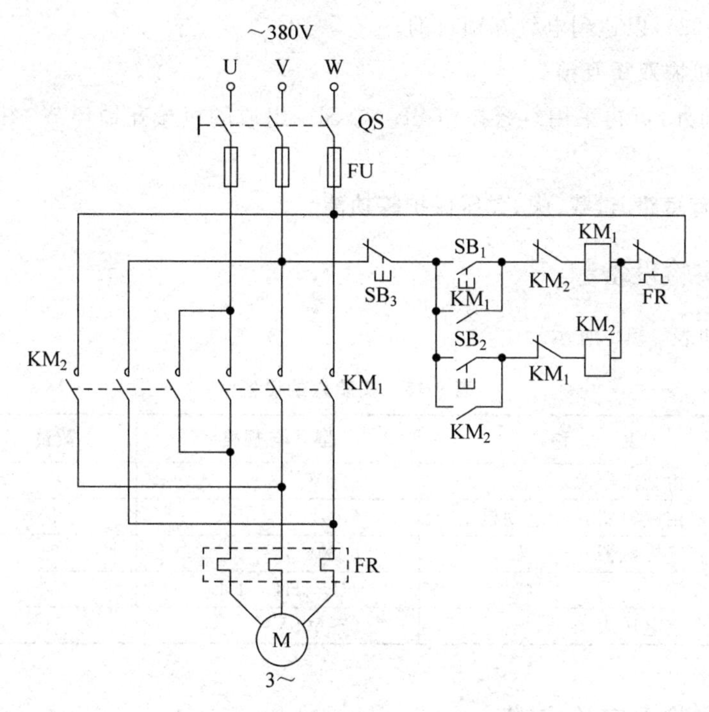

图 9-32　电气互锁的正反转控制线路

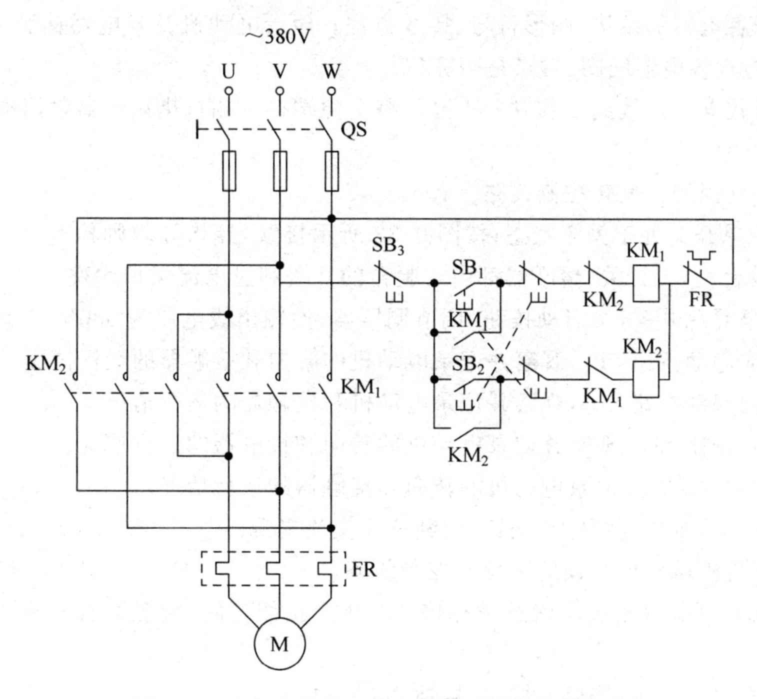

图 9-33　电气和机械双重互锁的正反转控制线路

1. 电气互锁

为了避免接触器 KM_1（正转）、KM_2（反转）同时得电吸合造成三相电源短路，在 KM_1

(KM_2)线圈支路中串接有 KM_2(KM_1)动断触点，它们保证了线路工作时 KM_1、KM_2 不会同时得电(图 9-32)，以达到电气互锁目的。

2. 电气和机械双重互锁

除电气互锁外，可再采用复合按钮 SB_1 与 SB_2 组成的机械互锁环节(图 9-33)，以求线路工作更加可靠。

3. 线路具有短路、过载、失、欠压保护等功能

9.8.3 实验设备

实验设备如表 9-15 所示。

表 9-15 实验六的设备

序号	名　称	型号与规格	数量	备注
1	三相交流电源	220V		
2	三相鼠笼式异步电动机	DJ24	1	
3	交流接触器	CJX4	2	D64-2
4	按钮	HL_1、HL_2、HL_3	3	D64-2
5	交流电压表	0～500V	1	

9.8.4 实验内容及步骤

(1) 认识各电器的结构、图形符号、接线方法；抄录电动机及各电器铭牌数据；并用万用电表 Ω 挡检查各电器线圈、触点是否完好。

(2) 鼠笼式电动机接成 Δ 接法；实验线路电源端接三相自耦调压器输出端 U、V、W，供电线电压为 380V。

(3) 电气互锁的正反转控制线路。

保持电源总开关处于关闭状态，按图 9-32 所示接线，经指导教师检查后方可进行通电操作。在实验台上，刀开关、熔断器都由实验台的开关和过电流保护代替。

① 开启电源总开关，按启动按钮，调节调压器，使输出线电压为 380V。

② 按正向起动按钮 SB_1，观察并记录电动机的转向和接触器的运行情况。

③ 按反向起动按钮 SB_2，观察并记录电动机和接触器的运行情况。

④ 按停止按钮 SB_3，观察并记录电动机的转向和接触器的运行情况。

⑤ 再按 SB_2，观察并记录电动机的转向和接触器的运行情况。

⑥ 实验完毕，按总电源停止按钮，切断三相交流电源。

(4) 电气与机械双重互锁的正反转控制线路。

保持电源总开关处于关闭状态，按图 9-33 所示接线，经指导教师检查后方可进行通电操作。

① 开启电源总开关，按启动按钮，接通 380V 电压。

② 按正向起动按钮 SB_1，电动机正向起动，观察电动机的转向及接触器的动作情况。按停止按钮 SB_3，使电动机停转。

③ 按反向起动按钮 SB_2，电动机反向起动，观察电动机的转向及接触器的动作情况。

按停止按钮 SB_3，使电动机停转。

④ 按正向起动按钮，电动机起动后再按反向起动按钮，观察有何情况发生？按反向起动按钮，电动机起动后再按正向起动按钮，观察有何情况发生？

⑤ 电动机停止转动后，同时按正、反向两只起动按钮，观察有何情况发生？

(5) 实验完毕，将自耦调压器调回零位，按控制屏停止按钮，切断实验线路电源。

9.8.5　故障分析

(1) 接通电源后，按起动按钮(SB_1 或 SB_2)，接触器吸合，但电动机不转且发出“嗡嗡”声响；或者虽能起动，但转速很慢。这种故障大多是主回路一相断线或电源缺相。

(2) 接通电源后，按起动按钮(SB_1 或 SB_2)，若接触器通断频繁，且发出连续的“噼啪”声或吸合不牢，发出颤动声，此类故障原因可能有以下几个。

① 线路接错，将接触器线圈与自身的动断触点串在同一条线路上了。

② 自锁触点接触不良，时通时断。

③ 接触器铁芯上的短路环脱落或断裂。

④ 电源电压过低或与接触器线圈电压等级不匹配。

9.8.6　预习思考题

9-11　在电动机正、反转控制线路中，为什么必须保证两个接触器不能同时工作？采用哪些措施可解决此问题？这些方法有何利弊？最佳方案是什么？

9-12　在控制线路中，短路、过载、失压、欠压保护等功能是如何实现的？在实际运行过程中这几种保护有何意义？

附录 A　电阻器标称阻值系列

E24 系列 (允许偏差±5%)	E12 系列 (允许偏差±10%)	E6 系列 (允许偏差±20%)
1.0	1.0	1.0
1.1		
1.2	1.2	
1.3		
1.5	1.5	1.5
1.6		
1.8	1.8	
2.0		
2.2	2.2	2.2
2.4		
2.7	2.7	
3.0		
3.3	3.3	3.3
3.6		
3.9	3.9	
4.3		
4.7	4.7	4.7
5.1		
5.6	5.6	
6.2		
6.8	6.8	6.8
7.5		
8.2	8.2	
9.1		

电阻器的标称阻值应符合表中所列数值之一，或表列数值再乘以 10^3，n 为整数。

附录B 部分习题答案

1-1 ③

1-2 300W(发出)、60W(消耗)、120W(消耗)、80W(消耗)、40W(消耗)

1-3 (a) 30W(发出)、10W(消耗)、20W(消耗)；

(b) 15W(发出)、30W(发出)、45W(消耗)

1-4 $U_1=U_2$, $I_1=I_2$

1-5 1A、2V

1-6 4Ω、32V

1-7 10mA，6mA，4mA，2.5kΩ

1-8 12.5Ω，5Ω，1.6Ω

1-9 4.5A、2.5A

1-10 10A，−10A，10A

1-11 30V

1-12 −1.087A、−69.56V

1-13 1A、6.4V

2-1 4.8A、1.92W、5.76W

2-2 4.8A

2-3 −0.5A、−22.5V 电压源消耗 10W，电流源发出 112.5W

2-4 6A

2-5 3A

2-6 1A

2-7 18V

2-8 2.86V、3.85V、3.98V

2-9 −0.25A

2-10 12.8V

2-11 0.5

2-12 0.55V

2-13 1.5A、1.5A

2-14 −0.75A

2-15 −3A、4A

3-1 略

3-2 0.33A、0.167A、3.33V、1.67V

3-3 (a) 1.5A、3A、1s；(b) 0A、1.5A、1s

3-4 只有 u_C 和 i_L 不跃变，其他都跃变

3-5 $60e^{-100t}$V、$12e^{-100t}$mA

3-6　$(18+36e^{-250t})$V

3-7　$(1+2e^{-10t})$A、$-2e^{-10t}$A

3-8　$(1-0.25e^{-0.75t})$A

3-9　$0_+ \leqslant t \leqslant 0.025_-$ s、$(5+7e^{-200t})$V、$(1+1.4e^{-200t})$mA，$0.025_+ s \leqslant t$
　$\{12-7e^{-500(t-0.025)}\}$V、0A

3-10　$(1.2-2.4e^{-\frac{5t}{9}})$A、$(1.8-1.6e^{-\frac{5t}{9}})$A

3-11　$-5.33e^{-0.5t}$A、$8e^{-0.5t}$A

3-12　$(1.25-0.5e^{-2.5t})$A、$0.19e^{-2.5t}$A、$(0.75-0.19e^{-2.5t})$A

3-13　$(3-e^{-500t})$V、$2e^{-500t}$mA

3-14　$2e^{-\frac{2}{3}t}$A、$-12e^{-\frac{2}{3}t}$V

3-15　$1.4(1-e^{-50t})$V、$4.2(1-e^{-50t})$A

3-16　$(-5+15e^{-10t})$A

3-17　$3e^{-1000t}$A、$-1.5e^{-1000t}$V、e^{-1000t}V

3-18　$(2-2e^{-3t}+27e^{-9t})$A

4-1　$12\sin(314t+45°)$A、$12\sin(314t-45°)$A
　$12\sin(314t-135°)$A、$12\sin(314t+135°)$A

4-2　$220\sqrt{2}\sin(6280t+60°)$V、$220\sqrt{2}\sin(6280t+30°)$V、30°

4-3　0、0

4-4　$9420\angle 120°$V、$0.318\sqrt{2}\sin(6280t-20°)$A

4-5　40.16H

4-6　2V、6V、3V、3.61V

4-7　$1443.4\sqrt{2}\sin(314t-54°)$V、$1435.4\sqrt{2}\sin(314t-60°)$V

4-8　10Ω　14.4A、100V

4-9　10A、0、100V

4-10　2.24A、4.47A

4-11　(a) $1.386\angle 86.3°$V、$4.385\angle 14.7°$V　(b) $1.178\angle(-8.1°)$A、$1.178\angle 98.1°$A

4-12　$\sqrt{2}\angle 15°$A、$16.67\angle 113.1°$A、$66.67\angle 23.1°$V

4-13　(1) $69.6\angle 11.57°$A、$49.19\angle 56.57°$A、$49.19\angle(-33.43°)$A、$98.38\angle(-33.43°)$V；
　(2) 14.53kW、4.85kvar、0.95

4-14　220V、15.56A、6.91A、11.74A、$22\sin(314t-45°)$A、$6.91\sqrt{2}\sin(314t-45°)$A、
　$11.74\sqrt{2}\sin(314t-20.4°)$A

4-15　1.5A、2A、33.33Ω、75W、0.6

4-16　(1) 0.376A、105.3V、190.9V；
　(2) 42.41W、71.03var、0.513；
　(3) 能 280Ω、20Ω、1.6H

4-17　300W、−100var、0.948

4-18 $(10-j10)\Omega$、$20\sqrt{2}$V、2A、2A、4A、−40var

4-19 $(7.5-j2.5)\Omega$、$10\sqrt{2}$A、5Ω、$50\sqrt{5}$V、1500W、−500var、$0.3\sqrt{10}$

4-20 5A、0.0127μF、4.58mH、9.6V

4-21 $110\sqrt{3}\angle(-60^\circ)$V、2.42kW、0、1

4-22 523.9Ω、0.5、3.28μF

4-23 33A、0.5、275.8μF、19.05A

4-24 29.7A、2kW、0.67、4.02Ω、4.49kW、0.898

4-25 50μF、$\sqrt{2}$V

4-26 (1) $L=0.055$H；(2) $11\angle(-60^\circ)$A、11A、$19.1\angle(-30^\circ)$A；(3) 3630W、2096var、0.866

4-27 能

4-28 0.14mH、233.3Ω

5-1 星形连接时，220V、44A、44A；三角形连接时，380V、$44\sqrt{3}$A、132A

5-2 (1) 220V、20A、10A、10A、2.68A；(2) 220V、220V，10A、10A；(3) L_1 和 L_2 单相串联，15.5A、15.5A，170.5V、341V

5-3 $0.273\angle0^\circ$A、$0.273\angle(-120^\circ)$A、$0.472\angle90^\circ$A、$0.273\angle60^\circ$A

5-4 37.3A、25.92kW

5-5 (1) 0.47A、0.47A、0.47A、0A；(2) 0.55A、0.55A、0.47A、0.47A；(3) 0A、0.27A、0.47、0.55A

5-6 $22\angle36.9^\circ\Omega$、417.1V、0.75、5.4kW、4.8kvar

5-7 380V、11.58A、11.58A

5-8 (1) $22\angle27.0^\circ\Omega$ 5.88kW；(2) 10A 10A 17.3A 3.92kW；(3) 0A 15A 15A 2.94kW

5-9 (1) $22\angle45^\circ\Omega$；(2) 0A 10A 10A 220V 220V 220V $2.2\sqrt{2}$kW $2.2\sqrt{2}$kvar；(3) 0A $5\sqrt{3}$A $5\sqrt{3}$A 0A 329V 190V 190V $1.65\sqrt{2}$kW $1.65\sqrt{2}$kvar

5-10 $10\angle0^\circ$A、$10\angle(-30^\circ)$A、$10\angle30^\circ$A、$5.18\angle(-75^\circ)$A、$5.18\angle(-105^\circ)$A、$10\angle90^\circ$ A、2.2kW、0kvar

5-11 $2.85\sqrt{3}$kW 2.85kvar $76\angle30^\circ\Omega$

5-12 $0.5P$ $0.5Q$

5-13 $0.72P$

6-1 150A/m、0.06A

6-2 0.86A

6-3 (1) 222个、3.03A、45.4A；(2) 125个、3.03A、45.4A 104个 3.03A、45.4A；(3) 86个、2.99A、44.9A 50个 3.03A、45.4A

6-4 (1) 8.66 6W；(2) 0.31W

6-5 0.5

6-6　1358.1～2682.4μF

6-7　214.8V

6-8　96.6％

6-9　(1) 0.04；(2) 8.77A；(3) 61.4A；(4) 26.53N·m；(5) 58.4N·m；(6) 58.4N·m；(7) 4734W

6-10　(1) Y接；(2) 1000r/min；(3) 3、0.02、29.23N·m、58.47N·m、50.4A、3614W、30.56$\angle 41.4°$Ω

6-11　(1) 可启动、可启动、可启动、不可启动

6-12　198.9N·m、0.9

6-13　2.0

6-14　13.22N·m、53.06N·m、额定转矩与功率成正比、与转速成反比

6-15　(1) 能；(2) 不能

7-1　按 SB_2 连续运动、按 SB_3 点动

7-2　启动时，M_1 先起动，M_2 再启动；停止时，M_2 先停止，M_1 再停止

7-3　启动时，M_1 先起动，M_2 再启动，M_3 才能启动；
停止时，M_3 先停止，M_2 再停止，M_1 才能停止；

8-1　(1) 0V；(2) －15V

8-2　VD_2 导通、VD_1 截止、5mA

8-3　VD_1 导通、VD_2 截止、3.25V

8-4　略

8-5　(a)图中，(1) 0、3.08mA；(2) 1.5V、2.7mA；(3) 6V、1.54mA
(b)图中，(1) 0V、0mA、0mA、0mA、0mA；(2) 2.7V、0.3mA、0.3mA；(3) 5.68V、0.315mA、0.315mA、0.63mA

8-6　0V、[3.33－0.47sin(314t)]mA、[3.33＋0.943sin(314t)]mA

8-7　$10e^{-2t}$A

8-8　(a) 放大；(b) 饱和；(c) 截止

8-9　略

8-10　(1) 50μA,2mA,6V；(2) 图略；(3) 0.6V,左－、右＋；6V,左＋、右－

8-11　(1) 略；(2) 600kΩ；(3) 串联一固定电阻

8-12　PNP　－4V　2V

8-13　1.21V

8-14　(1) 40μA、2mA、6.2V；(2) －0.97、76.7kΩ、2kΩ

8-15　(1) 34.3μA　1.37mA　10.63V；(2) －0.95　15.1kΩ　25.6Ω

8-16　(1) 6.23kΩ、3.9kΩ；(2) 202.64mV；(3) 720.7mV

8-17　60、1.2kΩ、0.5kΩ

8-18　略

附录 C　模拟考试试题

一、填空题(每空 1.5 分,共 9 分)

1. 图 C-1(a)电路中,$R_1=10\Omega$,$R_{ab}=6\Omega$,$R_2=$________。

2. 图 C-1(b)所示正弦电路中,$U=1\text{V}$ 不变,调节电源的频率,使电阻的电压等于 1V 时,其电源的频率________;如果电阻的电压等于 0.707V,这时电源的频率________、________。

3. 图 C-1(c)有源二端网络的开路电压________,等效电阻________。

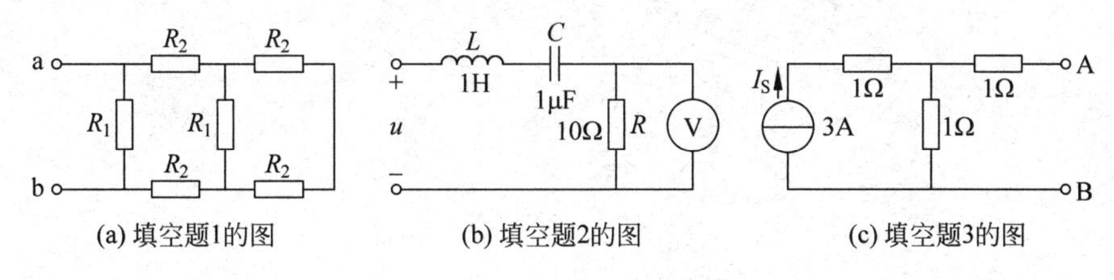

图 C-1　填空题的图

二、简答题(6+5+4=15 分)

1. 图 C-2(a)所示正弦电路中,开关 K 断开和闭合时电路的电压、电流,P、Q、$\cos\varphi$ 有无变化?如何变化?

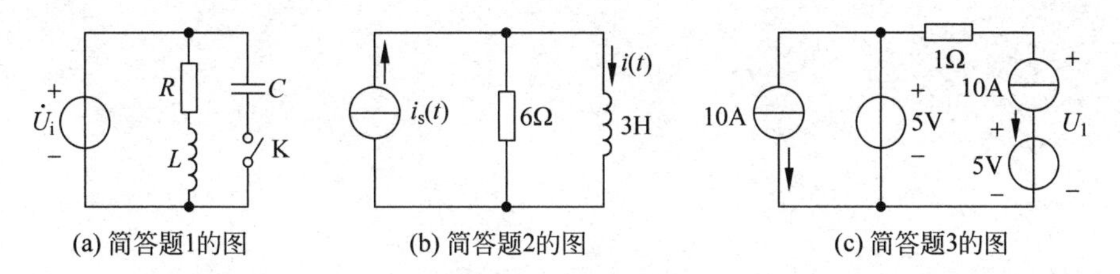

图 C-2　简答题的图

2. 图 C-2(b)所示电路中,已知 $i(t)=2e^{-t}\text{A}$,求 $i_s(t)$。

3. 图 C-2(c)所示电路中,求 U_1 和所有电源发出功率。

三、计算题(13+27+12+12+12=76 分)

1. 在图 C-3(a)所示正弦电路中,$I_1=10\text{A}$,$I_2=2\text{A}$,求电路的 P、Q、$\cos\varphi$。

2. 用戴维南定理、叠加定理、支路电流法 3 种方法求图 C-3(b)所示电路的 I。

3. 对图 C-3(c)所示的电路中,开关断开前电路已处于稳态,求 $t\geqslant 0_+$ 后的 $i(t)$ 和电感的储能。

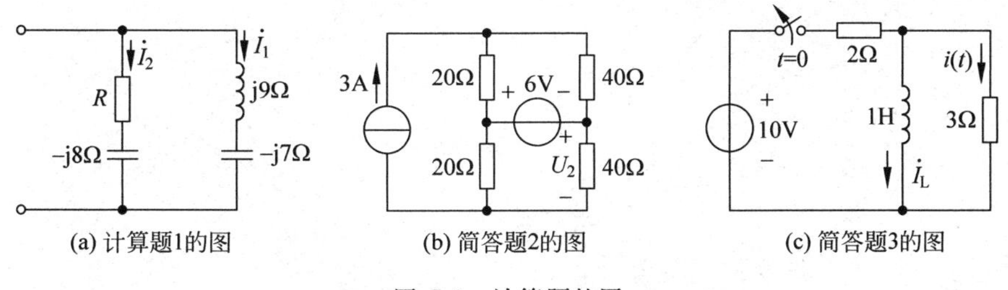

图 C-3　计算题的图

4. 一台 6 极三相三角形连接的交流异步电动机，全电压下最大转矩 6N·m，起动转矩为 4.5N·m，额定转差率为 5%，额定电压下起动时的电流为 12A。求：(1)该电机的额定转速为多少？(2)电压为额定电压的 1/3 时电机产生的最大转矩是多少？(3)Y 形起动时，其起动电流和起动转矩是多少？

5. 三相对称负载 $Z=(3+j4)\Omega$，电源线电压 $U_L=380V$，求：当负载三角形和 Y 形连接时电路的线电流、相电流、三相有功、三相无功？

试题说明："电工电子学 C"课程的学时数为 48，计 3 个学分。

附录D　模拟考试试题答案与评分标准

一、填空题：5Ω

159.16Hz、158.36Hz、159.96Hz

或者(1000rad/s、995rad/s、1005rad/s)

3V　2Ω

二、简答题

1. 不论开关K是否断开，R_1与C串联电路不受影响，该支路的电压、电流、功率都不变；开关K闭合时，R_2也接入。所以开关K闭合后，总电流↑，P↑，Q不变，$\cos\varphi$↑。

2. KCL结合VCR有：$i_S(t)=i(t)+\dfrac{3\dfrac{di}{dt}}{6}=e^{-t}A$　(5分)

3. $U_1=(5-1\times10)V=-5V$　(2分)

所有电源发出的功率和就是电阻消耗的功率，$P=1\times10^2W=100W$(2分)

三、计算题

1. 并联电路的电压相同，$(R-j8)\dot{I}_2=(j9-j7)\dot{I}_1$　(3分)

$2\sqrt{R^2+8^2}=10\times2$　$R=6\Omega$　(2分)

$P=RI_2^2=24W$　(2分)　$Q=-8I_2^2+2I_1^2=168var$　(3分)

$\cos\varphi=\dfrac{P}{\sqrt{P^2+Q^2}}=\dfrac{\sqrt{50}}{50}$　(3分)

2. 戴维南图如图D-1所示。

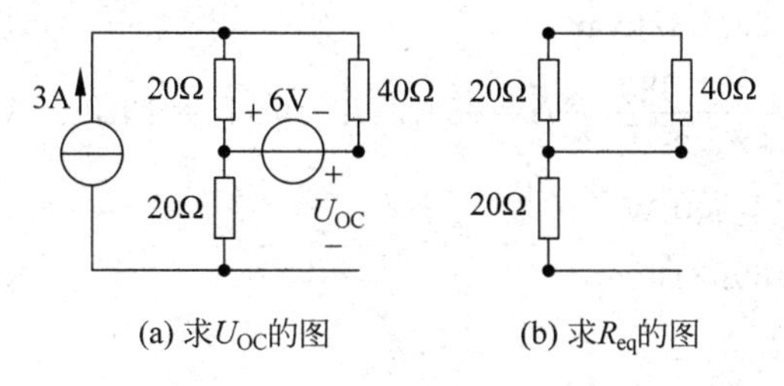

图D-1　计算题2戴维南的图

(图3分)

(1) 用戴维南定理，$U_{OC}=-6+3\times20=54V$　　3分

$R_{eq}=20\Omega$　　1分

$U_2=\dfrac{R_2}{R_2+R_{eq}}U_{OC}=36V$　　2分

如图D-2和图D-3所示。

(2) 叠加定理 $U_2=(20/\!/40)\times3-\dfrac{40}{40+20}\times6=36V$　　(6分)

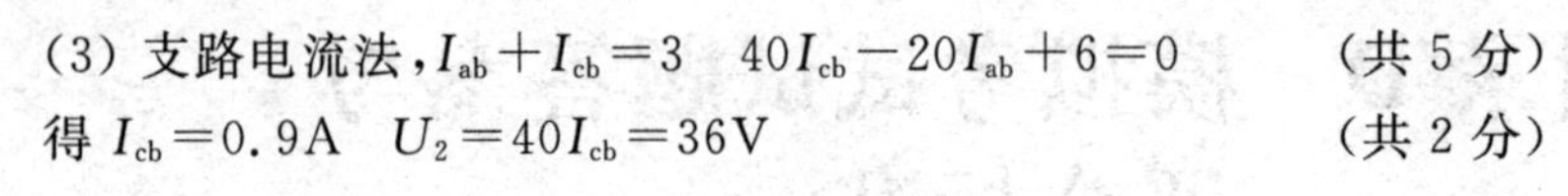

(3) 支路电流法，$I_{ab}+I_{cb}=3\quad 40I_{cb}-20I_{ab}+6=0$ (共 5 分)

得 $I_{cb}=0.9\text{A}\quad U_2=40I_{cb}=36\text{V}$ (共 2 分)

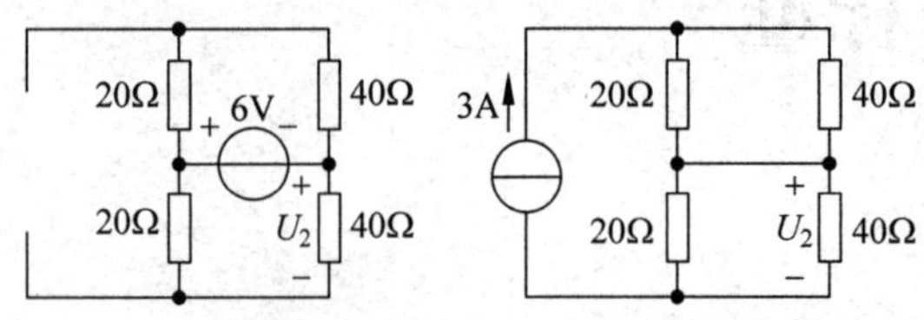

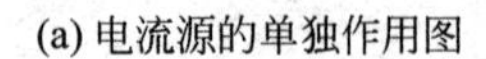

(a) 电流源的单独作用图　(b) 电压源的单独作用图

图 D-2　计算题 2 叠加定理的图

(图 3 分)

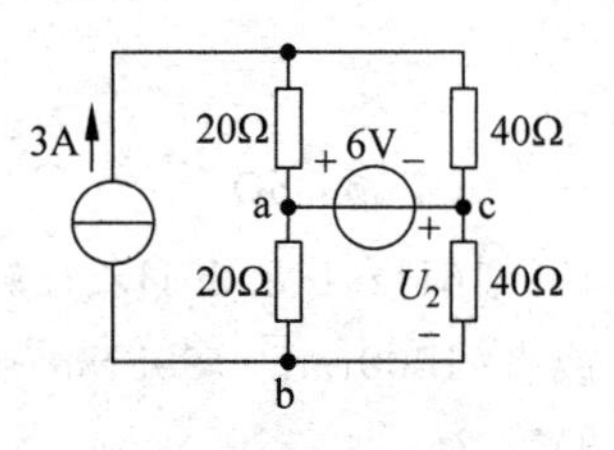

图 D-3　计算题支路电流法的图

(图 2 分)

3. $i_L(0_+)=\frac{10}{2}\text{A}=5\text{A}$ (2 分)　$i_L(\infty)=0\text{A}$ (2 分)

$\tau=\frac{1}{3}\text{s}$ (2 分)

$i_L(t)=i_L(0_+)\text{e}^{-3t}\text{A}=5\text{e}^{-3t}\text{A}$ (2 分)

$i(t)=-i_L(t)=-5\text{e}^{-3t}\text{A}$ (2 分)

$w_L(t)=0.5(5\text{e}^{-3t})^2\text{J}=12.5\text{e}^{-6t}\text{J}$ (3 分)

4. (1) 6 极电机，$n_o=1000\text{r/m}\quad n_N=n_o(1-s_N)=950\text{r/m}$ (4 分)

(2) 所有转矩与电压平方成正比，电压为额定电压的 1/3 时，$T'_{max}=\left(\frac{1}{3}\right)^2 T_{max}=\frac{2}{3}\text{N}\cdot\text{m}$ (3 分)

(3) 常用 Y/Δ 降压起动，都降为原来的 1/3，4A　1.5N·m (5 分)

5. Y 时，$U_P=220\text{V}, I_L=I_P=\frac{220}{\sqrt{3^2+4^2}}\text{A}=44\text{A}$ (3 分)

$P=3\times3\times44^2\text{W}=17.42\text{kW}$ (2 分)

$Q=4\times3\times44^2\text{var}=23.232\text{kvar}$ (2 分)

Δ 时，$U_P=380\text{V}, I_P=\frac{380}{\sqrt{3^2+4^2}}\text{A}=76\text{A}\quad I_L=\sqrt{3}I_P=132\text{A}$ (3 分)

$P=3\times3\times76^2\text{W}=51.98\text{kW}$ (2 分)

$Q=4\times3\times76^2\text{var}=69.31\text{kvar}$ (2 分)

参 考 文 献

[1] 秦曾煌.电工学[M].6版：北京：高等教育出版社，2004.
[2] 唐介.电工学(少学时)[M].2版.北京：高等教育出版社，2005.
[3] 叶挺秀，张伯尧.电工电子学[M].3版.北京：高等教育出版社，2008.
[4] 康华光.电子技术基础[M].5版.北京：高等教育出版社，2002.
[5] 阎石.数字电子技术基础[M].5版.北京：高等教育出版社，2006.
[6] 周守昌.电工原理[M].2版.北京：高等教育出版社，2004.
[7] 李瀚荪.电路分析基础[M]. 3版.北京：高等教育出版社，1993.
[8] 邱关源，罗先觉.电路[M].5版.北京：高等教育出版社，2006.
[9] 汪健.电路实验[M].武汉：华中科技大学出版社，2003.
[10] 吴新开，于立言.电工电子实验教程[M].北京：人民邮电出版社，2002.
[11] 江蜀华，高德欣，等.电工电子学[M].北京：清华大学出版社，2016.
[12] 江蜀华，高德欣，等.电工电子学学习指导与习题分析[M].北京：清华大学出版社，2017.